信息科学技术学术著作丛书

面向嵌入式系统的绿色编译理论与方法研究

何炎祥　陈　勇　著

科学出版社
北　京

内 容 简 介

编译器作为软件开发和构建的重要工具，在对软件进行系统化、结构化的优化方面具有无可比拟的优势。随着嵌入式系统的广泛普及和应用，其绿色指标已受到人们的广泛关注。而嵌入式系统是软硬件的结合体，其绿色指标不但受硬件工艺和技术的制约，更受到其上运行软件的影响。本书从能耗以及资源的均衡使用度这两个影响嵌入式系统绿色指标的问题出发，系统而全面地介绍绿色编译优化理论及其关键技术在嵌入式系统中的应用。

本书大部分内容是作者近年来的最新研究成果，具有较强的原创性，可作为高等院校和科研院所计算机科学与技术、软件工程、计算机应用技术等相关学科高年级本科生或研究生的教材，也可供软件优化等相关领域的研究人员借鉴。

图书在版编目(CIP)数据

面向嵌入式系统的绿色编译理论与方法研究/何炎祥，陈勇著．—北京：科学出版社，2014

(信息科学技术学术著作丛书)

ISBN 978-7-03-040501-2

Ⅰ．面… Ⅱ．①何… ②陈… Ⅲ．编译器 Ⅳ．TP314

中国版本图书馆 CIP 数据核字(2014)第 082737 号

责任编辑：魏英杰 / 责任校对：李 影

责任印制：张 倩 / 封面设计：陈 敬

科学出版社 出版

北京东黄城根北街 16 号

邮政编码：100717

http://www.sciencep.com

新科印刷有限公司 印刷

科学出版社发行 各地新华书店经销

*

2014 年 5 月第 一 版 开本：720×1000 1/16

2014 年 5 月第一次印刷 印张：12 1/2

字数：252 000

定价：65.00 元

(如有印装质量问题，我社负责调换)

《信息科学技术学术著作丛书》序

21 世纪是信息科学技术发生深刻变革的时代，一场以网络科学、高性能计算和仿真、智能科学、计算思维为特征的信息科学革命正在兴起。信息科学技术正在逐步融入各个应用领域并与生物、纳米、认知等交织在一起，悄然改变着我们的生活方式。信息科学技术已经成为人类社会进步过程中发展最快、交叉渗透性最强、应用面最广的关键技术。

如何进一步推动我国信息科学技术的研究与发展；如何将信息技术发展的新理论、新方法与研究成果转化为社会发展的新动力；如何抓住信息技术深刻发展变革的机遇，提升我国自主创新和可持续发展的能力？这些问题的解答都离不开我国科技工作者和工程技术人员的求索和艰辛付出。为这些科技工作者和工程技术人员提供一个良好的出版环境和平台，将这些科技成就迅速转化为智力成果，将对我国信息科学技术的发展起到重要的推动作用。

《信息科学技术学术著作丛书》是科学出版社在广泛征求专家意见的基础上，经过长期考察、反复论证之后组织出版的。这套丛书旨在传播网络科学和未来网络技术，微电子、光电子和量子信息技术、超级计算机、软件和信息存储技术，数据知识化和基于知识处理的未来信息服务业，低成本信息化和用信息技术提升传统产业，智能与认知科学、生物信息学、社会信息学等前沿交叉科学，信息科学基础理论，信息安全等几个未来信息科学技术重点发展领域的优秀科研成果。丛书力争起点高、内容新、导向性强，具有一定的原创性；体现出科学出版社“高层次、高质量、高水平”的特色和“严肃、严密、严格”的优良作风。

希望这套丛书的出版，能为我国信息科学技术的发展、创新和突破带来一些启迪和帮助。同时，欢迎广大读者提出好的建议，以促进和完善丛书的出版工作。

中国工程院院士

原中国科学院计算技术研究所所长

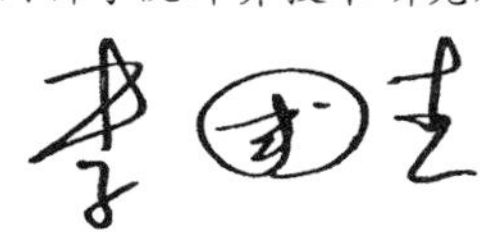

前　　言

地球是人类赖以生存的家园，保护地球生态环境的和谐发展是我们应尽的责任和义务。随着现代科技朝着自动化、智能化的快速发展，温室效应、电子垃圾等现代科技的产物却给生态环境带来了难以磨灭的印记，人们在享受现代科技带来便利的同时也不可避免地受其影响，如何使现代科技在丰富人类生产生活的同时兼顾环境的和谐发展已经成为不容忽视的重要问题。

计算机作为现代科技的重要产物，其应用已经涉及人们日常生活的方方面面。特别是随着电子芯片的日益小型化、智能化，各类嵌入式产品已经得到广泛应用，其消耗的能源和产生的电子垃圾等已经成为生态破坏的重要因素之一。解决这些嵌入式电子设备带来的负面影响是解决生态环境和谐发展的必经之路，许多工业界和学术界的研究者都对其给予了高度关注。

然而，嵌入式系统是软硬件的结合体，要降低能耗，减缓电子垃圾产生的速度，一方面需要对硬件设备、制作工艺不断更新，使其满足低能耗、高耐久性的要求；另一方面更是需要对其运行的软件进行优化，使其能够合理地利用各种硬件资源，充分发挥各硬件资源的自身优势。编译器作为软件开发和构建的重要工具，一直以来都是对软件进行系统化和结构化优化的主力军。因此，从软件方面解决嵌入式设备能耗和电子垃圾的问题，编译器将拥有得天独厚的优势。

绿色本是大自然中一种很普通的颜色，大部分的植物具有该种颜色。但由于人们看到绿色时总有种生机勃勃、回归大自然的感觉，绿色也象征着大自然的和谐美好，因而不少与生态环保相关的事物会冠以该词，如绿色蔬菜、绿色贸易、绿色食品等。在计算机领域也是如此，不少以降低系统能耗、减少电子垃圾排放的技术也是以绿色为主导，如绿色计算、绿色网络、绿色操作系统等。因此，本书将所有与降低系统能耗、提高设备资源有效利用率，减少电子垃圾排放的编译技术称为绿色编译技术。

为缓解嵌入式系统广泛应用对生态环境的负面影响，促进各类智能嵌入式设备和谐健康的快速发展，本书将以嵌入式系统中与生态环境相关的两个主要问题——系统运行的能耗和系统资源使用的均衡度——为着眼点，从编译器的角度对其关键技术和优化方法进行系统而深入的阐述。

本书共 8 章，各章的主要内容组织如下。

第 1 章主要介绍绿色编译的研究背景及国内外研究的现状，以便读者初步认识现有的绿色编译技术。

第 2 章根据现有绿色相关概念，给出绿色编译器的定义。在此基础上，根据其主要特征介绍绿色编译优化框架和绿色评估模型，以有效地指导和评估绿色编译优化效果。

第 3 章主要介绍两种低能耗体系结构下的绿色指令调度方法。一种主要面向 TS 处理器，结合空操作指令的填充，利用图博弈模型对指令序列进行调度，以减少因数据依赖而导致的数据前送操作，提高 TS 处理器的能效和系统的绿色指标。另一种主要面向总线翻转编码体系结构，分析绿色评估模型中总线相关的绿色评估指标，并以此为标准，给出一种反馈信息指导的绿色指令调度算法。同时，利用程序执行的动态反馈信息，结合总线翻转编码的特点，充分减少相邻总线之间的翻转次数，均衡各总线之间的翻转负载，以提高系统的整体绿色指标。

第 4 章主要以通用存储系统中寄存器以及栈数据分配为出发点，以提高存储系统和总线系统的绿色指标为主要目标，介绍一种多目标数据分配优化方法：可交换类指令操作数重排优化，基于扩展图着色的寄存器重分配优化和面向栈数据均衡访问的数据重分配优化。通过这些优化手段，对程序中访问的寄存器和栈数据进行调整，以获得较均衡的寄存器访问频度和栈存储单元访问频度，减少指令数据总线的动态翻转能耗，提高系统整体的绿色指标。

第 5 章根据新型存储技术的特征，针对混合便签式存储器、混合缓存以及易失性 STT-RAM 缓存，介绍以整数线性规划算法和启发式算法为主要内容的栈数据分配方法，以最大程度降低存储系统的能耗，提高系统的绿色指标。

第 6 章介绍基于符号执行的能耗错误检测及反例生成技术。首先通过对能耗错误特征的总结和分析，给出一种基于符号执行的能耗错误检测方法。该方法利用程序的过程内分析，获得单个函数的符号执行信息，然后根据过程间分析对单个函数的符号执行信息进行全局综合，进而获得较为准确的能耗错误相关信息。同时，符号执行记录对应的分支路径信息，利用该信息不但能够较好地生成对应的测试用例，而且可以结合约束求解器快速定位错误位置，为开发出高绿色指标的软件提供保障。

第 7 章结合现有的一些新的理论和算法，对可能的新型绿色编译优化方法进行探索，期望为后续的绿色编译研究提供一个可行的研究思路。

第 8 章总结全书并展望后续研究。

本书是武汉大学计算机学院众多科研人员多年学习、研究和工程实践沉淀的成果。参与相关研究的人员包括刘陶、吴伟、陈勇、李清安、刘健博、徐超、胡明昊、董伟、廖希密、刘钱、陈念、吴昊、毋国庆、文卫东、吴黎兵、彭敏、李飞、邵凌霜、贾向阳、严飞、余发江等，其中第 5 章主要由李清安参与撰写，其余章节主要由陈勇参与撰写，何炎祥具体规划和设计了全书的内容并进行了统稿。文卫东、吴黎兵、彭敏对本书的初稿提出了很多建设性意见，在此对他们的积极参与和热心帮助表示衷心的感谢。

本书是国内第一本针对绿色编译展开系统研究的著作，对相关领域的研究人员具有一定的借鉴意义和参考价值。本书的出版得到国家自然科学基金“可信软件基础研究”重大研究计划项目“可信编译理论与实现方法研究”(2009，项目编号：90818018)和“基于编译的高可信嵌入式软件开发与验证方法研究”(2011，项目编号：91018009)、国家自然科学基金“基于编译的嵌入式系统优化研究”(2012，项目编号：61170022)，国家自然科学基金“可信软件基础研究”重大研究计划重点项目“可信软件构造理论与方法研究”(2012，项目编号：9111800)、国家自然科学基金“面向嵌入式系统绿色需求的编译理论与方法研究”(2014，项目编号：61373039)，以及湖北省自然科学基金“可信计算的软件理论与关键技术研究(2009，项目编号：2008CDA007)”等项目的资助，在此一并表示感谢。

绿色编译理论及其应用是当前处于科学前沿的研究课题之一，相关的理论和技术还在发展之中，许多新的思想、理论和方法还需要进一步验证和完善，由于作者的水平和经验有限，书中不妥之处在所难免，恳请读者给予批评指正，共同推进绿色编译理论研究的进步和发展。

2014年1月于武汉

目　录

第1章 绪　论

1.1 研究背景

1.1.1 绿色需求对现代嵌入式系统的重要性

在信息化、电子化高速发展的今天，各种便携式移动设备，如智能手机、平板电脑等被广泛应用于人们的日常生活和工作当中，极大地方便和丰富了人们的物质、文化生活。与此同时，电子产品的快速普及不但消耗了巨大的能源（仅个人计算机消耗的能源就占到全部电力的12%[1]），释放了大量的温室气体，而且废弃的电子垃圾中含有铅、铬、镉和汞等有毒物质，任意排放将严重污染土壤、水等环境资源，给人们的正常生活带来不可忽视的负面影响[2]。全球权威技术调查机构高德纳(Gartner)对IT业碳排放量的统计结果显示，IT业的二氧化碳排放量已经占全球碳排放总量的2%，比重等同于航空业[3]。而且巨大的能源消耗大大增加了IT产品本身的成本，2010年全球IT技术的花费已经达到3万亿美元。McKinsey报告指出，到2020年，手提电脑、智能手机、平板电脑等各种IT设备将成为温室气体排放量最大的源头之一[4]。在电子垃圾方面，联合国环境规划署(UNEP)[5]相关资料指出，2010年美国产生了300万吨电子垃圾，中国产生了230万吨的电子垃圾，全球每年将产生4000万吨的电子垃圾。据其预测，如果仍不采取相应保护手段，到2020年，各个国家在各个领域产生的电子垃圾将是现在的2～18倍。

进入21世纪以来，随着半导体技术的进步，移动智能终端设备得到了迅猛发展，其产品种类越来越多，功能越来越丰富，应用范围也越来越广泛，涉及人们工作、学习和生活的方方面面，同时人们对其使用的频度和数量也稳步增长。日本市场调研机构富士总研(Fuji Chimera Research)发表的研究报告称，2012年全球手机市场规模为15.9亿部，其中智能手机为7.4亿部，占46.6%。报告预计，2017年全球手机销量将达19.7亿部，与2012年相比增长24.1%；其中智能手机将达15.05亿部，增长103%[6]。就电子垃圾而言，由于手机、平板电脑、车载导航仪等便携式移动嵌入式设备数量多、损耗快，因此其造成的电子垃圾不但数量大，而且增速快。据高德纳预计，2020年我国仅废弃手机产生的电子垃圾将为2007年的7倍左右，而印度将达到2007年的18倍。2013年绿色计算所带来的市场份额有可能达到了48亿美元[7]。

1.1.2 编译器对嵌入式软件绿色优化的重要性

针对上述严峻的能源环境问题，以低能耗、低污染、低成本和高功效为主要目标的绿色技术已经成为人们关注的焦点。从 2008～2010 年高德纳公布的技术发展趋势报告可以看出，绿色 IT 技术已经成为了十大 IT 关键技术之首[7]。在硬件设备和体系结构的设计上，各主要 IT 公司及计算机供应商均相应的采取了各种措施，以提高产品的绿色指标，减少对环境的污染。戴尔公司致力于其提出的零碳计划，以求最大化能量利用的效率。苹果公司将减少其新产品中有毒重金属的使用，同时增加对旧产品的回收，以减少电子垃圾及其对环境的影响[1]。三星、诺基亚、索尼等主要移动嵌入式设备制造商[8～10]均建立了自己的绿色产品研究实验室，研究新型产品，降低对环境的影响。然而，随着各种 IT 设备自动化智能化程度的不断提升，设备的能耗、功效不仅受具体的硬件设备材质的影响，而且也同其上运行的软件息息相关，相同功能的硬件模块采用不同的软件实现方式将产生不同的能耗以及资源的损耗。因此，如何从软件方面提高电子设备的绿色指标也是一个不容忽视的重要问题。

早期的嵌入式软件由于功能比较单一，逻辑相对简单，很多熟练的程序员能够凭借经验，使用较为低级的汇编语言进行编程获得较高质量的可执行程序。随着嵌入式处理器芯片、存储芯片等关键设备制作工艺和性能的飞速发展，嵌入式系统得到广泛普及，其功能越来越全面，运行的应用程序也越来越复杂，但其开发和调试的难度也随之增大。传统的用低级语言进行编程的方式已经很难满足需求，目前的大部分嵌入式程序均采用高级语言，如 C、Java 等进行编写，然后再利用交叉编译器将该程序转换为对应平台的可执行目标程序。因此，编译器作为软件开发和语言转换的工具，不但能够结合具体的嵌入式系统硬件设备信息进行针对性的绿色优化，指导最终的目标程序朝着绿色需求的方向生成，而且能够利用其在程序转换中对源程序的分析结果，提高错误检测的速度和定位精度，帮助程序员尽早发现和修正程序错误，减少软件开发过程中资源和能源的消耗。

然而，传统的编译优化技术主要是针对通用机设计的，利用这类编译器改良的嵌入式交叉编译器虽然能够生成性能较好的嵌入式程序，但相比于直接用低级语言编写的程序，在现有的绿色需求方面仍然有较大的优化空间。究其原因，主要有三个方面。首先，嵌入式系统由于受到体积、功耗等因素的影响，相对于通用机在体系结构上有很大的区别，其可用资源也少了很多，因而导致某些通用机上可以实现的优化在嵌入式系统中难以进行。其次，传统编译优化技术为简化编译器的实现，把代码生成分为指令选择、寄存器分配、指令调度三个独立的阶段。这三个阶段其实是彼此关联的，某个阶段的优化结果可能会影响其他阶段的优化效果。最后，由于传统编译优化技术主要以性能优化为主，较少的考虑能耗、资源等绿色相关因素的影响。性能优化与绿色优化并非完全一致，一般的性能优化是以资源和能源的消耗(如使用较多的寄存器资源，提高处理器运行速率等)为代价的，难以满足资源和体积受限的嵌入式系统的需求，更难以满足绿色计算的需求。因此，我们在后续章节将详细阐述几种面向嵌入式系统绿色需求的编译优化技术，以弥补现有编译优化技术的不足。

同时，绿色需求的不断增长也给编译调试带来了新的挑战。首先，随着人们对低能耗等绿色需求的不断增长，一类新的错误——能耗错误(ebug)已经逐步受到人们的重视。该类错误不同于传统的功能性错误，它不会引起程序运行结果出错，但会导致大量程序功能无关的能源消耗，而这些功能无关的能源消耗正是绿色需求要解决的问题。这种情况下程序的运行结果是正确的，因此传统以检测程序功能性错误为主要目标的编译调试信息已经无能为力，难以满足绿色编译的需求。其次，随着编程语言朝着自动化、智能化方法的不断改进，编程语言学习的难度越来越低，越来越多的业余人员参与到嵌入式程序特别是各种智能手机应用程序，如Android和iOS平台App的开发中来，而传统的编译调试需要大量的人机交互，程序员首先需要根据出错的测试用例估计出错的大概位置，然后通过断点、变量监视等编译器提供的调试接口逐步跟踪程序运行，以找出程序中的错误。但这些工作对于业余开发人员将是十分困难的工作，他们将花费十倍甚至更多的时间才能完成一个相同错误的检测，而更多的时间花费则意味着更多的资源与能源的消耗。因此，如果能根据能耗错误的特点，提供更为丰富和友好的编译调试和警告信息，对减少开发人员错误查找的时间，提高能耗错误发现的精度和速度，减少软件开发过程中资源和能源的消耗，提高开发过程的绿色程度将是十分必要的。我们将在第6章对这类绿色相关的能耗错误检测和定位方法进行详细讨论。

1.2 国内外研究现状

为从软件方面提高计算机系统能源和资源使用的绿色指标，众多学者从组成计算机系统的三个主要部分，即总线、存储器以及处理器均进行了一定的研究，分别从各自的角度针对不同的体系结构对如何提高计算机系统的绿色指标进行分析和尝试，提出了一些新的面向绿色需求的优化及相关错误检测方法。以下我们分别从总线系统、存储系统、处理器和软件自动化测试及能耗调试这四个方面对相应的研究现状进行分析和介绍。

1.2.1 面向总线系统的绿色优化技术研究

总线是电子设备各模块内部以及各模块之间信号和数据传输的通道，其工作性能直接影响到整个系统的效率及能耗，据文献[11]所述，芯片内部总线的动态能耗约占芯片总能耗的70%。随着半导体工艺逐步进入深亚微米甚至是纳米时代，芯片的体积越来越小，总线布局也越来越密集，其能耗所占比例将越来越大，因此总线的能耗、工作的稳定性及可靠性对整个系统的影响愈发重要，要实现绿色计算机系统，有必要对总线传输进行对应的优化处理。

根据总线上传输的数据类型，总线可以分为数据总线、地址总线和控制总线。数据总线主要传输的是各种通信数据，包括各种存储器（如指令存储器、数据存储器等）存储的数据。地址总线主要传输地址数据，包括指令地址以及数据地址等。控制总线主要传输的是控制信息，以控制相关部件的工作状态。无论哪种类型的总线，其能耗及工作的可靠性和稳定性主要受两方面因素的影响，即单根总线本身的影响以及并行传输的相邻总线之间（总线串扰）的影响。

1. 单根总线本身的优化

针对于单根总线本身，主要以CMOS电路的动态能耗模型式(1.1)为基础[12,13]，即

$$E_{\mathrm{dyn}}=\alpha C f V_{\mathrm{dd}}^2 t \tag{1.1}$$

其中，α是翻转因子，表示该总线由0变为1或者由1变为0的频率；C是负载电容；f和V_{dd}分别是工作频率和工作电压；t是工作时间。

由式(1.1)可以看出，在电压、频率和电容相同的情况下，α越小，总线的动态能耗也将越小，因此大部分针对单根总线本身的优化主要是根据不同总线类型传输数据的特点，通过减少总线翻转次数来达到减少总线能耗的目的。

减少总线翻转次数的主要方法之一是编码技术。例如，Stan和Burleson[14]提出翻转编码，Lv等[15]提出基于字典查找的总线编码，Suresh等[16]提出VALVE和TUBE编码，Benini等[17]提出固定步长增长的T0编码，Mehta等[18]及Guo等[19]提出相邻数据海明距离最短的格雷编码。总线编码的基本思想是对待传输的数据在传输前通过编码电路进行编码，使相邻传输的数据引起的总线翻转次数尽可能少。然后在传输接收端利用解码模块对编码后的数据进行解码，以保证传输数据的正确性。

由于采用硬件编码的方法或者需要增加额外的编码以及解码电路，或者需要采用定制的模块结构，这些增加的硬件设备不但需要额外的能耗开销，而且相对于越来越小的芯片尺寸，其体积开销也将影响到整个系统的设计难度。此外，定制的模块结构，如文献[19]中采用格雷编码的内存地址将影响该设备的适用范围。总线数据的传输与通信，主要是由其上运行的软件控制的，不少研究者开始从软件方面考虑如何减少总线翻转次数的问题。编译器作为软件生成的主要手段也成为他们选择的主要工具。

目前基于编译技术减少总线翻转次数的方法主要是通过指令调度来减少相邻

指令访问时代码段数据总线之间的翻转次数。Parikh 等[20]总结了各种低能耗指令调度算法，并通过与性能优先指令调度算法进行的对比，指出性能最佳的指令调度序列并不一定是能耗最低的调度序列。LEE 等[21]针对 VLIW 体系结构，提出水平调度和垂直调度两种调度方法来减少总线翻转次数，达到降低总线能耗的目的。Shao 等[22]证明低能耗指令调度问题是 NP 完全问题，并在 VLIW 体系结构中针对总线翻转次数和调度长度，提出三种启发式调度算法，以尽可能获得较低的功耗。最近，Chabini 和 Wolf 针对汇编级基本块内的指令调度，将最小化基本块内总线翻转次数的指令调度问题转化为一个整数线性规划（integer linear programming，ILP）问题。同时，由于该问题是一个 NP 完全问题，使用整数线性规划求解需要大量的时间开销，因此 Chabini 和 Wolf[23]又设计了两种启发式调度算法，以求快速获得总线翻转次数较少的调度方案。

然而，这些基于编译减少总线翻转的方法主要是单纯从软件的角度出发，并未考虑底层的硬件结构。虽然硬件编码需要额外的电路，但有些编码和解码电路十分简单，开销很低，如 0-1 翻转编码，在体系结构中实现并不困难。因此，我们可以结合这些已经实现的编码技术，在编译优化的过程中采取适应该编码方案的优化方法，将有可能获得更好的优化效果。

除直接的动态能耗外，随着芯片体积的缩小，电子工艺已经进入深亚微米阶段，总线之间的布局越来越密集，因泄露电流而产生的能耗所占比例也越来越大，使每根总线本身的负载也将对系统总的能耗产生重要影响。如果某根总线的翻转频率远大于其他总线，其动态能耗会导致该总线温度远大于其他总线。温度的增加往往会增加总线的泄漏能耗，同时也会导致其可靠性下降。错误的传输要么需要纠错电路，要么需要重传数据，这也将间接增加系统总的能耗。目前基于编译的低能耗指令调度主要以减少总线总的翻转次数为主，即最小化式(1.2)，但对单根总线的峰值翻转次数考虑较少。我们以 Mibench 作为基准测试用例集，以 ARM 为目标指令集，对其执行过程中用于传输代码段的每根指令数据总线的动态负载（0-1 翻转次数）进行了统计，其结果如图 1.1 所示。可以看出，各总线负载使用极不均衡，翻转次数最多的总线与翻转次数最少的总线之间最大有近 20 万倍的差值。

整个总线系统是一个整体，单根总线的失效往往会影响整个系统的性能，因此绿色编译优化需要综合单根总线的峰值翻转次数和总的翻转次数，通过最小化式(1.3)获得更好的优化效果。本书后续部分将介绍在减少总线总翻转频度的同时，如何使各总线翻转频度尽可能均衡。

$$\frac{\sum_{t=0}^{T}\sum_{i=0}^{n-1}\left|b_{i,t}-b_{i,t+1}\right|}{T\times n} \tag{1.2}$$

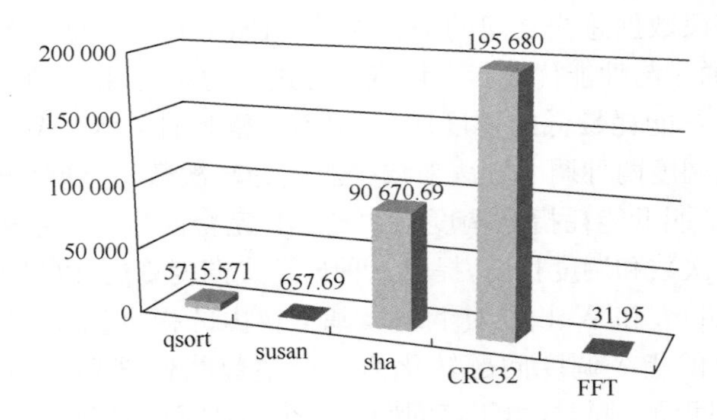

图 1.1　单根总线动态负载对比图

$$\alpha \times \frac{\sum_{t=0}^{T}\sum_{i=0}^{n-1}|b_{i,t}-b_{i,t+1}|}{T\times n}+\beta \times \frac{\max_{i=0}^{n-1}(\sum_{t=0}^{T}|b_{i,t}-b_{i,t+1}|)}{T} \tag{1.3}$$

其中，T 表示总的执行时钟周期；n 表示总线位宽；$b_{i,t}$ 表示第 i 根总线在时刻 t 的状态（其值为 0 或者 1）；α 和 β 是两个权重因子，用于权衡总的翻转次数与单根总线的峰值翻转次数对系统的影响。

2. 针对总线串扰的优化

总线串扰是指相邻总线之间在并行传输数据时出现的电容性耦合以及电感性耦合现象。这些耦合将产生干扰电流和干扰电压，不但消耗额外的能耗，而且影响传输数据的可靠性和稳定性，增加额外的传输延迟。总线串扰的大小同总线长度、总线之间的距离以及总线翻转的模式有很大关系，可分别用式(1.4)与式(1.5)表示其能量消耗以及传输延迟[24~26]，即

$$E_{\text{total}}=\sum_{j=1}^{n}(1+C_{\text{eff},j})C_L\times V_{\text{dd}}^2 \tag{1.4}$$

$$\tau_j=k\times V_{\text{dd}}\times C_L\times C_{\text{eff},j} \tag{1.5}$$

其中

$$\Delta_{i,j}^{t,t+1}=\begin{cases}0, & \Delta_i^{t,t+1}=0\\ \text{abs}(\Delta_i^{t,t+1}+\Delta_j^{t,t+1}), & \text{其他}\end{cases} \tag{1.6}$$

$$\text{abs}(a)=\begin{cases}a, & a\geqslant 0\\ -a, & a<0\end{cases} \tag{1.7}$$

$$T_{\text{condition}}\{\exp\}=\begin{cases}\exp, & \text{condition}=\text{true}\\ 0, & \text{condition}=\text{false}\end{cases} \tag{1.8}$$

其中，n 表示并行传输数据的总线根数；C_L 表示总线与地线之间的电容；$\Delta_{i,j}^{t,t+1}$ 表示相邻总线 i 与 j 翻转值；$C_{\text{eff},j}=\text{abs}(\Delta_j^{t,t+1}(1+T_{j>1}\{\lambda\times\Delta_{j,j-1}^{t,t+1}\}+T_{j<n}\{\lambda\times\Delta_{j,j+1}^{t,t+1}\}))$

表示第 j 条总线有效电容；$T_{condition}\{exp\}$ 中 condition 为布尔条件表达式，exp 为任意算术表达式；$\lambda=C_I/C_L$ 表示总线之间电容相对于总线本身电容的比值，C_I 表示相邻总线之间的串扰电容；$\Delta_j^{t,t+1}=b_{t+1,j}-b_{t,j}$ 表示第 j 条总线在相邻两个时钟周期 t 和 $t+1$ 的状态变化值；V_{dd} 表示工作电压。

由式(1.4)和式(1.5)可以看出，λ 值越大，总线串扰越大，导致的无效能源消耗也越大，如何降低总线串扰对减少系统能源消耗有着重要影响。

随着半导体工艺的快速发展，总线布局越来越密集，总线之间的串扰也越来越大。当半导体工艺达到 0.18μm 时，λ 值即将达到 6，当半导体工艺为 0.13μm 时，λ 值将超过 8 [27]。因此，总线串扰已经成为了 CMOS 电路中不容忽视的重要方面。

为改善总线的工作环境，降低总线能耗，电路设计者在体系结构的设计上提出了一些减少总线串扰的方法，主要方法有编码[28]、屏蔽线(shielding)[29,30]、门电路缩放(gate sizing)[31,32]。此外，还有一些方法通过调整总线空间布局，使容易产生串扰的总线分布在不相邻的位置，或者采用不均匀布线，增加这些总线之间的距离[33]。同所有硬件解决方案类似，这些方法或多或少都需要额外的开销，如编码方法需要额外的编/解码电路，屏蔽线需要为增加的屏蔽总线分配额外的空间。因此，除从硬件体系结构消除总线串扰外，结合编译优化技术调整软件的执行方式，是进一步降低总线串扰的必然选择。一些研究者已经开始在这方面展开研究。

Weng 等根据文献[30]中使用的选择屏蔽线的特点，利用编译器后端的寄存器重命名技术，改变指令总线上传输的数据，使其更有利于发挥选择屏蔽线的功效，减少总线串扰，以进一步提高总线性能，降低总线的能耗。其实验结果表明该方法能够在文献[30]的基础上节约 13%的能耗[34]。Kuo 等综合使用了三种后端编译优化方法。

① 利用指令调度调整指令执行序列，减少操作码之间的总线串扰。

② 利用寄存器重命名技术，通过调整相邻指令间操作的寄存器，减少寄存器类操作指令操作数之间的总线串扰。

③ 利用 Nop 填充技术，在存在 4C 类串扰的指令间插入冗余的 Nop 指令，以进一步减少 4C 类总线串扰。

通过模拟实验，该方法能够将 4C 类串扰从原来的 11.50%减小到 0.52%[35]。

由此可见，结合编译优化能够有效地减少总线之间的串扰。但目前基于编译优化减少总线串扰的研究主要集中在简单的寄存器重命名，并没有充分发挥编译器中丰富的数据流信息及具体指令的特点。如果能够结合这些信息，我们将获得更好的优化效果。图 1.2 显示了一个简单的改进总线之间串扰的方法。

如文献[35]中图 1.2(a)所示指令序列(加粗部分表示有 4C 类串扰)，采用寄

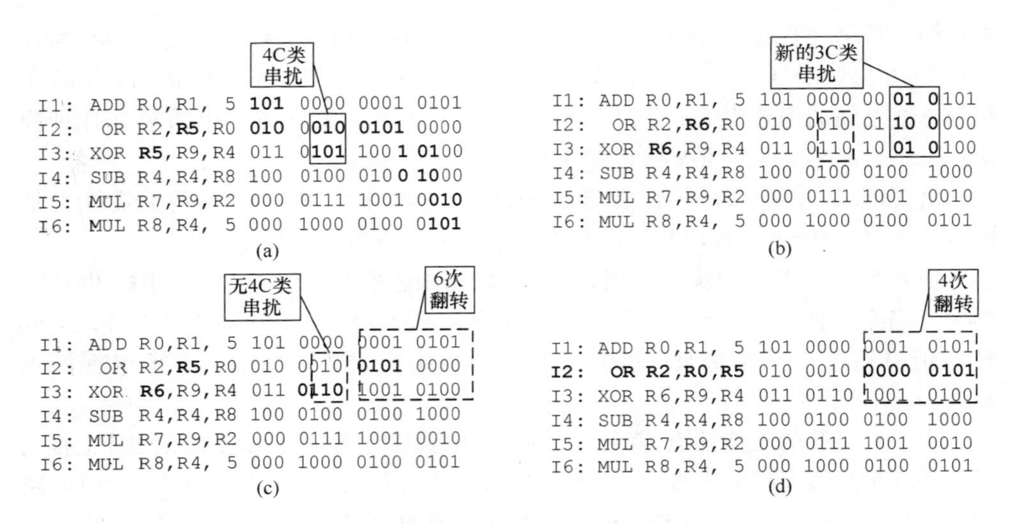
4C类
串扰
I1: ADD R0,R1, 5 101 0000 0001 0101
I2: OR R2,R5,R0 010 0010 0101 0000
I3: XOR R5,R9,R4 011 0101 1001 0100
I4: SUB R4,R4,R8 100 0100 0100 1000
I5: MUL R7,R9,R2 000 0111 1001 0010
I6: MUL R8,R4, 5 000 1000 0100 0101
(a)
新的3C类
串扰
I1: ADD R0,R1, 5 101 0000 0001 0101
I2: OR R2,R6,R0 010 0010 0110 0000
I3: XOR R6,R9,R4 011 0110 1001 0100
I4: SUB R4,R4,R8 100 0100 0100 1000
I5: MUL R7,R9,R2 000 0111 1001 0010
I6: MUL R8,R4, 5 000 1000 0100 0101
(b)
无4C类
串扰
6次
翻转
I1: ADD R0,R1, 5 101 0000 0001 0101
I2: OR R2,R5,R0 010 0010 0101 0000
I3: XOR R6,R9,R4 011 0110 1001 0100
I4: SUB R4,R4,R8 100 0100 0100 1000
I5: MUL R7,R9,R2 000 0111 1001 0010
I6: MUL R8,R4, 5 000 1000 0100 0101
(c)
4次
翻转
I1: ADD R0,R1, 5 101 0000 0001 0101
I2: OR R2,R0,R5 010 0010 0000 0101
I3: XOR R6,R9,R4 011 0110 1001 0100
I4: SUB R4,R4,R8 100 0100 0100 1000
I5: MUL R7,R9,R2 000 0111 1001 0010
I6: MUL R8,R4, 5 000 1000 0100 0101
(d)

图 1.2　不同寄存器优化方案下总线串扰示例

存器重命名的方法[35]，将“R5”重命名为“R6”，可以消除指令“I2”与“I3”之间的 4C 类串扰，但会在指令“I1”到“I3”之间增加两个 3C 类的串扰，如图 1.2(b)中加粗的部分。如果结合数据流信息，采用寄存器重分配而不是简单的寄存器重命名，分析出在“I3”处的“R5”是定义该寄存器，与“I2”中的“R5”寄存器中的数据无关系，可以只将“I3”中的“R5”重赋值为“R6”，从而能够不增加额外的 3C 类串扰，获得更小的总线串扰值(图 1.2(c))。此外，对于满足交换律的运算，如加法运算、位或运算等，可以利用该运算的交换律，进一步减少总线能耗。对于图 1.2(c)中的 I2 指令(位或运算指令)，通过交换位或运算的两个操作数 R0 和 R5(图 1.2(d))，能够将原来的 6 次翻转减少到 4 次。因此，我们将结合这些信息对后端指令优化方法进行改进，以进一步提高总线的绿色指标，减少其对资源和能源的消耗。

1.2.2　面向存储系统的绿色优化技术研究

存储系统对计算机系统能耗及高效运行有重要影响，随着绿色需求的日益显著，人们从体系结构上对存储系统特别是片上存储系统采取了各种绿色优化措施，如缓存行(cacheline)移位技术、段交换技术、只写回修改位技术、数据编码、耗损平均技术(wear-leveling)等[36~42]，以降低能耗，提高使用寿命。编译器在进行程序转换过程中的一个重要作用就是分配数据的存储位置，特别是寄存器的分配。针对新兴的绿色优化需求以及新型的体系结构，编译器在数据分配过程中出现了新的方式，主要表现在对寄存器的分配以及便签式存储单元(scratch pad memory，SPM)的管理。

1. 绿色需求指导的寄存器分配相关优化方法

随着芯片的体积朝着小型化方向的快速发展,各种资源的布局越来越密集,局部温度过高的问题随之越来越明显。如何均衡使用各种资源,缓解设备局部温度过高现象,提高设备有效使用时间等问题逐步受到人们的重视,但传统编译优化手段较少考虑资源的均衡使用,文献[43]对传统编译器生成的程序中各个寄存器的使用频率进行了统计,其结果如图 1.3 所示。可以看出,某 4 个寄存器涵盖了48%~71%的寄存器操作,因此研究者在不严重影响程序性能的情况下,开始关注如何才能平衡使用各个寄存器以及寄存器块,以避免因单个寄存器或者单个寄存器块的过度使用而导致的峰值温度过高、设备损耗加快、能耗增高等问题。

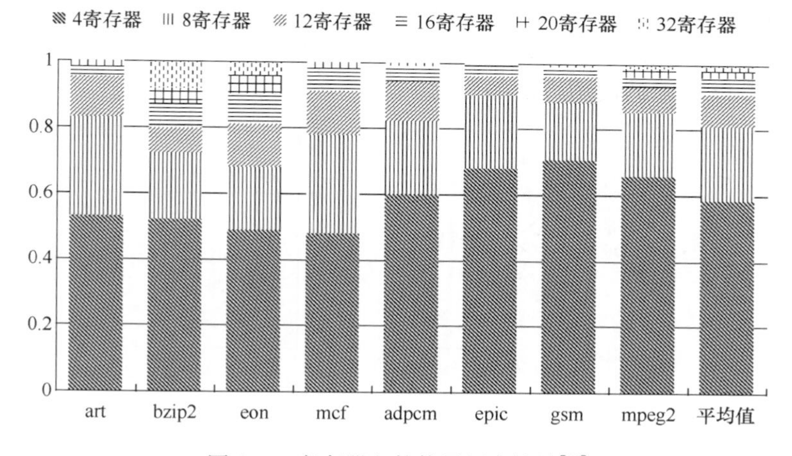

图 1.3　寄存器文件使用频率统计[43]

Zhou 等[43]针对分块寄存器文件,首先利用寄存器重命名平衡各个分块中寄存器文件的访问频率。然后,通过数据流分析,交换生命期不相交的寄存器对,进一步平衡对单个寄存器的访问频度。Yang 等[44]利用编译器对变量生命期的分析,在频繁使用的循环结构入口和出口处保存和恢复循环内不被访问的寄存器,增加循环内可用的寄存器数,然后配合硬件的移位函数,在循环的不同迭代中均衡使用各个可用寄存器,减少单个寄存器的过度使用。最近,Liu 等[45]结合硬件移位器,在寄存器分配时以移位后的结果为基础进行优化,使经过优化后的程序既能够减少指令数据总线以及解码部件的翻转次数,达到降低能耗的目的,又能通过硬件移位器从逻辑地址到物理地址的映射,尽可能均匀地使用各个物理寄存器。

编译器的寄存器分配虽然只是直接确定哪些变量存放到哪些寄存器中,但当寄存器数量不足时,则需要通过额外的溢出代码将数据先保存到缓存等寄存器以外的存储空间中。因此,对于缓存甚至是主存,不同的溢出方案也将对其产生不同的影响。传统的缓存和主存主要由材质相同的随机访问存储单元(random access memory,RAM)构成,如静态随机访问存储单元(static random access memory,SRAM)和动态随机访问存储单元(dynamic random access memory,DRAM),其中每个存储单元的访问特性几乎是相同的。随着各种新型非易失性存储材料(non-volatile memory,NVM),如相变存储器(phase-change memory,PCM)、自旋转移力矩随机存取内存(spin transfer torque random access memory, STT-RAM)、磁阻随机存储器(magnetic random access memory, MRAM)[46]以及各种混合存储结构(图 1.4 显示了由随机访问存储单元和非易失性存储单元构成的两种混合存储结构)的兴起,缓存以及主存由不同的存储材料组成,其读写能耗、读写延迟、读写寿命在不同存储单元表现出不同的特点,有针对性地进行相应优化将对提升整个存储系统的绿色指标有很大影响。一些研究者在这方面也进行了一定的研究,其中主要的方法是通过减少对主存高能耗的写操作,以实现减少存储系统的能耗、提高存储单元的使用寿命的目标。

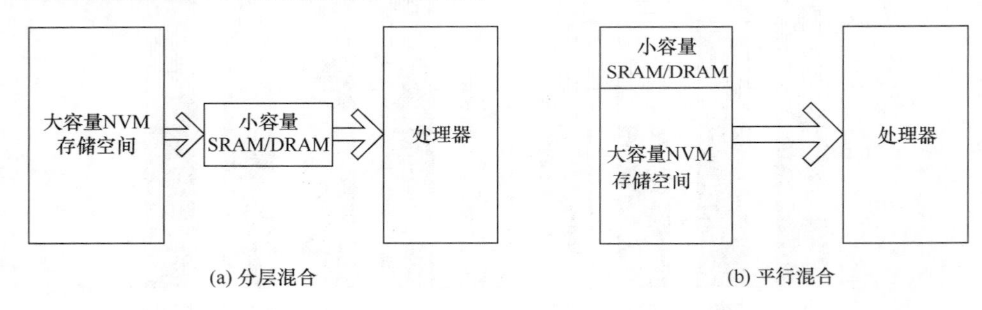

图 1.4 NVM 与 RAM 的混合存储方式[36,40]

针对多核多任务系统中的各种共享内存,Hu 等[47,48]通过数据迁移和重计算技术,结合任务调度,合理的利用每个核的空闲缓存存放其他核要写回主存的数据,以减少对非易失性主存的写操作次数。Huang 等[49]在寄存器分配的过程中,利用重计算方法减少溢出变量的数目来减少对非易失性存储单元的写操作。Chen 等针对 STT-RAM 与 SRAM 构成的混合缓存,先利用编译器静态确定初始的数据分布,然后在运行过程中通过两个额外的缺失统计部件"MTs"以及"MT counters"动态的修正数据分布,以提高该混合缓存的耐久度,降低系统能耗[50]。寄存器操作相关优化方法如表 1.1 所示。

表 1.1 寄存器操作相关优化方法

文献	针对模块	优化目标	主要方法
[43]	寄存器	均衡访问	寄存器重命名+寄存器对交换
[44]	寄存器	循环体内寄存器均衡访问	寄存器保护与恢复+硬件移位电路

续表

文献	针对模块	优化目标	主要方法
[45]	寄存器＋指令数据传输总线	均衡访问＋降低能耗	寄存器分配＋硬件移位电路
[47][48][49]	NVM	降低能耗	数据迁移＋重计算
[50]	STT-RAM 缓存	降低能耗	数据分配
[51][52][53]	STT-RAM＋SRAM 混合缓存	降低能耗	数据分配＋缓存加锁机制

由此可以看出，现有面向寄存器层次的绿色编译优化研究不但可以针对寄存器分配本身进行优化，而且对缓存甚至是主存的绿色优化也有重要作用，但目前这些相关研究主要集中在如何减少对整个非易失性存储部件的写操作，较少直接涉及如何利用编译优化均衡对非易失性存储器各个存储单元的访问。非易失性存储器是一个整体，一个存储单元失效有可能导致整个存储系统的不可靠，因此为提高存储系统的有效使用时间，有必要对非易失性存储单元各部件的耗损均衡进行优化。

目前解决非易失性存储器耗损均衡的方法主要是通过硬件电路来实现，常用的方法有动态和静态两种。动态耗损平均技术使用一个映射表映射操作系统的逻辑地址到物理地址。每次操作系统要更新数据时，该映射表进行更新，标记原始物理块地址数据无效，选择一个新的空闲物理块地址进行更新，并将新的数据写到对应块中。因此，每次数据更新的时候总是写到新的物理块。但这种方法使那些生命期长而又不经常更新的数据，如全局变量总是保持在原来位置，容易形成写频率不均衡而导致高频更新的块提前失效，从而降低该设备资源的利用率。静态耗损平均技术则在动态技术的基础上，周期性地移动那些不经常更新的块，从而弥补了动态耗损平均技术的不足，使每个存储单元能够获得有效地利用。但静态耗损平均技术需要复杂的硬件实现逻辑，而且操作较慢，不利于应用存储系统的较高层次，如主存、缓存等。因此，为弥补软件较少考虑存储系统耗损平均技术的问题，我们可以考虑在寄存器分配过程中合理的分配各溢出代码的位置和数量，使其对各存储单元获得较均衡地使用，提高存储设备的使用时间。

2. 便签式存储单元的管理

为加强软件对存储资源的控制，减少硬件电路的复杂性，降低系统能耗，一些存储系统增加了一个可以用软件控制的存储单元，即便签式存储器。这类存储单元没有复杂的硬件管理策略，如缓存中判断数据是否命中、数据失效等，其数据分配、数据替换和数据写回等均由软件直接控制，从而加强了从软件角度对系统优化的能力，为编译优化提供了新的思路。

针对直接内存访问的便签式存储构成的嵌入式系统，Yang 等[54]提出一种数据流水技术实现的动态分配方法——便签式数据流技术（scratch-pad data pipelining，SPDP）。他们将一个循环的多次迭代组合成一个基本块，作为便签式存储分配的最小单位，然后利用处理器执行指令和直接内存访问操作的并行性，实现数据的流水。Cho 等[55]针对输入敏感的多媒体应用程序，提出一种软硬件结合的针对便签式存储单元的自适应管理方法。它通过编译器的分析结果和内存访问轨迹的跟踪，指导便签式存储单元管理器根据输入数据自动调整数据分配。Kannan 等[56]使用一个由编译器加入到二进制码中的便签式存储管理器，对程序的栈数据进行动态管理，提高便签式存储单元的利用率。Li 等针对嵌入式系统中数据访问的特点，利用图着色和数组分割的方法，将尽可能多的数组数据存放到便签式存储单元中，以提高其的命中率，从而提高系统性能[57~59]。Hu 等[60]利用编译器的辅助分析，通过在程序中插入特殊代码，将堆和栈数据分配到便签式存储单元空间，提高便签式存储单元的利用率，并针对非易失性存储材料以及 SRAM 构成的混合便签式存储结构，提出一种动态数据管理算法。他们根据非易失性存储材料以及 SRAM 存储单元的特点，通过编译器在区域的入口处插入额外的数据迁移指令，调整数据分配策略，将经常读的数据存放到非易失性存储空间，经常写的数据存放到 SRAM，以降低便签式存储空间的能耗，提高其有效使用时间[61]。

在多任务系统中，Takase 等[62]为基于优先级的抢占式多任务系统提出一种便签式存储单元管理技术。他们分别从时间、空间以及两种混合三个面出发，在综合考虑每个任务优先级以及运行时间的基础上，将每个任务的数据分配问题转换一个整数规划问题，利用整数规划求解获得最佳的便签式存储单元利用率以及最低的能耗需求。为了支持运行时代码的便签式存储单元分配，他们实现了一种实时操作系统与硬件协同的支持机制。Gauthier 等[63]提出两种方法分别用于解决多个任务之间的便签式存储单元共享问题以及每个任务本身的便签式存储单元与片外主存之间的栈共享问题，并进一步讨论如何结合这两种方法减少存储系统总能耗的方法。Ozturk 等[64]针对多任务共享便签式存储单元的数据管理问题，提出了一种基于编译器分析的运行时优化方法。Luis 等[65]针对由基于 SRAM 的便签式存储单元以及基于非易失性存储单元构成的支持多任务的混合存储系统，利用编译指导的软硬件协同方法，通过混合存储管理虚拟层在程序运行过程中动态调整数据分配，达到减少执行时间和系统能耗的目的。此外，国内许多科研单位和院校，如国防科学技术大学[66]、上海交通大学[67]、中南大学[68]等也对便签式存储单元的分配问题展开了研究。其总体研究方法如表 1.2 所示。

表 1.2 SPM管理主要目标及其方法

文献	优化目标	主要方法
[54]	提高数据操作并行性	SPDP
[55]	提高 SPM 命中率	内存轨迹跟踪
[56][60][64]	提高 SPM 命中率	在程序中插入 SPM 管理代码
[57][58][59]	提高 SPM 命中率	图着色+数组分割
[61]	提高各混合存储单元高效利用率	数据迁移
[62][67][68]	提高资源利用率和降低能耗	整数规划
[63]	降低能耗	数据分配
[65]	减少执行时间和系统能耗	数据分配动态调整
[66]	综述文章	

由此可见，目前针对便签式存储单元的研究主要是利用其低能耗、高密度的特点，尽可能提高程序对便签式存储单元的访问，降低存储系统的能耗。随着越来越多的非易失性存储材料用于构建便签式存储单元，各种混合便签式存储结构不断被提出[61,65]，高频度高密度的便签式存储单元访问将使其部件快速损耗，因此而产生的电子垃圾将不断增加。如何根据数据访问和存储材料的特点，合理地分配数据，提高便签式存储部件的使用寿命是一个不容忽视的问题，我们的后续章节在进行数据分配的过程中将深入讨论相关内容。

1.2.3 面向处理器的绿色优化技术研究

处理器担负着计算机系统中所有的数据处理工作，传统的处理器为提高处理器精度以及可靠性，通常设计了复杂的运算逻辑以及可靠性保障策略，使处理器的能耗通常占据系统总能耗很大的比重。因此，减少处理器能耗对降低系统总能耗具有很大意义。

为降低处理器能耗，从纯编译器角度可以通过指令选择及指令调度，提高低能耗指令及低切换能耗指令序列的执行频率[69]。结合硬件则可以通过电压和频率的缩放，根据 CMOS 电路的能耗公式，电压和频率越低，处理器的能耗越小。但过度的电压和频率缩放会影响处理器的正确性，因此传统处理器的电压和频率缩放总是控制在某个阈值，以保证处理器运行的正确性。随着计算机应用范围的不断扩大，已经不局限于精确的科学计算，如语音处理、图像处理、数据挖掘等并不要求获得像数值计算一样非常精确的结果。处理器在处理这些应用时，某些非关键点的程序错误并不会对最终结果产生很大影响。因此，一些研究者针对具体应用的特点，将处理器的研究重点逐渐从传统精确的处理器转为非绝对精确的低能耗处理器。目前，这类低能耗处理器主要有随机处理器(stochastic processor，SP)和时序推测处理器(timing speculative processor,TSP)。

随机处理器主要是针对那些能够容忍一定错误的应用程序而设计的。其主要思想是通过对程序正确性约束条件进行适当地放松,在保证不超过被执行程序错误容忍度的情况下,减少处理器中某些错误纠正逻辑,降低系统的能耗[70~72]。针对随机处理器,其主要难点是如何将程序转换为另一个可以接受的低能耗近似版本。文献[73]提出三种优化方案。第一种方法针对图像处理程序,利用分支合并技术,将某些控制分支的跳转语句从源程序中移除,使所有线程均执行某条主程序路径。该方法可以利用硬件实现,也可以在编译时插入额外的分支合并语句来实现。分支合并技术减少了处理器分支预测的开销,能够有效地减少能耗。第二种方法主要针对特定的稀疏线性代数问题,利用代数本身的特点将程序转换为一个简化的近似版本,并只纠正那些严重影响程序输出结果的错误,通过计算量的减少达到降低处理器能耗的目的。第三种方法是将任意的程序转换为一个容错能力强的数值优化问题,以减少随机处理器出错时对程序结果的影响,提高随机处理器的有效性。文献[74]利用形式化推理的技术说明如何验证转换后程序是可接受的,为程序的近似转换提供了一定的保障机制。由于针对随机处理器的程序转换复杂度比较高,目前大部分工作是通过程序员进行的,而人工转换程序适用性比较低,同时受程序员自身水平的限制,难以充分发挥随机处理器的功能,因此在今后的研究中可以考虑人机交互以提高程序转换的效率。

时序推测处理器主要通过对处理器工作电压和频率的缩放达到降低能耗的目的。过度的电压频率缩放可能引起时序错误,为了弥补这些时序错误,时序推测处理器在传统处理器的基础上增加了额外的错误检测和纠正机制。这些额外的硬件设备虽然需要额外的能耗,但只要缩放的电压和频率适中,处理器出现时序错误的几率将很小,因而这些额外的能耗将小于电压频率缩放而节约的能耗,进而获得总能耗的节约。

为使时序推测处理器能够支持电压和频率的过度缩放,研究者提出一些体系结构级的解决方案。Ernst 等[75]设计了一种携带延迟时钟的时序监测电路(Razor),动态地检测和纠正时序错误。Greskamp 等[76]设计了一种双核协同的处理器,其中主处理器运行在高于正常频率的状态,用于执行程序;协处理工作在正常频率用于检测和纠正主处理器的时序错误。随后,Greskamp 等[77]又从底层重新设计了一种适应于时序推测的处理器,它能够识别并加速经常执行的关键路径,使频率的增长只会触发很少的错误。Kahng 等[78]根据能耗重新分配系统中的松弛模块,使处理器能够在可靠性以及能耗之间获得较好的平衡。Xin 和 Joseph[79]提出一种预测时序错误的技术以减少纠正错误的开销。

近年来,一些研究者开始从编译优化的角度探讨如何生成适合于这类处理器的程序。Hoang 等[80]针对这类处理器,提出了四种优化方法。

① 将高开销的指令转换为语义等价的低开销指令，如用逻辑运算替换算术运算，用加法运算替换减法运算，循环展开去掉多余的跳转指令等。

② 增加新的低开销的“brinc”指令。

③ 增加额外的空操作指令(NOP)，弥补时序偏差。

④ 程序转换，根据数据特点，通过循环展开等优化方法，除去程序中某些高开销指令或者增加低开销指令替换高开销指令的机会。

Sartori 和 Kumar 分析了现有编译器中循环优化以及 GCC 标准优化选项在改变指令并行性的情况下对时序推测处理器流水线的影响。同时，指出数据依赖对低能耗处理器特别是时序推测处理器影响较大，而且传统流水线中的某些技术在该类处理器中将失去原有的优势。图 1.5 显示了传统数据前送(forwarding)技术反而会增加时序推测处理器的出错率。通过对 GCC 标准优化选项的测试，总结出如下结论，如果没有充足的并行资源，则为避免流水线后端数据堆满而引起的延迟，应该使用较低级别的优化，不能无限度地追求指令的高并行性；如果并行资源充足，或者很多间接内存访问，即指针操作比较多，则应采用较高级别的优化，减少数据依赖，提高并行度，减少延迟，从而提高资源利用率，减少时序错误率[81]。

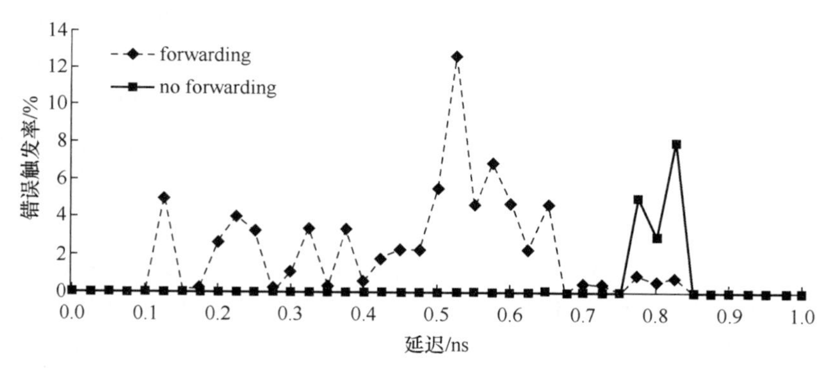

图 1.5 有无 forwarding 对时序推测处理器出错率的影响

由以上研究成果可以看出，目前针对低能耗处理器的编译优化技术正处于快速发展阶段。现有方法或者是在较低层次的优化(如文献[80]中设计新的低开销指令 brinc)，或者是对传统编译优化选项在低能耗处理器上表现能力的评估，而较少针对这类处理器重新设计编译优化方案。根据文献[80]的研究结果可以看出，减少数据前送机制的触发率能够很大程度减少数据出错的概率，因此我们在后续指令调度的过程中将结合考虑如何在保障其他优化不受到很大影响的情况下减少数据前送率，以利于新型处理器发挥其低能耗的优势，提高处理器的绿色指标。

1.2.4 软件自动化测试及能耗调试相关研究

软件测试是软件开发的重要环节，也是一项开销巨大的工作。传统的人工测试技术不但要耗费大量的人力资源，还需要很长的测试周期，占整个软件开发过程的30%～50%，甚至更多[82]，而且测试效率低下，并严重依赖于测试人员的个人经验，即使很简单的程序也可能由于个体思维习惯导致测试的遗漏。因此，各种自动化测试工具应运而生。

对于自动测试工具，其最主要的工作之一是针对具体的待测程序设计出高效的测试用例。对于一般的测试用例，特别是针对白盒测试的测试用例，只有在对源程序进行了全面的分析，才能找到合适的方案，生成尽可能少而高效的测试用例。作为程序转换的编译器，由于其在编译过程中对源程序的语法语义进行了充分的分析，能够为自动测试工具提供有关被测程序的丰富信息，因此对于提高测试效率，减少测试过程中对人员和资源的消耗，提高待测程序开发过程的绿色程度具有天然的优势。目前国内外许多低开销和高效率的测试用例生成方法均或多或少依赖于编译器的分析结果。

在随机测试方面，Godefroid等[83]在反馈式随机测试用例生成的基础上，利用静态分析技术自动生成该单元测试需要的外部驱动程序以及相应的运行环境，大幅度提高了单元测试的自动化。在静态测试用例生成方面，Hong等[84]针对数据流的自动测试，使用时序逻辑CTL和模型检测工具生成相应的测试用例。在动态测试用例生成方面，人们利用各种元启发式方法以求获得较好的测试用例。文献[85]～[87]依赖于遗传算法根据路径覆盖，数据覆盖等测试目的自动生成测试用例。Nayak等[88]则针对数据流，利用粒子群算法生成相应的测试用例。Tung等[89]提出一种通过解析数据依赖和控制依赖对网络应用程序生成对应的测试用例。以上这些测试用例生成技术中使用的静态分析技术，如数据流分析(包括各种依赖关系分析)、控制流分析(包括路径覆盖率和数据覆盖率的分析)均是编译器的主流分析技术。

在利用编译器提高软件调试效率方面，研究的重点主要集中在编译的过程中给出足够友好的语法错误和不安全操作的位置信息，以帮助开发者快速定位和修改软件中可能存在的错误[90]。许多主流编译器，如GCC[91]、Clang等都在错误警告信息的友好度以及精确度上进行着不断的改进。测试用例与错误警告信息定位具有相辅相成的关系，好的测试用例，即有针对性的程序输入可以帮助编译器缩小错误和警告信息的定位范围，提高其给出的信息的精度。而编译器发现的可能出错的程序位置又可以通过逆向分析生成对应的测试用例，以提高该测试用例的有效性。文献[92]提出了一种编译指导的支持错误跟踪的测试用例自动生成方法。该方法以编译器为依托，通过对源程序的语法和语义进行扩展，将测试需求很好地融入源程序中参与分析，并利用代码生成器在生成目标代码的同时根据相应的分析结果直接生成相应的测试用例。同时，利用编译器的语义分析，将源程序的行号信息融入生成的测试用例中，使其能够在测试用例无法通过时为程序员尽快的确定出错位置，以提高程序开发的进度，从而减少不必要的开发资源的浪费，提高软件开发过程中的绿色指标。

随着嵌入式应用和绿色需求的不断增长，程序错误除传统功能性错误外，能耗错误也至关重要，人们不但需要开发出满足特定功能需求的应用程序，而且还要使开发出的产品满足能耗的要求，尽可能减少与功能无关的能源消耗。2011年，Pathak等[93]以智能手机为基础，从软硬件的角度对现有移动设备中的能耗问题进行分析，首次提出能耗错误的概念，并针对智能手机设计了一种能耗错误检测及调试的框架——EDB，减少智能手机中无效能源的消耗，如图1.6所示。随后，Pathak等[94]以及Vekris等[95]针对禁止休眠(No-Sleep)的能耗错误分别利用到达-定义链和过程间数据流分析的方法对该类能耗错误进行检测。Oliner等[96]基于统计的思想，首先利用其开发的Carat搜集智能设备中各个应用在各种环境下电池能耗的数据，并将其传递给云服务器。通过云服务器对数据的统计分析，给出各个应用中可能的能耗错误以及较好的使用方法，传递给用户以指导其获得能耗的节约，提高设备的持续使用时间。

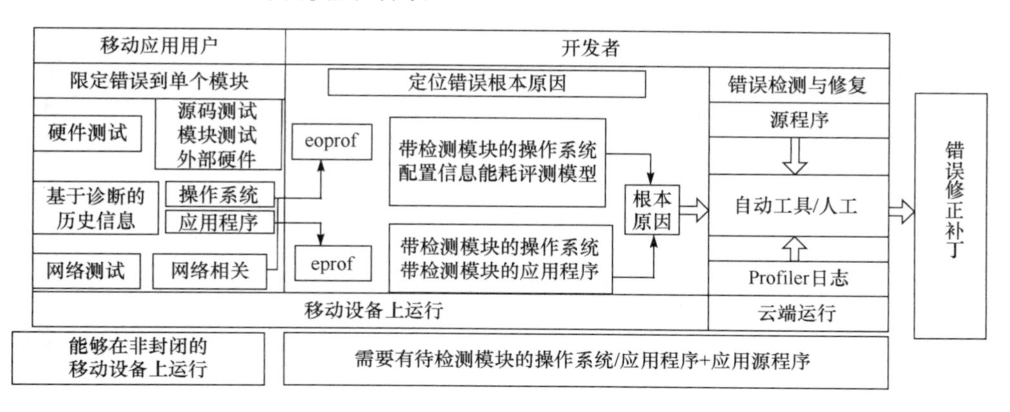

图1.6 智能手机能耗错误检测和调试框架[93]

现有的能耗错误检测机制主要集中于如何发现程序中是否存在能耗错误，对于引起该错误的可能位置考虑较少。定位程序错误位置进而纠正相应错误才是发现程序错误的最终目的。因此，如何能够提供更为友好而精确的调试警告信息，不仅帮助程序员快速发现程序中的能耗错误，而且使其能够快速定位引起该错误的位置，提高能耗错误纠正的速度是我们需要解决的另一个问题。

1.3 组织结构

本书第2章根据现有的绿色相关概念,给出绿色编译器的定义、绿色编译优化框架以及总体绿色评估模型。第3章主要针对时序推测处理器以及总线翻转编码这两种低能耗的嵌入式体系结构,介绍相应的绿色指令调度方法,以降低总线系统的能耗,均衡各总线的使用频度,提高各总线的有效利用率。第4章主要针对通用存储系统中寄存器以及栈数据的绿色指标,介绍一种多目标数据分配优化方法,以获得较均衡的寄存器访问频度和栈存储单元访问频度,减少指令数据总线的动态翻转能耗,提高系统整体的绿色指标。第5章针对新型存储技术的特征,介绍以整数线性规划算法和启发式算法为主要内容的数据分配方法,以最大程度降低存储系统的能耗,提高系统的绿色指标。第6章介绍基于符号执行的能耗错误检测和反例生成技术,以指导开发出具有高绿色指标的软件。第7章结合现有的一些新的理论和算法,对可能的新型绿色编译优化方法进行探索。第8章总结全书并展望后续研究。

1.4 本章小结

编译理论的基础较为成熟,研究内容十分丰富。本章主要针对绿色编译相关的研究背景,对现阶段国内外相关研究动态及其成果进行分析和总结,使读者对绿色编译相关技术有初步认识。

参考文献

[1] 王艳. 源码未知类软件能耗评估技术研究. 长春:中国科学院长春光学精密机械与物理研究所博士学位论文, 2012.

[2] Murugesan S. Harnessing green IT: principles and practices. IT Professional, 2008, 10(1): 24-33.

[3] Capra E, Formenti G, Francalanci C, et al. The impact of MIS software on IT energy consumption//18th European Conference on Information Systems, 2010.

[4] 何炎祥,陈勇,吴伟,等. 绿色编译优化策略:研究综述. 计算机科学与探索,2013,7(8):673-690.

[5] Schluep M, Hagelue ken C, Kuehr R, et al. Recycling: From E-waste to Resources. Berlin: UNEP and United Nations University,2009.

[6] 科技 FM5. 2017 年智能机需求上看 15 亿支. http://www. fm5. cn/? action-viewnews-itemid-119631[2013-12-03].

[7] 过敏意. 绿色计算: 内涵及趋势. 计算机工程, 2010, 36(10): 1-7.

[8] SAMSUNG. http://www. samsung. com/global/business/semiconductor/minisite/Green-memory/main. htmh[2013-12-03].

[9] NOKIA. http://www. nokia. com/global/about-nokia/people-and-planet/impact/environ-mental-and-social-impact/[2013-12-03].

[10] SONY. http://www. sony. net/SonyInfo/procurementinfo/green. html[2013-12-03].

[11] Hong S, Narayanan U, Chung K S, et al. Bus-invert coding for low-power I/O-a decomposition approach//Proceedings of the 43rd IEEE Midwest Symposium on Circuits and Systems, 2000.

[12] Benini L, de Micheli G, Macii E. Designing low-power circuits: practical recipes. Circuits and Systems Magazine, IEEE, 2001, 1(1): 6-25.

[13] Raghunathan A, Jha N K, Dey S. High-Level Power Analysis and Optimization. Boston: Kluwer Academic Publishers, 1998.

[14] Stan M R, Burleson W P. Bus-invert coding for low-power I/O. IEEE Transactions on Very Large Scale Integration Systems, 1995, 3(1): 49-58.

[15] Lv T, Henkel J, Lekatsas H, et al. A dictionary-based en/decoding scheme for low-power data buses. IEEE Transactions on Very Large Scale Integration Systems, 2003, 11(5): 943-951.

[16] Suresh D C, Agrawal B, Yang J, et al. Tunable and energy efficient bus encoding techniques. IEEE Transactions on Computers, 2009, 58(8): 1049-1062.

[17] Benini L, de Micheli G, Macii E, et al. Asymptotic zero-transition activity encoding for address buses in low-power microprocessor-based systems// Proceedings of the 7th Great Lakes Symposium on VLSI, 1997.

[18] Mehta H, Owens R M, Irwin M J. Some issues in gray code addressing// Proceedings of the 6th Great Lakes Symposium on VLSI, 1996.

[19] Guo H, Parameswaran S. Shifted gray encoding to reduce instruction memory address bus switching for low-power embedded systems. Journal of Systems Architecture, 2010, 56(4): 180-190.

[20] Parikh A, Kim S, Kandemir M, et al. Instruction scheduling for low power. The Journal of VLSI Signal Processing, 2004, 37(1): 129-149.

[21] Lee C, Lee J K, Hwang T, et al. Compiler optimization on VLIW instruction scheduling for low power. ACM Transactions on Design Automation of Electronic Systems, 2003, 8(2): 252-268.

[22] Shao Z, Zhuge Q, Zhang Y, et al. Efficient scheduling for low-power high-performance DSP applications. International Journal of High Performance Computing and Networking, 2004, 1: 3-16.

[23] Chabini N, Wolf M C. Reordering the assembly instructions in basic blocks to reduce

switching activities on the instruction bus. Computers and Digital Techniques, 2011, 5(5): 386-392.

[24] Duan C, Calle V H C, Khatri S P. Efficient on-chip crosstalk avoidance codec design. IEEE Transactions on Very Large Scale Integration Systems, 2009, 17(4): 551-560.

[25] Moll F, Roca M, Isern E. Analysis of dissipation energy of switching digital cmos gates with coupled outputs. Microelectronics Journal, 2003, 34(9): 833-842.

[26] Guihai Y, Yinhe H, Xiaowei L I, et al. BAT: performance-driven crosstalk mitigation based on bus-grouping asynchronous transmission. IEICE Transactions on Electronics, 2008, 91(10): 1690-1697.

[27] Sotiriadis P P, Chandrakasan A. Bus energy minimization by transition pattern coding (TPC) in deep sub-micron technologies// IEEE/ACM International Conference on Computer Aided Design, 2000.

[28] Wu X, Yan Z. Efficient CODEC designs for crosstalk avoidance codes based on numeral systems. IEEE Transactions on Very Large Scale Integration Systems, 2011, 19(4): 548-558.

[29] Zhang J, Friedman E G. Effect of shield insertion on reducing crosstalk noise between coupled interconnects// Proceedings of the 2004 International Symposium on Circuits and Systems. Canada: IEEE, 2004: II529-II532.

[30] Mutyam M. Selective shielding technique to eliminate crosstalk transitions. ACM Transactions on Design Automation of Electronic Systems, 2009, 14(3): 43.

[31] Gupta U, Ranganathan N. A utilitarian approach to variation aware delay, power, and crosstalk noise optimization. IEEE Transactions on Very Large Scale Integration Systems, 2011, 19(9): 1723-1726.

[32] Hanchate N, Ranganathan N. Simultaneous interconnect delay and crosstalk noise optimization through gate sizing using game theory. IEEE Transactions on Computers, 2006, 55(8): 1011-1023.

[33] Macii E, Poncino M, Salerno S. Combining wire swapping and spacing for low-power deep-submicron buses// Proceedings of the 2003 ACM Great Lakes Symposium on VLSI, 2003.

[34] Weng T H, Lin C H, Shann J J, et al. Power reduction by register relabeling for crosstalk-toggling free instruction bus coding// International conference on Computer Symposium, 2010.

[35] Kuo W A, Chiang Y L, Hwang T T, et al. Performance-driven crosstalk elimination at post-compiler level//IEEE International Symposium on Circuits and Systems, 2006.

[36] Dhiman G, Ayoub R, Rosing T. PDRAM: a hybrid PRAM and DRAM main memory system// The 46th ACM/IEEE on Design Automation Conference, 2009.

[37] Ferreira A P, Zhou M, Bock S, et al. Increasing pcm main memory lifetime// Design, Automation and Test in Europe Conference and Exhibition, 2010.

[38] Liu D, Wang T, Wang Y, et al. PCM-FTL: a write-activity-aware NAND flash memory

management scheme for PCM-based embedded systems// IEEE 32nd Real-Time Systems Symposium, 2011.

[39] Qureshi M K, Karidis J, Franceschini M, et al. Enhancing lifetime and security of pcm-based main memory with start-gap wear leveling// Proceedings of 42nd Annual IEEE/ACM International Symposium on Microarchitecture, 2009.

[40] Qureshi M K, Srinivasan V, Rivers J A. Scalable high performance main memory system using phase-change memory technology//The 36th Annual International Symposium on Computer Architecture, 2009.

[41] Xu W, Liu J, Zhang T. Data manipulation techniques to reduce phase change memory write energy// Proceedings of the 14th ACM/IEEE International Symposium on Low Power Electronics and Design, 2009.

[42] Zhou P, Zhao B, Yang J, et al. A durable and energy efficient main memory using phase change memory technology. ACM SIGARCH-Computer Architecture News, 2009, 37(3): 14.

[43] Zhou X, Yu C, Petrov P. Compiler-driven register re-assignment for register file power-density and temperature reduction// Proceedings of the 45th Annual Design Automation Conference, 2008.

[44] Yang C, Orailoglu A. Processor reliability enhancement through compiler-directed register file peak temperature reduction// IEEE/IFIP International Conference on Dependable Systems & Networks, 2009.

[45] Liu T, Orailoglu A, Xue C J, et al. Register allocation for simultaneous reduction of energy and peak temperature on registers// Design, Automation & Test in Europe Conference & Exhibition, 2011.

[46] Li H, Chen Y. An overview of non-volatile memory technology and the implication for tools and architectures// Design, Automation & Test in Europe Conference & Exhibition, 2009.

[47] Hu J, Xue C J, Tseng W C, et al. Minimizing write activities to non-volatile memory via scheduling and recomputation//IEEE 8th Symposium on Application Specific Processors, 2010.

[48] Hu J, Xue C J, Tseng W C, et al. Reducing write activities on non-volatile memories in embedded CMPs via data migration and recomputation//The 47th ACM/IEEE on Design Automation Conference, 2010.

[49] Huang Y, Liu T, Xue C J. Register allocation for write activity minimization on non-volatile main memory for embedded systems. Journal of Systems Architecture, 2011.

[50] Li Q, Li J, Shi L, et al. Compiler-Assisted Refresh Minimization for Volatile STT-RAM Cache. Japan: Yokohama, 2013.

[51] Li Q, Zhao M, Xue C J, et al. Compiler-assisted preferred caching for embedded systems

with STT-RAM based hybrid cache// Proceedings of the 13th ACM SIGPLAN/SIGBED International Conference on Languages, Compilers, Tools and Theory for Embedded Systems, 2012.

[52] Li Q, Li J, Shi L, et al. Mac: migration-aware compilation for stt-ram based hybrid cache in embedded systems// Proceedings of the 2012 ACM/IEEE International Symposium on Low Power Electronics and Design, 2012.

[53] Chen Y T, Cong J, Huang H, et al. Static and dynamic co-optimizations for blocks mapping in hybrid caches// Proceedings of the 2012 ACM/IEEE International Symposium on Low Power Electronics and Design, 2012.

[54] Yang Y, Wang M, Yan H, et al. Dynamic scratch-pad memory management with data pipelining for embedded systems. Concurrency and Computation: Practice and Experience, 2010, 22(13): 1874-1892.

[55] Cho D, Pasricha S, Issenin I, et al. Adaptive scratch pad memory management for dynamic behavior of multimedia applications. Computer Aided Design of Integrated Circuits and Systems, IEEE Transactions on, 2009, 28(4): 554-567.

[56] Kannan A, Shrivastava A, Pabalkar A, et al. A software solution for dynamic stack management on scratch pad memory// Proceedings of the 2009 Asia and South Pacific Design Automation Conference, 2009.

[57] Li L, Xue J, Knoop J. Scratchpad memory allocation for data aggregates via interval coloring in superperfect graphs. ACM Transactions on Embedded Computing Systems, 2010, 10(2): 28.

[58] Li L, Wu H, Feng H, et al. Towards data tiling for whole programs in scratchpad memory allocation. Advances in Computer Systems Architecture, 2007: 63-74.

[59] Yang X, Wang L, Xue J, et al. Improving scratchpad allocation with demand-driven data tiling// Proceedings of the 2010 International Conference on Compilers, Architectures and Synthesis for Embedded Systems, 2010.

[60] Hu W, Chen T, Shi Q, et al. Efficient utilization of scratch-pad memory for embedded systems//The 7th Annual IEEE International Conference on Pervasive Computing and Communications, 2009.

[61] Hu J, Xue C J, Zhuge Q, et al. Towards energy efficient hybrid on-chip scratch pad memory with non-volatile memory// Design, Automation & Test in Europe Conference & Exhibition, 2011: 1-6.

[62] Takase H, Tomiyama H, Takada H. Partitioning and allocation of scratch-pad memory for priority-based preemptive multi-task systems// Design, Automation & Test in Europe Conference & Exhibition, 2010.

[63] Gauthier L, Ishihara T, Takase H, et al. Placing static and stack data into a scratch-pad

memory for reducing the energy consumption of multi-task applications// The 16th Workshop on Synthesis and System Integration of Mixed Information Technologie, 2010.

[64] Ozturk O, Kandemir M, Son S W, et al. Shared scratch pad memory space management across applications. International Journal of Embedded Systems, 2009, 4(1): 54-65.

[65] Bathen L A, Dutt N. HaVOC: a hybrid memory-aware virtualization layer for on-chip distributed scratch pad and non-volatile memories// The 49th ACM/EDAC/IEEE Design Automation Conference, 2012.

[66] 汪黎. 大容量软件管理片上存储器分配技术综述. 计算机工程与科学, 2009, 31(z1): 138-142.

[67] 罗飞,过敏意,陈英. MPSoc上动静态结合的SPM分配策略. 计算机工程, 2010, 36(21):275,276,279.

[68] 胡志刚,石金锋,蒋湘涛. 针对能耗热点的SPM静态分配管理策略. 计算机工程与应用, 2010, 46(3): 58-75.

[69] Yong C, He Y X, Ximi L, et al. Dynamic probability based instruction scheduling for low-power embedded system// 2010 International Conference on Computer Application and System Modeling, 2010.

[70] Duggirala P S, Mitra S, Kumar R, et al. On the theory of Stochastic processors// Proceedings 7th International Conference on the Quantitative Evaluation of Systems, 2010.

[71] Narayanan S, Sartori J, Kumar R, et al. Scalable stochastic processors// Proceedings of the Conference on Design, Automation and Test in Europe, 2010.

[72] Shanbhag N R, Abdallah R A, Kumar R, et al. Stochastic computation// Proceedings of the 47th ACM/IEEE Design Automation Conference, 2010.

[73] Sloan J, Sartori J, Kumar R. On software design for stochastic processors// Proceedings of the 49th Annual Design Automation Conference, 2012.

[74] Carbin M, Kim D, Misailovic S, et al. Proving acceptability properties of relaxed nondeterministic approximate programs// Proceedings of the 33rd ACM SIGPLAN Conference on Programming Language Design and Implementation, 2012.

[75] Ernst D, Kim N S, Das S, et al. Razor: a low-power pipeline based on circuit-level timing speculation// Proceedings of 36th Annual IEEE/ACM International Symposium on Microarchitecture, 2003.

[76] Greskamp B, Torrellas J. Paceline: improving single-thread performance in nanoscale CMPs through core overclocking//The 16th International Conference on Parallel Architecture and Compilation Techniques, 2007.

[77] Greskamp B, Wan L, Karpuzcu U R, et al. Blueshift: designing processors for timing speculation from the ground up// Proceedings of the 15th International Symposium on High Performance Computer Architecture, 2009.

[78] Kahng A B, Kang S, Kumar R, et al. Designing a processor from the ground up to allow voltage/reliability tradeoffs// Proceedings of the 16th International Symposium on High Performance Computer Architecture, 2010.

[79] Xin J, Joseph R. Identifying and predicting timing-critical instructions to boost timing speculation// Proceedings of the 44th Annual IEEE/ACM International Symposium on Microarchitecture, 2011.

[80] Hoang G, Findler R B, Joseph R. Exploring circuit timing-aware language and compilation. ACM SIGPLAN Notices, 2011, 46(3): 345-356.

[81] Sartori J, Kumar R. Compiling for energy efficiency on timing speculative processors// Proceedings of the 49th Annual Design Automation Conference, 2012.

[82] Myers G J, Sandler C, Badgett T. The Art of Software Testing. Hoboken: John Wiley & Sons, 2011.

[83] Godefroid P, Klarlund N, Sen P. DART: directed automated random testing//The ACM SIGPLAN Conference on Programming Language Design and Implementation, 2005.

[84] Hong H S, Cha S D, Lee I, et al. Data flow testing as model checking// Proceedings of 25th International Conference on Software Engineering, 2003.

[85] Alshraideh M, Mahafzah B A, Al-Sharaeh S. A multiple-population genetic algorithm for branch coverage test data generation. Software Quality Journal, 2011, 19(3): 489-513.

[86] Andrews J H, Menzies T, Li F C H. Genetic algorithms for randomized unit testing. IEEE Transactions on Software Engineering, 2011, 37(1): 80-94.

[87] 薛云志,陈伟,王永吉,等. 一种基于 Messy GA 的结构测试数据自动生成方法. 软件学报, 2006, 17(8): 1688-1697.

[88] Nayak N, Mohapatra D P. Automatic test data generation for data flow testing using particle swarm optimization. Contemporary Computing, 2010: 1-12.

[89] Tung Y H, Tseng S S, Lee T J, et al. A novel approach to automatic test case generation for web applications// Proceedings of the 10th International Conference on Quality Software, 2010.

[90] Traver V J. On compiler error messages: what they say and what they mean. Advances in Human-Computer Interaction, 2010.

[91] Jeffery C L. Generating LR syntax error messages from examples. ACM Transactions on Programming Languages and Systems, 2003, 25(5): 631-640.

[92] 何炎祥,陈勇,吴伟,等. 基于编译支持错误跟踪的测试用例自动化生成方法. 计算机研究与发展, 2012, 49(9): 1843-1851.

[93] Pathak A, Hu Y C, Zhang M. Bootstrapping energy debugging on smartphones: a first look at energy bugs in mobile devices// Proceedings of the 10th ACM Workshop on Hot Topics in Networks, 2011.

[94] Pathak A, Jindal A, Hu Y C, et al. What is keeping my phone awake: characterizing and detecting no-sleep energy bugs in smartphone apps// Proceedings of the 10th International Conference on Mobile Systems, Applications, and Services, 2012.

[95] Vekris P, Jhala R, Lerner S, et al. Towards verifying android apps for the absence of no-sleep energy bugs//Proceedings of the 2012 USENIX Conference on Power-Aware Computing and Systems, 2012.

[96] Oliner A J, Iyer A, Lagerspet E, et al. Collaborative energy debugging for mobile devices// Proceedings of the 2012 USENIX Conference on Power-Aware Computing and Systems, 2012.

第 2 章　绿色编译及评估模型

现有的编译技术主要以实现不同层次代码之间的正确转换为主，其评估的指标集中在转换后代码的执行速度及功能性错误检测和定位的能力，对绿色需求中能耗、电子垃圾产生的速度(即设备损耗速度)及能耗错误的检测和定位的能力考虑较为缺乏。为此，本章首先介绍绿色编译的相关定义，然后给出相应的绿色编译优化框架，便于各项优化方法的实施，最后结合定义给出对应的绿色评估标准，为后续部分绿色编译优化及能耗错误检测和定位提供依据。

2.1　绿色编译器定义

绿色是当前一个重要的话题，各个领域的专家学者从自身对绿色需求出发，提出了一些绿色相关的定义。

(1) 绿色计算[1~3]

绿色计算又称绿色 IT，是指在设计、制造、使用以及分布计算机、服务器及相关子系统的研究和实践中能够有效地减少对环境影响的技术。另有学者指出："绿色计算是利用各种软件和硬件先进技术，将目前大量计算机系统的工作负载降低，提高其运算效率，减少计算机系统数量，进一步降低系统配套电源能耗，同时改善计算机系统的设计，提高其资源利用率和回收率，降低二氧化碳等温室气体的排放量，从而达到节能、环保和节约的目的。"绿色计算不能一味追求性能的提升，要从根本上消除或者改进计算机使用环境中的不友好因素，避免对计算本身或者某些部件过度使用。

(2) 绿色网络[4]

将绿色计算应用于网络，针对目前网络能耗高、效率低、浪费多等诸多问题，提出了以节能为主要目的的绿色网络，并在此基础上提出了基于随机模型的绿色评价框架，以使在满足一定 QoS 情况下节约能耗，提高资源利用率。

此外，还有绿色存储[5]、绿色操作系统[6]等。虽然这些定义各不相同，但总的来说主要包括三个基本指标，即能耗的降低、资源利用率的提高、环境污染的减少。因此，构建一个绿色编译器也不例外。它应该使其生成的程序具有较高的资源利用率、较低的能耗和较慢的损耗速度，以提高设备有效使用时间，减少电子垃圾的产生，进而减少对环境的污染，而且能够为其生成的软件提供友好的辅助分析信息，以提高能耗错误等非功能性错误的检测力度，既能减少开发过程中高额的资源和能源消耗，又能提高生成软件的绿色指标。同时，编译器是程序语言转换的工具，也必须保证目标语义同原语义等价。综合以上分析，我们将绿色编译器定义为在完成源代码到目标代码等价转换的前提下，以降低软件运行时能耗、减少设备损耗为主要优化目标，并能提高能耗错误检测能力的一种编译器。因此，绿色编译器主要有两个方面的目标。

① 能够使编译生成的软件以尽可能低的能耗和较小的设备损耗正确地运行。由于目前的硬件设备主要以超大规模集成电路为主，其能耗以及设备损耗除与本身的材质相关外，与其工作时的温度也有很大关系。根据泄漏能耗与温度的简化关系式(2.1)可以看出[7]，设备工作时的温度越大，其泄漏能耗也将越大。同时，温度的提升还会引起负偏压温度不稳定性(negative bias temperature instability，NBTI)、沟道热载流子(channel hot carrier，CHC)等效应[8]，导致阈值电压退化，系统的可靠性降低，设备损耗速度提高。部件温度的提升常常是由于其持续处于激活状态的结果。因此，如果能够有效地调整各个部件进入激活状态的频度，使各个资源能够均衡地工作，对降低设备能耗以及损耗将有重要作用。同时，在任务负载一定的情况下，均衡的工作方式要求科学合理使用各种资源，使所有资源在该设备有效工作时间内均能获得充分的利用，因而也间接提高了资源利用率，使设备不至于因为某个频繁使用部件的损坏而导致大量正常可用部件的浪费。

$$P_{\text{leak}} = Ae^{B^{*}\,\text{Temp}} \tag{2.1}$$

其中，Temp 表示温度；A 和 B 是两个温度无关参数。

② 不但能够帮助开发者快速准确的定位程序中的功能性错误，减少开发过程中资源和能源的耗损，而且还能够检测能耗错误等绿色需求相关的非功能性错误，以保证开发出的软件能尽可能少的消耗无用能源，获得较高的绿色评估值。这就要求该编译器能够提供较为精确的辅助信息，提高开发者发现和定位程序中功能性错误和能耗错误的速度，帮助开发者修正不必要的能耗错误，减少软件开发以及软件运行过程中资源和能源的消耗。

2.2　绿色编译优化框架

为提高系统的绿色需求，人们需要从整个计算机系统对软硬件进行优化处理。编译器作为软件生成的重要工具，对提高整个嵌入式系统的绿色指标具有不容忽视的作用。传统的编译优化框架主要以性能优化为主，较少考虑能耗等绿色相关优化。特别是近年来嵌入式系统的快速崛起，面向通用机的编译优化框架难以适应变化万千的嵌入式体系结构，各种绿色优化方法的实施并不十分顺利。针对具体嵌入式体系结构进行以绿色需求为主要目标的优化需要综合考虑设备容量、能耗，以及设备使用的特性，如读写特性、使用次数限制等因素，理想的嵌入式系统优化框架不仅可以有效地实施各种优化，而且当各种优化目标相互冲突时能够很好地在冲突之间获得权衡，使总体优化效果达到最优。此外，相对体系结构复杂多变的嵌入式体系结构，需要有较强的自适应性，能够根据不同的体系结构自动选择效果较好的优化方案，以提高编译器本身的健壮性。为此，我们介绍一种绿色编译器指导的嵌入式系统绿色优化框架，如图 2.1 所示。该框架主要由绿色编译器、绿色评估器、绿色分配器、绿色管理以及绿色调度等五个部分组成。

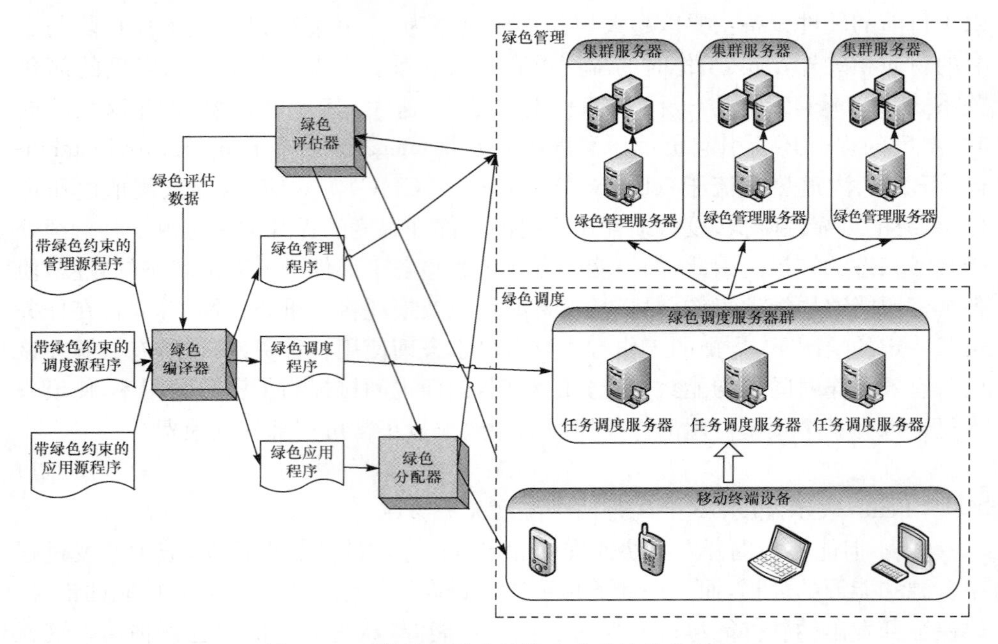

图 2.1　面向绿色需求的嵌入式系统优化框架

① 绿色编译器。

在传统编译器的基础上，结合系统运行的反馈信息（主要包括系统运行时的功耗信息、能耗信息、工作时间信息等），针对添加了绿色约束信息（主要包括峰值功耗约束、性能约束、时间约束等）的终端程序以及服务器程序进行相关的绿色优化，以达到降低整个移动嵌入式系统的功耗，提高设备使用时间的目的。

② 绿色评估器。

利用绿色评估参数，包括功耗参数、能耗参数、工作时间等进行数学建模，获得系统的量化评估，以指导绿色编译器和绿色分配器进行相应的绿色优化。

③ 绿色分配器。

利用绿色评估器的评估数据以及绿色编译器的编译结果，将低功耗、低运算量以及运行次数较少的程序分配到嵌入式设备中，而将高功耗、高运算量和使用较为频繁的程序分配到集群服务器中以达到资源的优化配置，获得能耗和性能的平衡。

④ 绿色管理。

通过控制集群服务器的工作和休眠状态，对集群服务器进行相应的优化，达到降低能耗的目的。同时，该管理器将获取集群服务器的运行状态信息，将功耗、运行时间等具体设备运行信息传递给绿色评估器，以便于整体系统的优化配置。

⑤ 绿色调度。

获取嵌入式终端信息，将那些需要高功耗、高运算量的程序根据其具体应用、距离的远近等因素分配到相应的集群服务器运行，同时将运行结果传输给对应的终端设备。

在编译器内部，需要选择合理的优化位置和接口，使其能够在对高级语言进行正确转换的前提下，通过对源代码的分析，很好地实施各项绿色编译优化技术，以提高整个系统的绿色性能。为此，我们将绿色编译器内部的优化实施框架进一步细分，如图 2.2 所示。该优化框架主要包括编译器前端分析、绿色优化与评估和特征库的反馈学习。

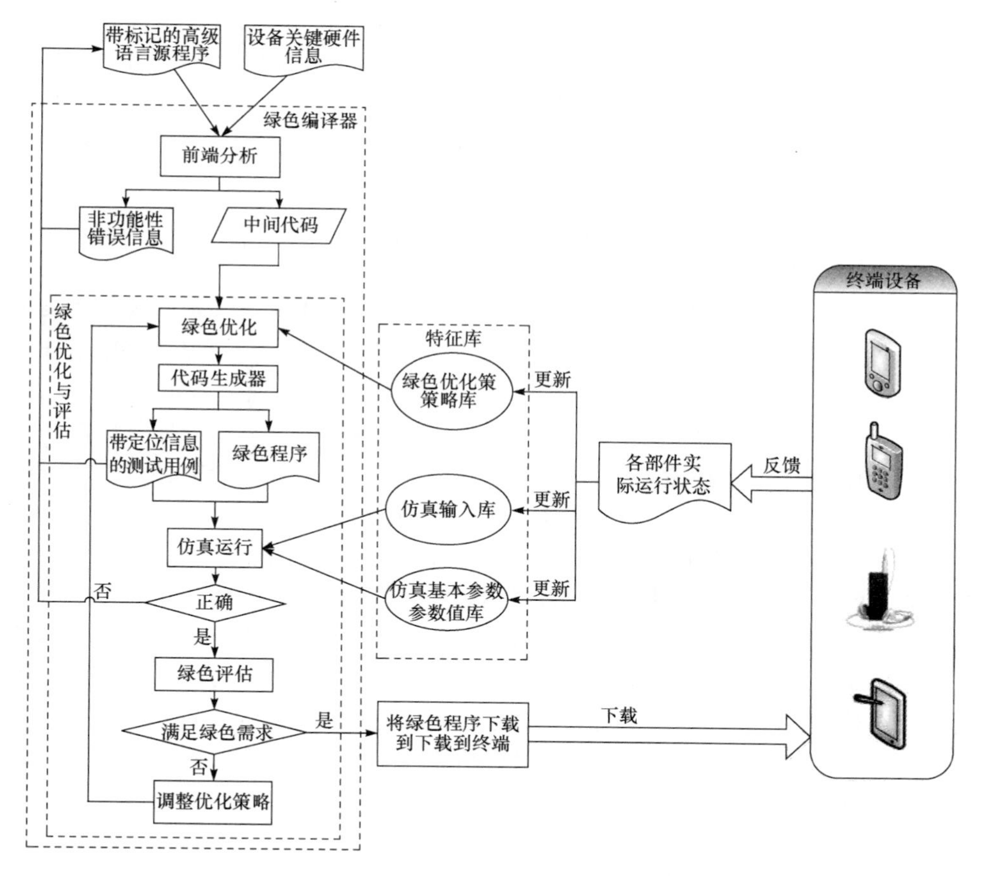

图 2.2　绿色编译器内部优化框架

① 编译器前端分析。

与传统编译器前端分析方法不同，面向绿色需求的编译器前端分析还需要检测如能耗错误等绿色相关的非功能性错误，并给出相关的调试信息以指导程序员开发出对应的产品，因此该过程增加了额外的能耗错误静态分析模块。此外，嵌入式设备需要根据具体的硬件信息才能进行更好的优化，因此该编译器在对源程序进行语法以及语义分析的同时，进行了对应的设备硬件相关信息的分析。为此，需要设计一种适合于硬件设备描述的语言，以便编译器对其进行相应的解析。

② 绿色优化与评估。

不同的优化对目标代码的优化效果是不同的，即使是相同的优化，对不同的体系结构，其优化效果也千差万别。同时，各种优化方法之间存在一定的冲突关系，不同的优化调度序列对优化效果也将产生较大的影响。因此，在进行绿色优化时，可以首先根据具体的硬件设备信息从策略库中选择一个初始的优化调度方案进行相应的绿色优化，并通过代码生成器生成初始的绿色程序以及对应的测试用例。然后，根据仿真输入和仿真基本参数值，对绿色程序进行仿真运行，当程序出错时(即存在功能性错误或能耗错误时)，根据测试用例及出错辅助信息修改源程序，重新调试。当测试用例无误时，则进行相应的绿色评估。如果绿色评估值满足绿色需求，则将对应的程序下载到嵌入式设备中运行，否则调整优化策略，重新进行相应优化。

③ 特征库的反馈学习。

在整个框架中，主要包括绿色优化策略库、仿真输入库和仿真基本参数值三个特征库。绿色优化策略库记录各种体系结构、各种硬件环境下典型的优化调度策略。仿真输入库记录各种体系结构下常用的用户输入集合。仿真基本参数值库主要记录基本的绿色相关参数值，如单条指令能耗、总线电容、存储单元单次读/写能耗等。由于用户在使用嵌入式设备时具有较大的偏好性，仿真输入库不可能一成不变。同时，由于使用环境等因素的影响，仿真基本参数，如指令能耗、总线能耗、网络模块能耗等数据也会有很大差异，对具体的优化策略也将产生一定的影响。因此，在该框架中，我们可以利用嵌入式系统程序运行状态信息，通过反馈学习的方式动态更新特征库，以指导编译器进行更好的绿色优化。

为使其能够满足嵌入式系统的需求，充分描述各种嵌入式体系结构的属性，便于绿色编译器获得相关体系结构信息以指导相应的绿色优化，可以采用一种标签式的语言对其进行描述。该语言的描述信息需要包括以下几个方面。

① 目标机器的寄存器信息，包括目标机寄存器定义、寄存器别名和寄存器的种类，寄存器之间的关系等。

② 目标机器的处理器信息，包括处理器数量、主频、频率是否缩放等。

③ 目标机器的存储器信息，包括存储器数量、容量、读写能耗等。

2.3　绿色评估模型

为指导绿色编译器对目标程序进行以低能源消耗和低设备损耗为主要目标的绿色优化，我们需要建立相应的编译器可控的绿色评估模型。目前，很多学者已经根据能耗因素提出许多能耗模型，包括寄存器传输级(register transfer level，RTL)能耗模型、微体系结构级能耗模型以及指令级能耗模型等各个层次[9~13]，但这些模型均是从硬件的角度构建的模型，缺乏软件层面的考虑。即使是较为接近软件的指令级能耗模型，也仅限于指令类的评估，难以直接用于指导不同指令操作不同存储层次数据等较小粒度的编译优化，而且这些模型只是单独从能耗这个因素进行分析，并没有考虑到资源的均衡使用等问题对设备损耗的影响。如何在现有的能耗模型基础上提取编译器可控因子，并结合其他绿色相关指标构建编译器可控的编译优化评估模型是进行绿色编译优化需要解决的首要问题。同时，由于不同于传统的词法语法错误，引起能耗错误出现的程序位置并不是确定的，它会随着程序执行路径的不同而不同，如何评估绿色编译器给出的能耗错误对软件绿色指标的影响是绿色评估需要解决的另一个重要问题。因此，需要从这两个方面分别建立对应的形式化评估模型，以指导后续部分绿色编译技术的研究。

2.3.1　绿色编译优化评估模型

绿色编译优化的最终目标是减少软件运行时能源的消耗以及设备损耗。在嵌入式设备中，设备本身的损耗除与制造的具体材质有关外，也同其使用的方式息息相关。在设备访问次数相同的情况下，较均衡的资源访问通常比集中式资源访问使用时间更长，即峰值访问频率低的设备比峰值访问频率高的设备损耗较少。同时，某些设备本身有使用次数的限制，如 flash 芯片，过度访问单个存储单元将会导致设备很快失效。因此，我们以能源(E)和资源使用的均衡度(S)两个指标为主要因子，构建对应的绿色评估模型，以指导相应绿色优化的顺序进行，其总体评估公式为

$$W=f(E,S) \tag{2.2}$$

此外，同通常优化结果评估方法相同，我们在以上模型的基础上给出了绿色评估指标提升值的计算方法。该提升值以程序优化前的能耗和均衡度为基准，对优化后的指标进行归一化处理，再通过评估因子进行线性拟合，其具体评估公式为

$$P_i=\eta_i\frac{E_i'}{E_i}+\gamma_i\frac{S_i'}{S_i} \tag{2.3}$$

其中，E_i'和S_i'分别表示优化后程序运行时部件i的能耗和各同类单元使用均衡度；E_i和S_i分别表示初始程序运行时部件i的能耗和各同类单元使用均衡度；η_i是部

件 i 能耗权重因子，表示部件 i 的能耗占总能耗的百分比，可以通过仿真器模拟运行获得；γ_i 表示部件 i 的均衡度权重因子，表示部件 i 使用均衡度对系统总体耗损的影响，该值主要通过对硬件设备的物理特性，如存储器写次数限制等进行确定。

对于程序运行时资源使用的平衡度 S_i 值，我们主要根据程序运行时对各部件资源访问的统计进行计算，即

$$S_i = \sqrt{\sum_k (a_{i,k} - \overline{a_i})^2} \tag{2.4}$$

对于程序运行时的能耗值，一方面可以对现有能耗模型进行分析，结合编译器优化能够影响的相关因子，包括相邻指令间总线翻转次数 B、存储单元总的写次数 M_w、存储单元总的读次数 M_r、各指令执行总次数 NI、数据依赖 RAW 等，构建对应的编译器可控的能耗模型 $E_i = h_i(B, M_w, M_r, \mathrm{NI}, \mathrm{RAW})$。另一方面，针对没有可用能耗模型的部件，可以利用统计学的方法，先利用仿真器对一系列测试用例集进行仿真测试，获得编译器能够直接影响的相关因子在不同能耗值下的取值，然后利用曲线拟合技术，拟合出能耗与各主要参数之间的关系 $E_i = h_i(B, M_w, M_r, \mathrm{NI}, \mathrm{RAW})$，以评估对应的能耗指标。

此外，随着新的硬件结构的出现，编译器能够直接影响的各主要参数可能有所增加，此时可以通过加入新的影响因子后重新拟合 h 函数，以提高该评估模型的普适性，即 h 函数可扩展为

$$E_i = h_i(B, M_w, M_r, \mathrm{NI}, \mathrm{RAW}, \alpha_1, \alpha_2, \cdots) \tag{2.5}$$

其中，α_1 和 α_2 为新加入的因子。

2.3.2 能耗错误检测评估模型

为评估编译器对能耗错误的检测力度，我们从错误检测精度以及错误定位精度两个方面出发，以提高开发者发现和修改错误的速度为主要目标，通过减少误检测出现的比例以及定位错误需要的时间获得系统开发过程中绿色指标的提升。对于错误检测的精度，可以通过总错误检测率以及误检测率两个指标进行评估。对于错误定位的精度，程序错误定位的大部分时间主要花费在分支判定，在无分支的情况下，错误检测通常是较为容易的，因此我们主要通过对检测到能耗错误时给出的执行路径分支判定条件的正确度为基准，构建对应的错误定位评估方法。具体如式(2.6)所示，即

$$W_d = \theta \times \frac{N_{\mathrm{derr}} - N_{\mathrm{dnerr}}}{N_{\mathrm{err}}} + (1-\theta) \times \frac{N_{\mathrm{dpath}} + N_{\mathrm{dnpath}}}{N_{\mathrm{err}}} \tag{2.6}$$

其中，W_d 表示能耗错误检测评估值；N_{derr} 表示编译器检测出的正确错误数目；N_{dnerr} 表示编译器误检测的错误数目，即未出错而误报的错误数；N_{err} 表示程序中实际存在的总错误数；N_{dpath} 表示给出正确出错路径数目；N_{dnpath} 表示误报出错路径的

数目；θ 为这两个指标的权重因子，用于平衡两个指标对系统总绿色指标的影响。

2.4　本章小结

绿色需求是当今社会可持续发展的主要需求之一。本章通过对现有绿色需求相关内容的分析，结合编译器的主要功能和特点，首先给出了绿色编译器的概念。从编译优化的目标以及编译辅助错误检测两个方面，阐明了绿色编译器与传统编译器的主要区别。接着，根据编译器本身的特点，介绍了一种绿色编译优化框架，以便于各种绿色编译优化方法顺利进行。最后，为有效地评估和指导编译优化，本章根据定义的绿色编译器的主要特征，以能耗和资源使用均衡度这两个绿色需求中的重要指标为基础，构建了编译优化的绿色评估模型。同时，以能耗错误检测的精度和能耗错误定位的精度为基础，构建了绿色编译在开发过程中错误检测的绿色评估模型。构建的绿色评估模型一方面从定量的角度对软件的绿色指标进行评估，另一方面为相关绿色编译技术提供依据，指导具体优化技术的绿色评估指标构建以及优化技术的实施。

参考文献

[1] Murugesan S. Harnessing green IT：principles and practices. IT Professional，2008，10(1)：24-33.

[2] Zhu R，Sun Z，Hu J. Editorial：special section：green computing. Future Generation Computer Systems，2012，28(2)：368-370.

[3] 郭兵，沈艳，邵子立. 绿色计算的重定义与若干探讨. 计算机学报，2009，(12)：2311-2319.

[4] 林闯，田源，姚敏. 绿色网络和绿色评价：节能机制，模型和评价. 计算机学报，2011，34(4)：593-612.

[5] 马科. 绿色存储技术. 现代电信科技，2009，8：5-9.

[6] 孟庆余. 绿色 IT 与绿色操作系统. 微型机与应用，2009，28(8)：1-4.

[7] Tseng C K，Huang S Y，Weng C C，et al. Black-box leakage power modeling for cell library and SRAM compiler// Design，Automation & Test in Europe Conference & Exhibition (DATE)，2011：1-6.

[8] More S，Fulde M，Chouard F，et al. Reducing impact of degradation on analog circuits by chopper stabilization and autozeroing// 12th International Symposium on Quality Electronic Design (ISQED)，2011：1-6.

[9] 李曦，王志刚，周学海，等. 面向低功耗优化设计的系统级功耗模型研究. 电子学报，2004，32(2)：205-208.

[10] 蒋湘涛，胡志刚，贺建飚. 用于低功耗编译的 SPM 部件功耗模型研究. 电子与信息学报，2009，31(4)：963-967.

[11] Tiwari V，Malik S，Wolfe A. Power analysis of embedded software：a first step towards

software power minimization. IEEE Transactions on Very Large Scale Integration (VLSI) Systems, 1994, 2(4): 437-445.

[12] Mehta H, Owens R M, Irwin M J. Instruction level power profiling// IEEE International Conference on Acoustics, Speech, and Signal Processing, 1996, 6: 3326-3329.

[13] Lin J Y, Shen W Z, Jou J Y. A power modeling and characterization method for the CMOS standard cell library//Proceedings of the 1996 IEEE/ACM International Conference on Computer Aided Design, 1996.

第 3 章　面向嵌入式系统的指令调度方法

指令调度是编译器后端优化的重要方法，其主要目标是在满足数据依赖及控制依赖的情况下，对指令执行序列进行调整，使生成的目标代码具有较大的并行性，以充分发挥处理器流水线的能力，提高执行过程中的能效与性能。由于通用处理器为提高程序的执行效率，从硬件层面为程序并行性提供了较为复杂的处理逻辑，如数据前送机制、指令乱序执行逻辑等，因此对编译层次的指令调度要求较低。随着绿色需求的不断增强，能耗的要求越来越高，人们希望处理器的硬件结构越简单高效越好，因此各种简单高能效的新型处理器，如时序推测处理器、随机处理器等不断被提出。这些新型处理器使传统处理器中一些提高并行性的处理逻辑，如数据前推机制失去了原有的优势，良好的软件层面指令调度算法成为新的考虑点。此外，随着芯片体积朝着小型化方向发展，总线布局越来越密集，总线的绿色需求，如能耗以及其传输的稳定性也受到较大威胁，如何结合新型体系结构对指令进行针对性调度优化，提高相应体系结构的绿色指标已经成为绿色需求中不容忽视的重要问题，而在提高总线能效方面，总线翻转编码是既简单又高效的总线编码方案，常被用于嵌入式体系结构中。本章主要针对时序推测处理器以及带总线翻转编码控制的嵌入式体系结构，分别采取适应性的指令调度优化方法，以提高处理器的功效、降低总能系统能耗、均衡各总线的使用率，获得相应体系结构下绿色优化指标的提升。

3.1　面向时序推测处理器绿色指标的指令调度方法

3.1.1　时序推测处理器简介

时序推测体系结构是为了提高微处理器能效而提出的新型体系结构。传统处理器在逻辑电路设计时通常要求满足所有运行方式下均获得正确的处理结果，即在最坏情况下也满足时序和时钟频率约束。时序推测处理器与此不同，它在电路设计中增加了一些时序错误检测和纠正模块，当处理过程中违反时序约束时能够对其进行错误纠正，以保证最终程序的正确运行。

图 3.1 展示了一种典型的时序错误检测模块[1]。它由两个互补的触发器构成，即主触发器(main flip-flop)和从触发器(shadow latch)。主触发器用于实际处理数据，从触发器则作为时序错误检测装置，比主触发器延迟半个时钟周期。通过对比主从触发器的值检测是否出现时序错误，如图 3.1(a)所示。图 3.1(b)显示了

该错误检测机制发现第 2 个时钟周期出现时序错误的示意图。该图中 clock 是正常时钟，clock_d 是延迟半个时钟周期的延迟时钟。在第二个时钟周期，clock 时钟取的数据是 instr 1 的值，而 clock_d 时钟取的数据是 instr 2 的值，两个时钟获得的数据不同，因而触发了对应的错误，即 Error 值为高电平。

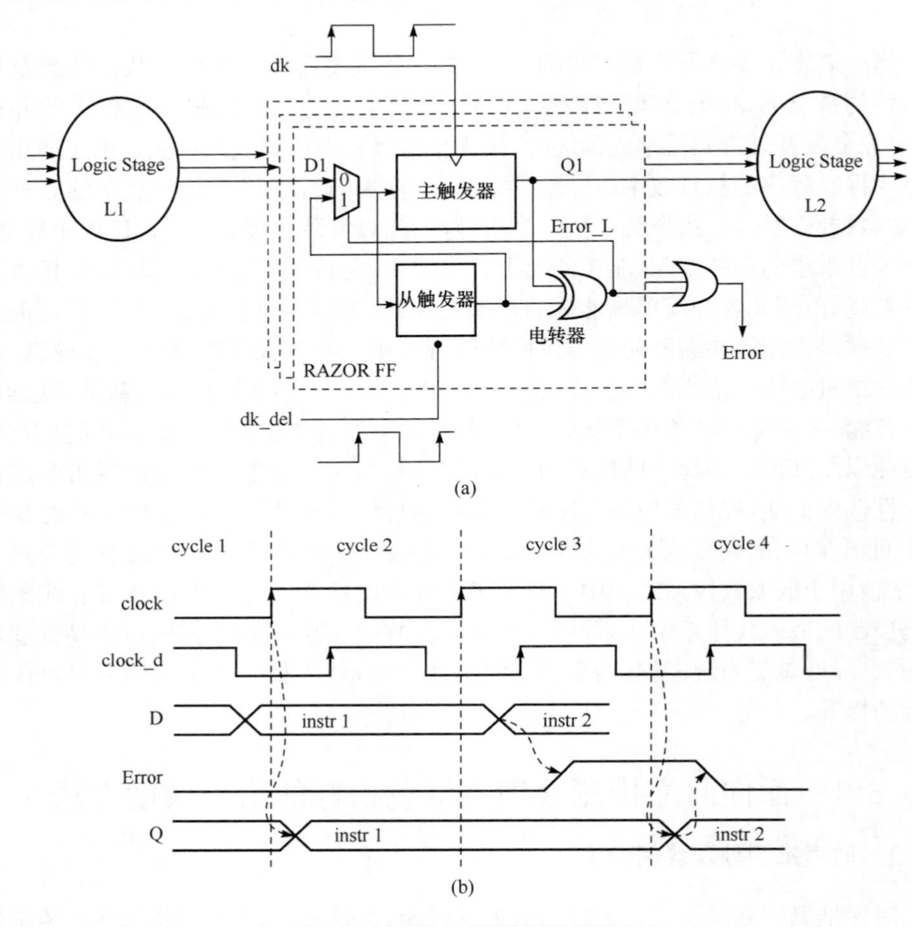

图 3.1　典型的时序错误检测模块

时序纠正模块有两种较为典型的机制，即全局时钟门控错误纠正机制(图 3.2)和逆流错误纠正机制(图 3.3)。全局时钟门控错误纠正机制一旦发现流水线某个阶段出现错误(图 3.2(b)中第 5 个时钟出错，“MEM＊”获得的结果并非“EX＊”的结果)，则其在下一阶段停止所有操作，将错误修正(图 3.2(b)第 6 个时钟周期)，然后再继续进行流水线的执行。逆流错误纠正机制则在发现错误后(图 3.3(b)第 5 个时钟周期)，在从下一个周期，逆向更新其前驱阶段各流水线数据(图 3.3(b)第 6～8 个时钟周期)。

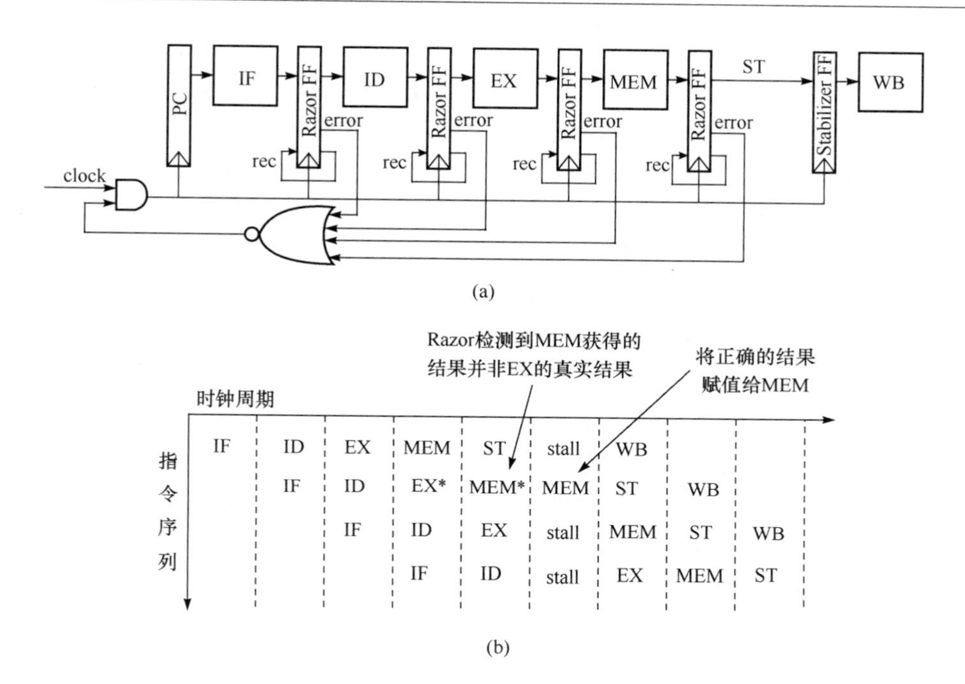

(b)

图 3.2　全局时钟门控错误纠正机制

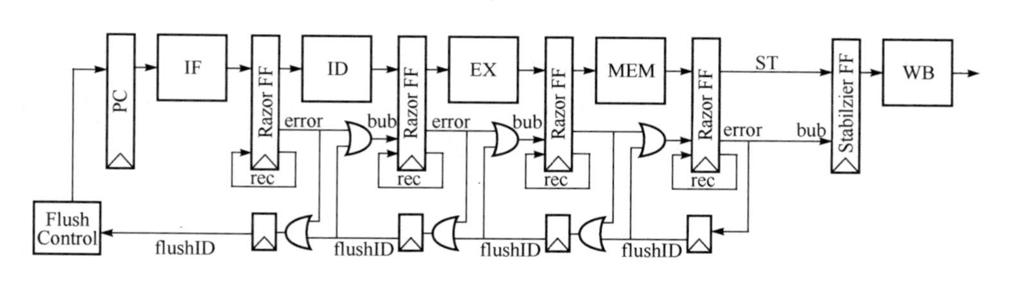

(a)

Razor检测到错误　　流水线刷新完成

时钟周期 → ；指令序列 ↓

IF	ID	EX	MEM	ST	WB				
	IF	ID	EX*	bubble	MEM	ST	WB		
		IF	ID	EX	flush	flush	flush	IF	ID
			IF	ID					IF

(b)

图 3.3　逆流错误纠正机制

因此,增加了错误检测和纠正模块的时序推测处理器容许程序中偶尔出现时序错误,从而可以通过使用更大范围的电压与频率缩放获得较大的能耗节约。但无论哪种错误检测和纠正方法,其单次错误纠正操作的开销仍然较大,或需要停顿流水线(图 3.2),或需要逆向更新出错位置之前各个阶段的数据(如图 3.3),所以时序推测处理器只有在较低错误触发率的情况下才能获得较高能效的提升。错误触发率同电压缩放因子(f_v)有紧密的联系,其关系为

$$e=\min(1,((1-f_v)/(1-v_0))^w) \tag{3.1}$$

其中,v_0 表示临界电压;e 表示错误触发率;w(错误触发因子)表示在该临界电压 v_0 下错误增长的速率,w 值越大,错误增长速度越小。

当电压缩放因子越小,即电压降低程度越低,出错率也越大。与此同时,电压的平方与能耗成正比,为获得较多能量节约,我们希望尽可能地降低电压,因此如何在降低时序推测处理器电压的同时保持较低的错误触发率是提高时序推测处理器能效需要考虑的重要方向。

3.1.2 图博弈模型

博弈论属于应用数学的分支,主要研究各个领域对参与者的预测行为与实际行为之间的关系,以及对应的策略选择优化问题。博弈论主要有两种典型的表现形式,即正则形式的博弈和扩展形式的博弈。

正则形式的博弈主要强调博弈的最终策略与各个参与者的收益,对于每个参与者 $i\in N$ 及其给定的策略集 Σ^i,其博弈的正则表示形式可用参与者策略结果函数(3.2)和每个参与者的结果偏好函数(3.3)表示,即

$$\pi:\prod_{i\in N}\Sigma^i \to \Gamma \tag{3.2}$$

$$\nu^i:\Gamma\to R \tag{3.3}$$

其中,Γ 表示各种策略下获得的结果集。

在实现过程中,这两个函数通常结合起来以矩阵的形式表示每个参与者 i 在各个策略下获得的收益。

扩展形式的博弈则除了表达各种策略及其对应的收益外,扩展使用一棵"决策树"表示各个阶段参与者的决策过程,以更好地描述各个阶段各个参与者的博弈过程。图博弈模型是 Kearns 等[2]为更为高效地描述多人博弈而提出的表达方式。

定义 3.1 (n 元图博弈模型) 一个 n 元图博弈模型用一个二元组(G,M)表示,其中 G 是一个包含 n 个节点的无向图,M 是由 n 个局部博弈矩阵 $M_i(1\leqslant i\leqslant n)$ 的集合。图中每个节点表示该博弈的一个参与者,用 i 表示。$N_G(i)\subseteq\{1,2,\cdots,n\}$ 表示节点 i 及其相邻节点构成的集合,即 $N_G(i)=\{j\mid j=i\parallel e(i,j)\in E\}$,其中 E 是

G 中无向边的集合。每个博弈者 i 的策略仅受其 $N_G(i)$ 所选策略的影响。令每个节点 i 的策略集合为 S_i，则局部博弈矩阵 M_i 表示 i 在其相邻节点 $N_G(i)$ 的每种策略组合 $\vec{x}(x_{s_1}, x_{s_2}, \cdots, x_{s_k}) \in S_1 \times S_2 \times \cdots \times S_k$ 下获得的 k 维收益矩阵，其中 $k = |N_G(i)|$。

定义 3.2(n 元图博弈模型均衡点) 博弈的均衡点是对于参与者 i 局部博弈矩阵 M_i，选择均衡点策略获得的收益不低于其他策略获得的收益。

根据以上描述，对于一个每个参与者有 m 种策略的 n 元博弈，利用图博弈模型可以将策略空间的大小从原始的 $O(m^n)$ 转为 $O(m^k)$。由此可见，当 $k \ll n$，即为稀疏图时，可以获得较大的时间和空间改进。特别的，根据文献[2]所述，当该图为树结构时，可以在多项式时间内获得一个纳什均衡点。

3.1.3 编译器可控的时序推测处理器绿色评估指标

结合时序推测处理器本身可以过度缩放电压的特点，绿色评估中能耗和资源均衡使用这两个指标，为提高时序推测处理器的绿色需求，我们需要从以下两个方面进行考虑。

① 在临界电压一定的情况下尽可能减慢错误增长速率(即增大等式(3.1)中的 w 值)，以在保持相同错误触发率的情况下能够更大程度地降低电压(即减少 f_v 值)，从而获得较多能量的节约。

② 减少流水线的停顿时间。一方面可以缓解流水线因停顿而导致的无效能源消耗，另一方面可以使流水线各阶段获得较为均衡的使用，提高流水线的资源利用率。

在时序推测处理器中，程序中的数据依赖对这两个方面有至关重要的影响。程序中的数据依赖主要包括三种：写后读依赖(read-after-write，RAW)、读后写依赖(write-after-Read，WAR)、写后写依赖(write-after-write，WAW)。读后写依赖和写后写依赖在寄存器足够多的情况下均可以通过寄存器的重命名而消除，因此我们对这两种数据依赖暂不进行分析。但写后读依赖则是程序中无法消除的依赖，所以又被称为真依赖。它是指在顺序执行的某段指令序列中，后面的某条指令需要读取其前面某条指令写入寄存器或者内存中的内容。在流水线中，当存在数据依赖的两条指令之间执行的时间间隔不够长，则流水线将因此而停滞执行或者需要多次重复执行以保证最终结果的正确性。形式化的，令指令距离 DIns(i,j) 表示从指令 i 执行到指令 j 需要经过的时钟周期，令读写依赖距离 RWdis 表示流水线中读数据阶段到写回数据阶段需要经过的时钟周期。当 DIns(i,j) 与 RWdis 满足不等式(3.4)且指令 j 真依赖于指令 i，则当指令 j 进入读数据阶段时会导致流水线出现停滞，即

$$\mathrm{DIns}(i,j)<\mathrm{RWdis} \tag{3.4}$$

数据前送机制是一种典型的缓解数据真依赖的硬件解决方案。它通过硬件电路，在一个时钟周期内将流水线中上一条指令的执行结果传送给下一条指令，从而在一定程度上缓解真依赖带来对流水线的副作用。数据前送机制对时序推测处理器能效的提升将产生较大的负面影响。如图 1.5 所示，数据前送机制经常出现在关键路径上，比无数据前送机制的程序更容易触发时序错误。图 3.4 利用循环展开除去程序中的数据前推(unrolled)后，在错误率小于 1%的情况下能够将原来的工作电压从 0.94V 降到 0.76V，根据电压同能耗的二次方成正比的关系，该方法能够获得 34.63%的能耗节约。

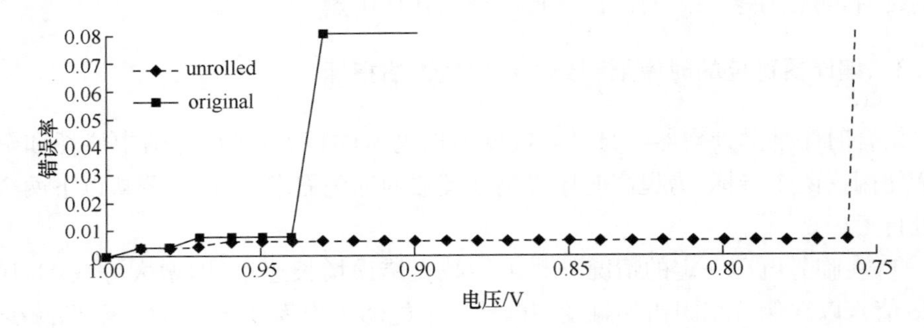

图 3.4 循环展开除去数据前送后错误触发率对比图[3]

数据前送机制主要是由于数据真依赖而导致的流水线停滞引起的。因此，加大程序中数据真依赖指令之间的执行时间间隔，减少该依赖引起的数据前送，对提高时序推测处理器的能耗指标将有重要作用。为简单起见，我们仅将导致数据前送的写后读依赖称为 RAW 依赖。此外，随着存在数据依赖的指令间时间间隔的加大，即使无数据前送机制，流水线停滞的现象也将相应消除，各流水线阶段资源的使用均衡度以及利用率也将相应增加。目前增加 RAW 依赖的指令之间的执行时间间隔的方法主要有两种。

① 编译器后端的指令调度优化对指令序列进行调整。

② 插入空操作指令(Nop 指令)。

如图 3.5(a)所示的流水线，RWdis＝2。如果按照图 3.5(b)所示调度方案，其生成的代码中存在 4 个 RAW 依赖。如果在生成代码时对存在 RAW 依赖的部分插入额外的 Nop 指令(如图 3.5(c)所示)或修改指令调度算法，采用图 3.5(d)的调度方案，其生成的代码将无 RAW 依赖。

由此可见，RAW 依赖不但可以较好地描述时序推测处理器的绿色指标，而且编译器可以有效控制出现的频度。我们以 RAW 依赖为主要参数，根据绿色评估

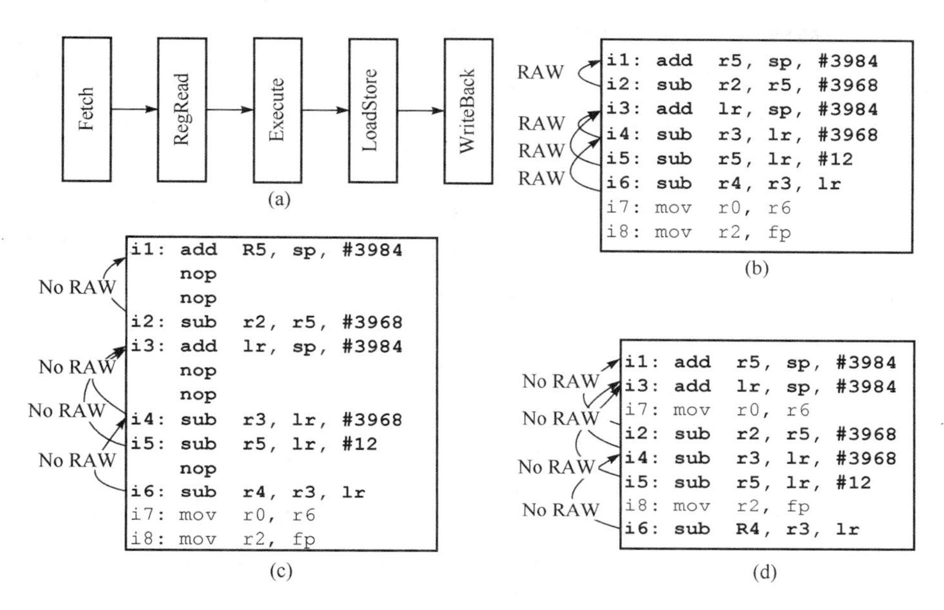

图 3.5　不同指令调度方案导致的不同 RAW 依赖

模型构建时序推测处理器的评估方法，具体表述如式(3.5)所示，即

$$w=\frac{\mathrm{RAW}-\mathrm{RAW}'}{\mathrm{RAW}}\Delta E \tag{3.5}$$

其中，RAW 表示使用标准编译器，如 GCC 等生成的目标代码中存在的 RAW 依赖数目，RAW′表示新的优化方法使用后目标代码中存在的 RAW 依赖数目，ΔE 表示无 RAW 依赖时节约的能耗。

由于 RAW 依赖的大幅度减少以及数据前送机制的存在，流水线的停滞现象十分少，其每个处理阶段资源的利用率以及均衡度均比较高，因此该评估方法中没有加入对应的平衡度指标，即设置绿色评估模型中的 γ 值为 0。

3.1.4　基于图博弈模型的指令调度方法

指令调度问题是在满足数据依赖以及控制依赖关系的基础上选择出合理的指令序列，使生成的指令序列具有较大的数据并行性。具体的，针对时序推测处理器，该指令调度的目标是要找到一个较好的指令序列，使其中的 RAW 依赖尽可能少，以便于时序推测处理器工作在更低的电压下获得能耗的节约。

为获得较好的指令序列，通常以基本块为单位，构建表示数据依赖关系的 DAG 图，然后以该图为基础，按照拓扑排序的方法，先对可选节点集合中的每个节点赋以相应的权重，再根据权重的大小依次调度每个节点。然而，现有编译器指令调度算法生成的指令序列中 RAW 依赖所占比重很大。我们以 Mibench 测试用例集为基础，利用 ARM 体系结构的交叉编译器 arm-linux-gcc 对程序执行过程中 RAW 依赖进行了统计，其结果如图 3.6 所示。由该图可以看出，RAW 依赖所占比例约为整个程序执行指令的 26.96%～55.75%，其中 70%的 RAW 依赖集中于 5%的指令中，因此我们可以针对这执行频度最高且存在 RAW 依赖的 5%指令进行较为深入的优化，在保证基本编译性能的情况下通过指令调度以及 Nop 指令的插入消除其 RAW 依赖，以获得较大幅度绿色指标的提升。

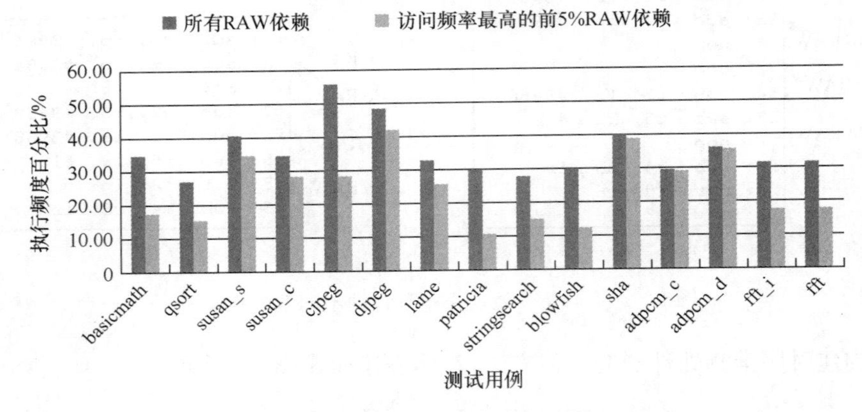

图 3.6　RAW 依赖指令执行频度占所有指令执行频度百分比

为减少消除 RAW 依赖需要的额外开销，我们引入图博弈的相关知识，因为节点的选择过程其实也是一个节点之间的博弈过程，当把 RAW 依赖指令的数量同博弈的收益矩阵联系起来时，博弈均衡点的求解同最优调度方案的求解将是一个等价的过程。我们以数据依赖关系为基础，把指令调度问题转化为图博弈均衡点求解的问题，然后结合现有的图博弈均衡点求解算法求得尽可能优的指令调度方案，使最终的指令序列以最小的 Nop 指令插入代价获得绝大部分 RAW 依赖的消除。

1. 指令调度的图博弈模型

为将 n 条指令构成的指令调度问题转化为图博弈模型(G,M)中均衡点的求解过程，我们构建了如图 3.7 所示的模型转换过程，即

$$M_v^{ij}=\begin{cases}0, & i\neq j \&\&(i-j\geqslant \text{RWdis} \| \text{RAW}(u,v))\\ 1, & \text{i}\neq j \&\& i-j<\text{RWdis}\&\&\text{RAW}(u,v))\\ \infty, & i=j\end{cases}\tag{3.6}$$

$$M_v(\overline{x_v})\leqslant M_v(\overline{x_v'})\tag{3.7}$$

① 被调度的每条指令表示图博弈模型(G,M)中的一个参与者,即 G 中的一个节点,用 v 表示。

② 对于每个节点 v,如果节点 u 依赖于节点 v,则添加一条从节点 v 指向节点 u 的边;如果节点 v 与节点 u 具有共同的祖先节点,则在节点 v 与节点 u 之间添加一条双向边。

③ 每个节点的博弈策略集合即为其在指令调度中所有可能的位置集合。

④ 每个节点的效用矩阵 M_v 表示节点 v 及其相邻节点构成的策略集合中存在的 RAW 依赖的数目及其是否违反指令序列位置的唯一性约束。特别的,对于节点 v 及其相邻节点 u 分别选择策略 i 和 j 时,M_{v}^{ij} 用式(3.6)表示,其中 RAW(u,v)表示 v 与 u 存在 RAW 依赖。

⑤ 博弈的均衡点即为这样一个策略组合 $\vec{x}(x_1,x_2,\cdots,x_n)$,使对于任意节点 v,不等式(3.7)成立,其中$\overrightarrow{x_v}$为$\vec{x}$ 在其邻居节点集合 $N_G(v)$上的映射,$\overrightarrow{x'_v}$表示 v 及其邻居节点所有策略的任意组合。

图 3.7　指令调度的图博弈模型

定理 3.1　在指令调度的图博弈模型中,如果存在 RAW 依赖为 0 的指令调度方案,则该 RAW 依赖最小的指令调度方案同该图博弈模型的博弈均衡点等价。

证明:

充分性:由于该指令调度方案存在 RAW 依赖为 0 的调度方案,因此当 RAW 依赖最小时,各节点间不存在 RAW 依赖,因此对于任意节点 v,其效用矩阵 $M_v=0$,而每个节点的效益同其效用矩阵成负相关,效用矩阵的最小值为 0,因此无论该节点策略如何变化,均不会使该节点获得的效益大于当前值,此时该节点获得的效益最大。

必要性:当各节点达到博弈均衡点时,如果存在某个节点的效用矩阵不为 0,即该节点 v 至少与某个相邻节点之间存在 RAW 依赖。由假设可知,其与邻近节点间必然存在 RAW 依赖为 0 的调度,即必然存在某个策略$\overrightarrow{x'_v}$,使 $M(\overrightarrow{x'_v})=0$,而此时的 $M(\overline{x_v})>0$,这与博弈均衡点必须满足式(3.7)矛盾,因此博弈均衡点时各节点的效用矩阵必为 0。

2. 基于图博弈模型的指令调度算法

对于一般的图博弈模型均衡点求解,其求解复杂度同每个节点连接的边数成指数级相关。节点连接的边数越少,算法的复杂度也就越低。特别的,针对树结构的博弈模型,有一种高效的均衡点求解算法——TreeNash,它能够在多项式时间内求得一个均衡点,即最优解。因此,我们将在原始有向博弈图的基础上,利用一个禁忌表对其进行化简,使其原始图博弈模型尽可能接近树博弈模型,最大限度减少每个节点边的数量,以提高算法的求解效率。

① 将博弈图 G 退化为原始的数据依赖关系 DAG 图,删除双向边。在博弈图 G 中增加的双向边表示的并非直接的数据依赖关系,而是兄弟节点间因为不能共同使用同一个指令序列位置而添加的额外约束。我们将通过禁忌表记录当前已经使用过的位置获得对等的约束,从而减少对每个节点分析的复杂度。

② 对于 DAG 图中的所有边 $e(u,v)$，如果存在一个点集$\{v_1,v_2,\cdots,v_k\}$，使边集$\{e_1(u,v_1),e_2(v_1,v_2),\cdots,e_k(v_{k-1},v_k),e_{k+1}(v_k,v)\}$是 DAG 中边集 E 的子集，则删除边 $e(u,v)$，如图 3.5(b)所示指令序列对应的原始 DAG(图 3.8(a)所示)，由于从 $i3$ 节点到 $i6$ 节点可以经过 $i4$ 节点到达，因此删除 $e(i3,i6)$，转化为图 3.8(b)。根据文献[110]所述，除去该边后获得的新的 DAG′与原 DAG 不会破坏原始数据依赖关系。

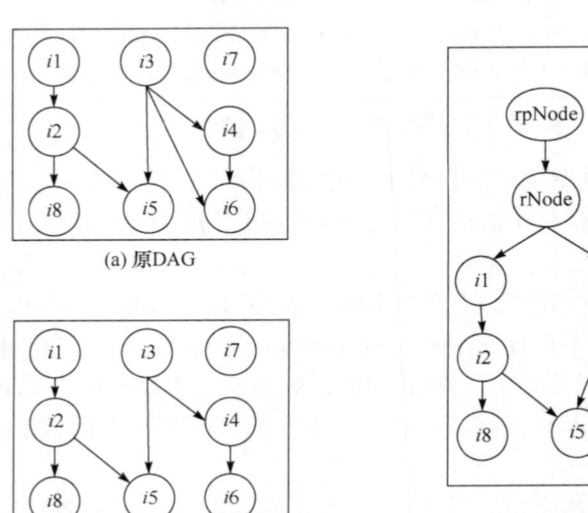

(a) 原DAG

(b) 化简后DAG

(c) 增加根节点后DAG

图 3.8 DAG 转换示意

在获得化简的新博弈图 DAG′(V,E)后，我们以 TreeNash 算法为基础，设计了如图 3.9 所示的基于图博弈模型的 RAW 依赖最小化指令调度算法。其中，P_v 表示节点 v 直接父辈节点的集合，即任意 $u\in P_v$，存在一条从 u 到 v 的边 $e\in E$)；C_v 表示节点 v 直接子节点的集合，即任意 $u\in C_v$，存在一条从 v 到 u 的边 $e\in E$；Ω_v 表示节点 v 的所有父辈节点的集合，即任意 $u\in\Omega_v$，存在一条从 u 到 v 的路径；Ψ_v 表示节点 v 的所有子孙节点的集合，即任意 $u\in\Psi_v$，存在一条从 v 到 u 的路径；I 表示 DAG′中独立节点的集合，即 $I=\{v\,|\,v\in V \&\& P_v=\varnothing \&\& C_v=\varnothing\}$，如图 3.8 中的节点 $i7$；$|S|$表示集合 S 中元素的个数；S_v 表示节点 v 的可选策略集。

算法 3.1 RAW 最小化指令调度算法 MinRAWSch

输入：化简后的有向无环图 $G'(V,E)$，读写依赖距离 RWdis

输出：调度后的指令及其对应的位置关系 L

1. 获得 $G'(V,E)$中所有节点的父辈节点及子孙节点
2. 生成两个新的节点 rNode 和 rpNode
3. $P_{rNode}=\{rpNode\}$，$C_{rpNode}=\{rNode\}$

```
4.  for each v∈V do
5.    if P_v=∅ then
6.      if C_v=∅ then
7.        I←v
8.      else
9.        P_v←rNode, C_rNode←v
10.     endif
11.   endif
12. endfor
13. listN=从叶子节点开始,广度优先遍历(V-I)的节点序列
14. scl=0 //Nop指令插入数
15. while 1 do
16.   for each v∈listN do
17.     S_v=[|Ω_v|,|V|+scl-|Ψ_v|)
18.   endfor
19.   L=scheduling(listN,RWdis)
20.   if L≠∅ then
21.     break
22.   endif
23.   scl++
24. endwhile
25. 将I中指令依次插入L中的空闲位置,L中剩余位置用空指令填充
26. return L
```

图3.9　基于图博弈模型的RAW最小化指令调度算法

在该算法中，首先根据每个节点 v 直接父辈节点和直接子节点计算其所有父辈节点 Ω_v 及其子孙节点 Ψ_v，以便于限制每个节点的策略范围。接着，增加一个根节点 rNode 作为节点集 $\{v \mid v \in V \&\& v \notin I \&\& P_v = \varnothing\}$ 的公共父节点，增加 rpNode 作为 rNode 的父节点，如图 3.8(c)所示，以便于树遍历算法的有效进行(行 2～12)。然后，准备待分析节点，即除去独立节点外的其他节点，从叶子节点开始按广度优先的顺序保存于分析链表 listN 中，如图 3.8(c)中对应的 listN 中序列依次为$\{i8, i5, i6, i2, i4, i1, i3$, rNode, rpNode$\}$。最后，逐次增加要插入的 Nop 指令的数目(行 22)，确定每个待分析节点的可选策略(行 16～18)，对待分析节点进行策略选择(行 19)，一旦发现可行策略(行 20～22)，则结束搜索，加入独立节点和空操作，返回找到的指令调度策略(行 25)。对于每个节点可选策略，由于数据依赖关系的存在，每个节点的执行不能早于其父辈节点，也不能晚于其剩余的子孙节点，因此利用式(3.8)可以确定每个节点 v 的可选策略集。表 3.1 显示了图 3.8(c)中各待分析节点可选策略集。

$$S_v=[|\Omega_v|,|V|+\mathrm{scl}-|\Psi_v|) \tag{3.8}$$

由于空操作指令与其他指令不存在任何数据相关性，因此每当增加一条空操作指令，只需重新更新待分析节点中的可选策略集，而不需要将 Nop 节点加入到分析树进行分析。

表 3.1 待分析节点可选策略

当前节点 v	策略取值范围 S_v	当前节点 v	策略取值范围 S_v
rpNode	[0,1)	rNode	[1,2)
$i1$	[2,7)	$i2$	[3,8)
$i3$	[2,7)	$i4$	[3,9)
$i5$	[5,10)	$i6$	[4,10)
$i8$	[4,10)	$i7$	I 中节点不参与分析

策略选择 scheduling 算法主要以 TreeNash 算法为基础，具体的分析过程包括自底向上阶段和自顶向下阶段。在自底向上阶段，它主要使用一个传递表 $T_v(i,j,u)$ 记录每个节点 v 及其父节点 u 分别选择策略 i 和 j 时的效用值，然后对从叶子节点开始的以广度优先顺序排列的节点集 listN 依次进行遍历(行 1)。传递表 $T_v(i,j,u)$ 根据节点类型的不同而不同。

① 当 v 为叶子节点时，如果按照策略 $i\in S_v$，$j\in S_u$，使 $M_v^{ij}=0$，则 $T_v(i,j,u)=1$，否则 $T_v(n,m,u)=\varnothing$。

② 当 v 为中间节点时，如果满足式(3.9)，则 $T_v(n,m,u)$ 为所有可能的 $<x_1,x_2,\cdots,x_k>$ 的集合，否则 $T_v(n,m,u)=\varnothing$。其中，C_v^i 表示节点 v 的第 i 个子节点。

$$\begin{aligned}&\forall 1\leqslant i\neq j\leqslant k,\ \exists <x_1,x_2,\cdots,x_k>\in <S_{C_v^1},S_{C_v^2},\cdots,S_{C_v^k}>,\\ &n\in S_v,m\in S_u,T_{C_v^i}\neq\varnothing\&\&M_v^{nm}=0\end{aligned} \tag{3.9}$$

因此在自底向上分析过程中，如果 v 是叶子节点，则依次遍历该节点及其父节点 u 的可选策略 i 和 j，根据式(3.6)，设置 $M_v^{ij}=0$ 的传递表 $T_v(i,j,u)$ 值为 1 (行2～9)，表示该策略下节点 v 可以获得最大收益。如果 v 是中间节点，则对该节点的每种策略 i，使用 GetFlexibleChildSch 算法查找其子节点是否有可行策略 results，如果有则对其父节点的每种策略进行分析，将 results 集合中的所有元素添加到对应的满足 $M_v^{ij}=0$ 的传递表 $T_v(i,j,u)$ 中(行 10～21)。对于图 3.8 中的各个节点，其叶子节点及中间节点的传递表取值分别如表 3.2 和表 3.3 所示。

表 3.2　示例图中叶子节点效用值为 1 的集合

当前节点 v	父节点 u	$S=\{<i,j>\mid T_v(i,j,u)=1\}$
$i8$	$i2$	<4,3>,<5,3>,<5,4>,<6,3>,<6,4>,<6,5>,<7,3>,<7,4>,<7,5>,<7,6>,<8,3>,<8,4>,<8,5>,<8,6>,<8,7>,<9,3>,<9,4>,<9,5>,<9,6>,<9,7>,<9,8>
$i5$	$i3$	<5,2>,<6,2>,<6,3>,<7,2>,<7,3>,<7,4>,<8,2>,<8,3>,<8,4>,<8,5>,<9,2>,<9,3>,<9,4>,<9,5>,<9,6>
	$i2$	<5,2>,<5,3>,<5,4>,<6,2>,<6,3>,<6,4>,<6,5>,<7,2>,<7,3>,<7,4>,<7,5>,<7,6>,<8,2>,<8,3>,<8,4>,<8,5>,<8,6>,<8,7>,<9,2>,<9,3>,<9,4>,<9,5>,<9,6>,<9,7>,<9,8>
$i6$	$i4$	<6,3>,<7,3>,<7,4>,<8,3>,<8,4>,<8,5>,<9,3>,<9,4>,<9,5>,<9,6>

表 3.3　示例图中中间节点效用值集合

当前节点 v	父节点 u	子节点	$<i,j>$	$T_v(i,j,u)$
$i2$	$i1$	$\{i5,i8\}$	<5,2>	{6,7},{6,8},{6,9},{7,6},{7,8},{7,9},{8,6},{8,7},{8,9},{9,6},{9,7},{9,8}
			<6,2>	{7,8},{7,9},{8,7},{8,9},{9,7},{9,8}
			<6,3>	{7,8},{7,9},{8,7},{8,9},{9,7},{9,8}
			<7,2>	{8,9},{9,8}
			<7,3>	{8,9},{9,8}
			<7,4>	{8,9},{9,8}
$i4$	$i3$	$i6$	<5,2>	{8},{9}
			<6,2>	{9}
			<6,3>	{9}
$i1$	rNode	$i2$	<2,1>	{5},{6},{7}
			<3,1>	{6},{7}
			<4,1>	{7}
$i3$	rNode	$\{i4,i5\}$	<2,1>	{5,6},{5,7},{5,8},{5,9},{6,5},{6,7},{6,8},{6,9}
			<3,1>	{6,7},{6,8},{6,9}
rNode	rpNode	$\{i1,i3\}$	<1,0>	{2,3},{3,2},{4,2},{4,3}

当遇到根节点 rpNode 时，则进入自顶向下分析阶段，以深度优先的顺序反向遍历各个节点，根据每个节点局部效用矩阵 M_v 及每个阶段保存的传递表 T，依次设置各个节点的策略值，即该节点对于的指令在调度后指令序列中的位置，将查找

到的最优策略存放于 L 中，如果查找不到最优策略，则 L 值为空(行 23,24)。该算法的详细描述如图 3.10 所示。

```
算法 3.2  scheduling 算法
输入:待调度的指令节点序列 listN,读写依赖距离 RWdis
输出:调度后的指令及其对应的位置关系 L,如果不存在,则返回空
1. for each v∈listN do
2.   if C_v=∅ then
3.     for each u∈P_v do
4.       for each i∈S_v, j∈S_u do
5.         if! RAW(i,j)||(i−j)≥RWdis then
6.           T_v(i,j,u)=1
7.         endif
8.       endfor
9.     endfor
10.   else if P_v≠∅ then
11.   for each i∈S_v do
12.     sd=∅
13.     results=GetFlexibleChildSch(v,i,sd,0)
14.     for each u∈P_v do
15.       for eachj∈S_u do
16.         if !RAW(i,j)||(i−j)≥RWdis then
17.           T_v(i,j,u)=results
18.         endif
19.       endfor
20.     endfor
21.   endfor
22. else //为 rpNode
23.       nodes=从 rpNode 开始按深度优先遍历顺序排列各节点
24.       L=GetSchedule(nodes,scheduled,0,null,null)
25.   endif
26. endfor
27. return L
```

图 3.10　scheduling 算法

在 scheduling 算法中，GetFlexibleChildSch 和 GetSchedule 是较为重要而且复杂度较高的函数。GetFlexibleChildSch 主要用于在当前节点策略一定的情况下，其子节点可选的最优策略。该算法利用变量 sd 记录当前已经分配的策略，以递归回溯的方式依次搜索每个节点的可选策略，将所有可选的策略集合存放于孩子链表 results 中。其具体算法如图 3.11 所示。

算法 3.3 GetFlexibleChildSch 算法

输入:父节点 v,父所选策略 sc,已经分配的策略集合 sd,当前分析的节点编号 index

输出:所有子节点可选策略集合 results,如果没有可行策略则返回空

1. cN=C_v^{index}
2. **for** each $i\in S_{cN}$ **do**
3.   **if** $i\notin$ sd&& $T_{cN}(i, sc, v)\neq\varnothing$ **then**
4.   sd←i
5.   **if** index=|sd| **then**
6.   results←sd
7.   **else**
8.   GetFlexibleChildSch(v,sc,sd,index+1)
9.   **endif**
10.   将 i 从 sd 中移除
11.   **endif**
12. **endfor**
13. **return** results

图 3.11 GetFlexibleChildSch 算法

通过以上算法,我们可以知道每个节点在父节点策略及本身策略确定的情况是否有可行的最优子节点策略。如表 3.3 所示,其每一行显示了图 3.8(c)所示示例中通过该算法获得的中间节点的子节点策略集合。例如,第一行表示当节点 $i2$ 及其父节点 $i1$ 所选策略分别为 5 和 2 时,其子节点{$i5$, $i8$}的可选策略可以为{6,7},{6,8},{6,9},{7,6},{7,8},{7,9},{8,6},{8,7},{8,9},{9,6},{9,7},{9,8}。

在获得了每个节点及其父节点取值时,该节点所有子节点的可选最优策略后,我们采用后续遍历的方法依次给每个节点定值,即确定每个节点的策略,使整体的 RAW 依赖最小化。具体算法如图 3.12 所示,其中 $\text{nodes}_{\text{index}}$表示链表 nodes 中第 index 个节点,$F(v)$表示节点 v 已经分配的策略,F_{keys}表示已分配节点集合,F_{values}表示已分配策略集合,P_{cN}^{i}表示节点 cN 的第 i 个父节点,sch_{-S}表示 sch 策略中除去 S 集合中节点对应的策略后剩余的策略。该算法从 rpNode 开始,按深度优先遍历的顺序依次处理每个节点,直到分析完所有节点为止(行 1~4)。对于每个节点,首先根据当前节点策略及其父节点策略,从对应的传递表 T_v 中对其子节点可选策略进行分析。如果当前子节点在之前某个时刻已经被其他父节点定值(行 13),则分析该节点在当前已分配方案中是否有可行解,如果没有则确定该节点为冲突节点,直接返回以搜索其他可行方案,否则删除与该节点策略相冲突的策略(行 15~21)。对剩余无节点冲突策略,依次判断其是否满足策略唯一性要求,对满足要求的策略则进行预分配,并递归分析剩余节点(行 26)。当发现冲突节点时,即 conflictNode≠null,则直接回溯到能影响该冲突节点策略分配的位置进行策略的重新选择(行 6~10 和行 28~34)。

算法 3.4　GetSchedule 算法

输入:待调度指令节点集合 nodes,当前禁止策略即已分配节点 F,当前分析节点索引 index,冲突节点 conflictNode,冲突节点策略值 sc

输出:调度后的指令节点及其对应的策略 L,如果不存在有效序列则返回空

1. **if** index= | nodes | **then**
2. 　$L=F$
3. 　**return**
4. **endif**
5. cN=$\text{nodes}_{\text{index}}$
6. **if** conflictNode≠null **then**
7. 　**if** cN≠conflictNode&&cN$\notin P_{\text{conflictNode}}$ **then**
8. 　　**return**
9. 　**endif**
10. **endif**
11. **if** $C_{\text{cN}}\neq\varnothing$ **then**
12. 　Schs=$T_{\text{cN}}(F(\text{cN}),F(\text{P}_{\text{cN}}^{1}),P_{\text{cN}}^{1})$
13. 　$S=C_{\text{cN}}\cap F_{\text{keys}}$
14. 　**for** each $s\in S$ **do**
15. 　　**if** $F(s)\notin\text{Schs}(s)$ **then**
16. 　　　conflictNode=s
17. 　　　sc=$F(s)$
18. 　　**return**
19. 　**else**
20. 　　删除 Schs 中 s 节点策略不是 $F(s)$的策略
21. 　**endif**
22. **endfor**
23. **for** each sch∈Schs **do**
24. 　**if** $\text{sch}_{-S}\cap F_{\text{values}}=\varnothing$ **then**
25. 　　　$F\leftarrow(C_{\text{cN}},\text{sch})$
26. 　　　GetSchedule(nodes,F,index+1,conflictNode,sc)
27. 　　　删除 F 中的策略(C_{cN},sch)
28. 　　　**if** conflictNode≠null **then**
29. 　　**if** cN≠conflictNode&&cN$\notin P_{\text{conflictNode}}$ **then**
30. 　　　**return**
31. 　　**else**
32. 　　　选择下一个与 sc 不冲突的策略并重置 conflictNode
33. 　　**endif**
34. 　**endif**
35. 　**endif**
36. 　**endfor**
37. **endif**

图 3.12　GetSchedule 算法

对于图 3.8(c)所示的 DAG′，当获得了表 3.2 和表 3.3 中每个节点的 T 值后，从 T_{rNode}(1，0，rpNode)开始，首先选择第一个可选策略{2，3}分别分配给其两个子节点 $i1$ 和 $i3$，并设置 F={2，3}(如图 3.13 步骤①所示)。接着对节点 $i1$ 进行分析，从 T_{i1}(2，1，rNode)选择第一个可选策略{5}分配给其子节点 $i2$，并添加该分配策略到 F 中(如步骤②所示)。然后分析节点 $i2$，设置其子节点 $i5$ 与 $i8$ 策略值分别为 6 和 7(如步骤③所示)。由于 $i5$ 与 $i8$ 这两个节点为叶子节点，无子节点，因而不分析，此时禁止策略，即已分配策略集合更新为{2，3，5，6，7}。当分析 $i3$ 节点时，由于其一个子节点 $i5$ 已经在 $i2$ 节点分析时定值为 6，而对于 T_{i3}(3，1，rNode)的策略集中，$i5$ 的取值仅能为{7，8，9}，但 6∉{7，8，9}，因此 $i5$ 的现有分配策略与 $i3$ 点分配相冲突，必须修改 $i5$ 或者 $i3$ 的现有分配策略，才有可能实现最优分配方案。因此，记录 conflictNode=$i5$ 及其冲突节点策略值 sc={7，8，9}，并一直回溯到对 $i5$ 的策略赋值的节点 $i2$(图 3.14)。在 $i2$ 节点下一策略选择时，由于 sc 的存在，在选择下一策略时需保证对 $i5$ 赋值不与 sc 值相冲突，因此跳过策略{6，8}和{6，9}，选择{7，6}作为下一策略，并清空 conflictNode 和 sc(图 3.15)。然后重复该过程，依次对后继节点进行分析，直至所有节点分析完毕返回最终分配方案{$i1$：2，$i2$：5，$i3$：3，$i4$：6，$i5$：7，$i6$：9，$i8$：8}(图 3.16)。

通过以上过程的分析，在插入独立节点 $i7$ 后，可以获得如图 3.5(d)所示的 RAW 依赖最小化的指令序列(scheduling 算法中增加了两个根节点，因此在实际排列序号时，其指令位置为分配策略结果减 2)。

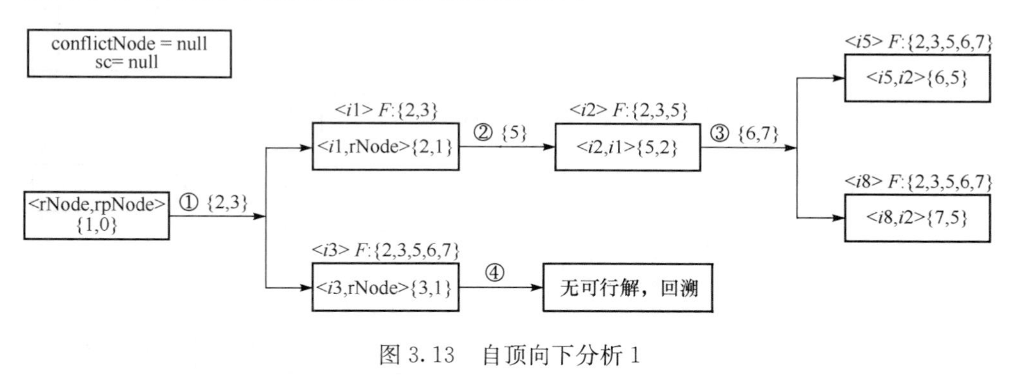

图 3.13　自顶向下分析 1

3. 基本块间指令调度

算法 3.1 主要解决基本块内 RAW 依赖问题，但程序通常由多个基本块通过控制流图联系起来。基本块与基本块间仍然可能存在 RAW 依赖，下面主要讨论如何将基本块间 RAW 依赖消除同算法 3.1 结合起来，获得更好的减少 RAW 依

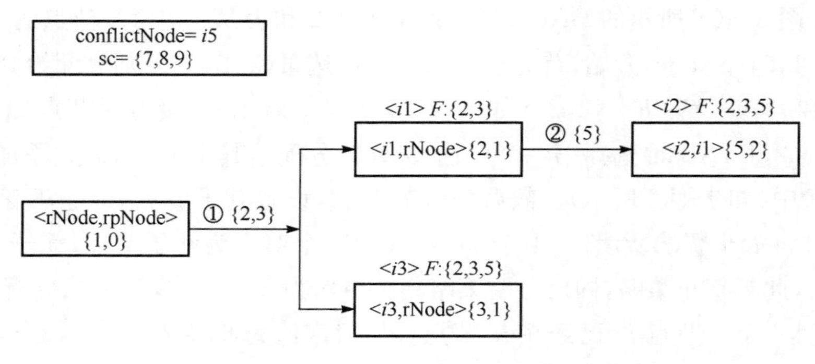

图 3.14　自顶向下分析 2

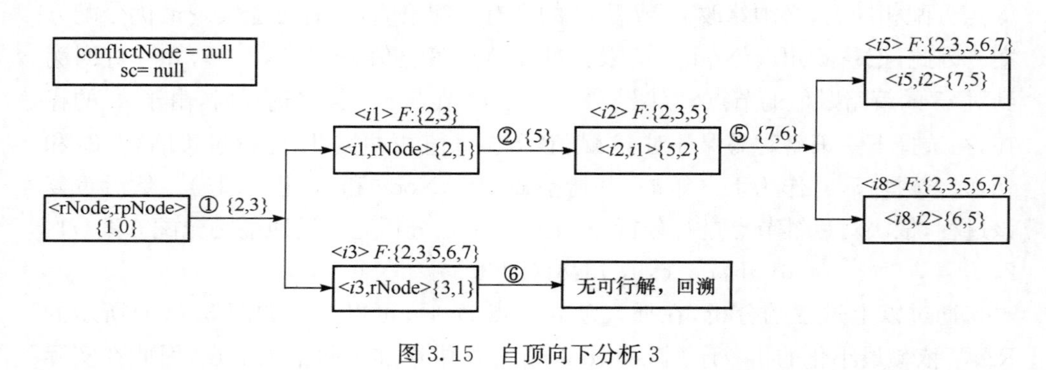

图 3.15　自顶向下分析 3

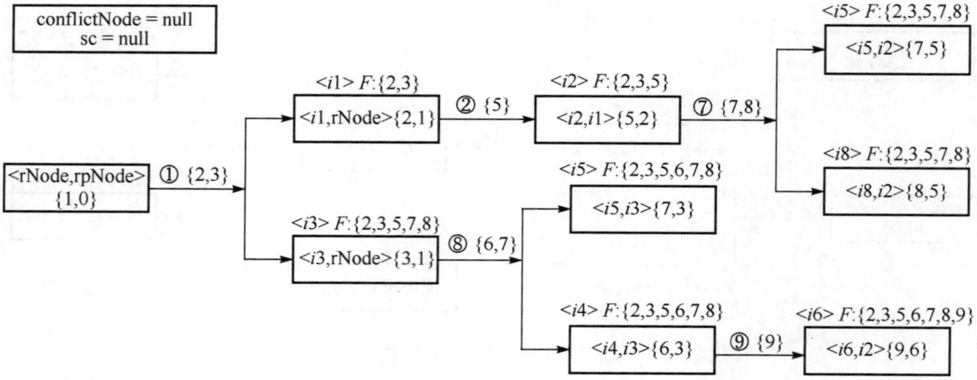

图 3.16　自顶向下分析 4

赖的调度方案。

对于相邻基本块之间的联系，我们主要针对如图 3.17(a)中的两种情况进行分析。其中，每条实线边表示控制流依赖关系，虚线边表示 RAW 依赖关系。边上的符号表示该边的执行频度。不失一般性，令 $\forall 1\leqslant i\leqslant n-2, a\geqslant b_i$，并称具有最大执行频度的边 a 为热点边。

基本块间指令调度的基本方法是对执行频度较高且存在 RAW 依赖的基本块 B 进行分析，根据其 RAW 依赖出现的类型(图 3.17(a)中左右两种类型)，将 B 同其热点边的父节点或者子节点合并，转为基本块内调度，然后利用上小节提出的调度方案消除基本块间的 RAW 依赖。

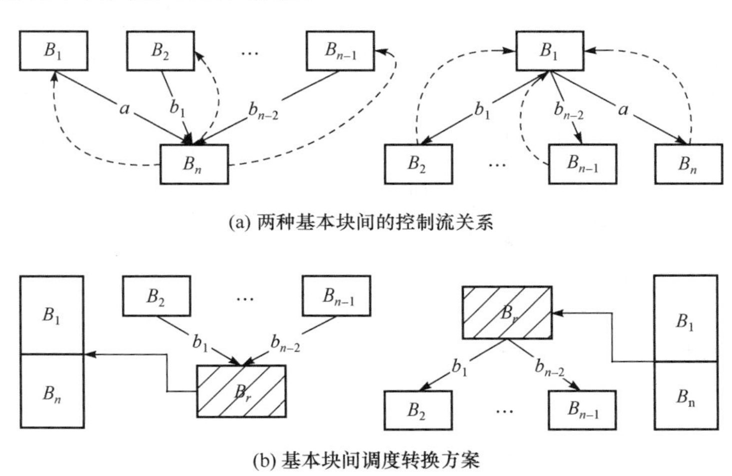

图 3.17　基本块间调度转为基本块内调度方案

在消除基本块间 RAW 依赖时，有时可以通过基本块内的调度直接消除，如图 3.18(a)可以通过指令调度转换为图 3.18(b)而消除对应的 RAW 依赖，但有时需要进行跨基本块的调度。在这种情况下，为保证程序语义的正确性，需要添加修复块对分析块的其他分支进行处理，具体如图 3.17(b)所示。其中，带阴影的块 B_r 为添加的修复块。例如，图 3.18(c)中所示程序，为消除热点边 $B_1\rightarrow B_3$ 的 RAW 依赖，将基本块 B_1 和 B_3 合并后进行统一的指令调度，获得图 3.18(d)中所示调度方案。为保证从 $B_2\rightarrow B_3$ 分支的正确性，我们添加 B_r 基本块对该分支进行修复，即添加被移动到 B_1 基本块的指令 mov $r0$，$r5$。

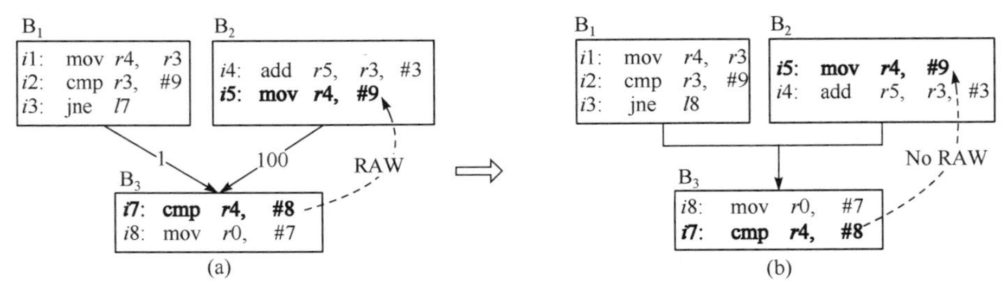

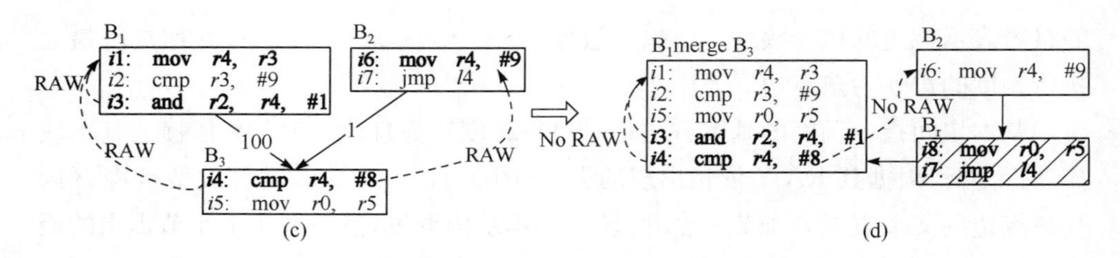

图 3.18 基本块间 RAW 依赖消除的调度方案示例

基本块间的指令调度算法如图 3.19 所示。该算法依次遍历每个访问频率高且存在 RAW 依赖的基本块 b,找出其 RAW 依赖关系最强的父节点或子节点(行 3~8)。在获得节点后,根据其所属图 3.17(a)控制流结构类型,加入对应的调度约束(行 9~17),合并相应的节点后调用算法 3.1(行 18,19)。最后对算法 3.1 获得的调度结果进行分析,插入必要的修复模块,完成基本块间的调度(行 20)。

算法 3.5 InterBlockSch 算法

输入:执行频率较高的基本块集合 HB,所有基本块的集合 B,各分支访问频率函数 f:B→HB→N

输出:基本块间调度后的指令序列 RETInst

1. **for** each $b\in$ HB **do**
2. curW=0
3. **for** each pb∈ $\text{parent}_\text{b}\cup\text{child}_\text{b}$ **do**
4. **if** f(pb,b)>curW **then**
5. curW=f(pb,b)
6. curP=pb
7. **endif**
8. **endfor**
9. **if** <curP,b>是图 3.17(a)左边控制流结构
10. **for** each $i\in$ pb&&$i\neq$pb. lastIns **do**
11. $P_{\text{pb. lastIns}}\leftarrow i$
12. **endfor**
13. **else if** <curP,b>是图 3.17(a)右边控制流结构
14. **for** each $i\in b$ **do**
15. $P_\text{i}\leftarrow$pb. lastInst
16. **endfor**
17. **endif**
18. b'=pb 合并 b
19. b''=MinRAWSch($\text{DAG}_{b'}$,RWdis)
20. RETInst← 插入修复块到 b''中
21. **endfor**
22. **return** RETInst

图 3.19 基本块间指令调度算法

3.1.5 实验与结果分析

1. 实验构建

为验证该方法的有效性,我们以5级流水线顺序执行的StrongARM为目标芯片,通过交叉编译器arm-linux-gcc-3.3.2以及模拟器simplescalar-arm-0.2构建实验环境,同arm-linux-gcc 3.3.2在O2优化选项下生成的目标代码的对比,评估该算法对提高其处理器绿色指标的有效性。其中选取的测试用例源于广泛使用的嵌入式基准测试用例集Mibench[17]和Mediabench[18],具体实验环境配置如表3.4所示。

表3.4 实验配置

实验环境	环境配置信息
交叉编译器	arm-linux-gcc 3.3.2
编译优化选项	O2
目标平台	StrongARM
模拟器	simplescalar-arm-0.2
测试用例集	Mibench、Mediabench

在实验过程中,我们首先使用交叉编译器arm-linux-gcc对源程序进行编译,生成目标平台的汇编代码和二进制代码,然后利用arm平台模拟器simplescalar-arm对目标二进制程序进行仿真,获得对应的动态profiling信息(包括指令执行的次数、分支指令执行频度等)。接着,我们利用动态profiling信息,根据基于图博弈模型的指令调度算法对汇编代码进行分析和重调度,生成新的优化后的汇编代码。该实验评估的绿色指标只跟实验前后RAW依赖的数目有关,因此可以根据profiling信息中每条指令的执行次数信息统计出绿色指标的评估值。其具体实验方案如图3.20所示。

2. 实验结果与分析

根据上面的实验方法,我们分别对Mibench和Mediabench中的部分测试用例进行实验,其优化前后生成的代码中存在的RAW依赖数目如表3.5所示。前八个用例来自于Mibench测试用例集,后两个测试用例来自于Mediabench测试用例集,我们仅选取执行频度最高的前5%的基本块为热点基本块进行处理,同时由于在编译器仅对源代码进行分析,对于链接阶段使用的库函数,此处不予分析。表的第一列为测试用例名,第二列表示生成的程序中包含的汇编代码条数,第三列

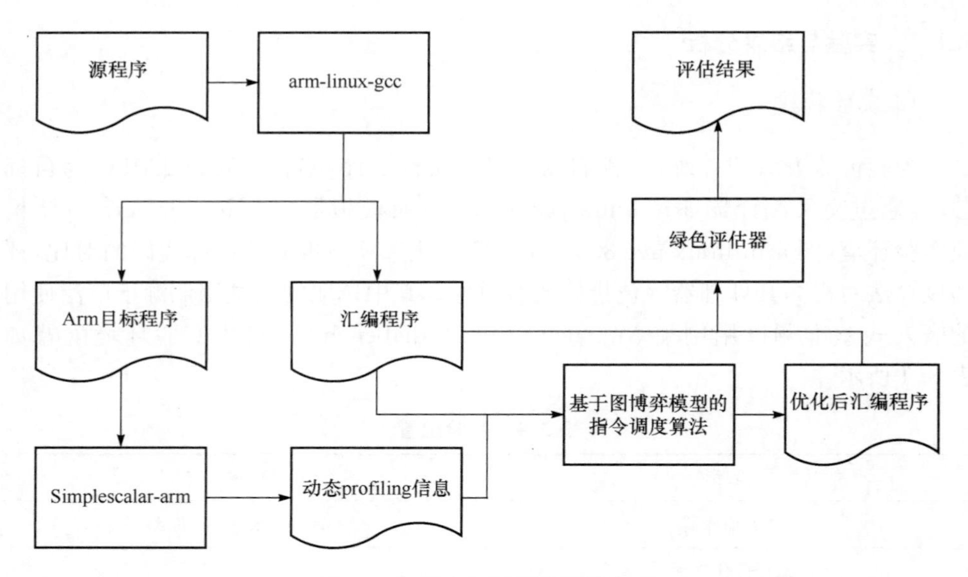

图 3.20　指令调度优化实验方案

表示程序中指令执行的总次数，第四～六列分别表示为原始 GCC 生成的程序中包含的 RAW 依赖的执行次数，块内优化后 RAW 依赖的执行次数和块间优化后 RAW 依赖的执行次数。可以看出，经过基于图博弈模型和 NOP 指令填充的 RAW 依赖最小化算法的优化，程序中 RAW 依赖获得了大幅度的减少，有的测试用例，如 basicmath 等，其优化率甚至超过了 90%。

表 3.5　优化前后 RAW 依赖及 Nop 指令统计表

测试用例	总指令数	总指令执行数	原始 RAW 数	块内优化后 RAW 数	块间优化后 RAW 数
basicmath	10 826	2 330 458 473	11 487 996	617 304	617 304
bitcount	4253	717 790 982	231 751 192	108 563 105	108 563 105
qsort	4300	255 950 118	600 010	350 006	350 006
susan	5364	1 851 275	407 293	256 810	250 116
patrici	6423	628 130 703	5 431 278	358 555	295 834
blowfish	3039	582 428 127	93 041 243	69 089 487	69 089 487
rijndael	4753	32 869 153	7 758 328	5 575 546	5 536 566
fft	8501	47 100 255	340 175	143 566	143 566
epic	8340	45 503 623	8 243 787	1 609 305	1 601 017
mpeg	9293	210 336	19 373	2497	2496

为了更好地观测绿色优化效果，我们根据时序推测处理器的绿色评估公式(3.5)以及该表显示的RAW依赖执行次数，构建了以GCC原始指令序列为基础的各测试用例绿色评估的提升值，如图3.21所示。可以看出，相对于GCC原始指令序列，我们介绍的指令调度算法最高能够获得90%以上的绿色指标提升值，如测试用例basicmath和patrici，即使是对于效果最差的用例，如blowfish，其绿色指标提升值也达到了20%以上。其总体绿色指标的平均提升值也可达到60%左右。这将为时序推测处理器进一步适应绿色需求提供有效保障。从该图还可以看出，块间优化对块内优化的进一步提升效果并不是很理想，几乎和块内优化相当，平均提升比例还不到1%。其主要原因有两方面：首先对于块内优化，其优化效果已经十分明显，程序中存在的大量RAW依赖主要由块内优化而产生的，块间优化可获得的提升空间较少。其次，由于受控制流约束的影响，符合图3.17所示的两种基本块间关系的块较少，块间指令移动较难实施，因而其优化效果也极其有限，这也有可能是目前一些主流编译器，如GCC、LLVM等较少考虑块间调度的原因。

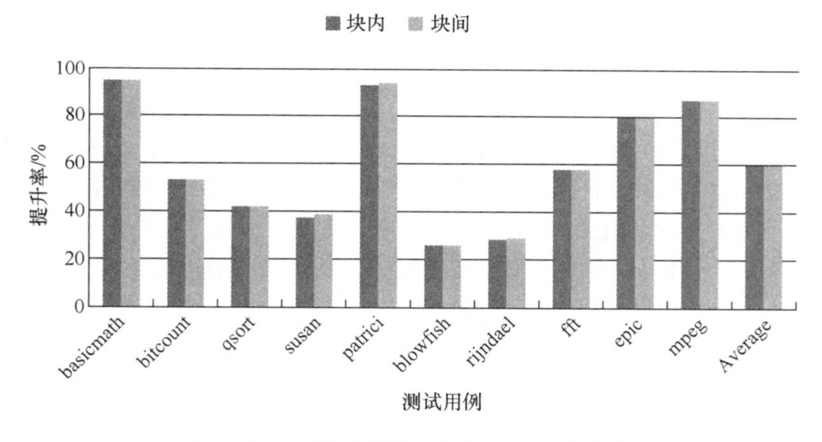

图3.21　时序推测处理器绿色指标提升值

为评估增加的Nop指令以及块间优化插入的修复块对程序代码空间和执行时间的开销，我们以程序总代码空间和总执行时间为基础，对其所占比例进行了统计，结果如表3.6所示。可以看出，该算法对系统增加的额外开销十分小，有的测试用，如qsort，其在不增加时间和空间开销的基础上则可以获得40%左右绿色指标的提升。即使是开销最大的测试用例(空间开销最大的为mpeg，时间开销最大的为epic)，其开销也未超过7%，平均空间开销仅为0.87%(块内)和0.89%(块间)，平均时间开销仅为4.40%。

表 3.6 开销统计表

测试用例	空间开销		时间开销	
	块内	块间	块内	块间
basicmath	0.000369	0.000369	0.002761	0.002761
bitcount	0.000941	0.000941	0.166919	0.166919
qsort	0	0	0	0
susan	0.018456	0.018643	0.057177	0.057177
patrici	0.001868	0.00218	0.006978	0.007077
blowfish	0.001316	0.001316	0.017844	0.017844
rijndael	0.001894	0.002525	0.076488	0.076488
fft	0	0	0	0
epic	0.006835	0.006954	0.064148	0.064148
mpeg	0.055741	0.056494	0.047262	0.047272
平均值	0.008742	0.008942	0.043958	0.043969

新增的 Nop 指令主要用于消除 RAW 依赖,当无 Nop 指令插入和数据前送机制时,程序中一旦出现 RAW 依赖,流水线将出现停顿。为不让流水线发生停顿,编译器则会在编译的过程中添加相应的 Nop 指令。由此可见,当 Nop 填充技术弥补流水线停顿时,Nop 指令执行次数越多,说明处理器因数据依赖而需要停顿的时间越多,从而导致无用能源消耗也越多,越不利于处理器的绿色指标。因此,我们对比了经过该算法优化后添加的总 Nop 指令与原始 GCC 指令序列添加的 Nop 指令对系统总体性能的影响。图 3.22 和图 3.23 分别显示了优化后需插入的 Nop

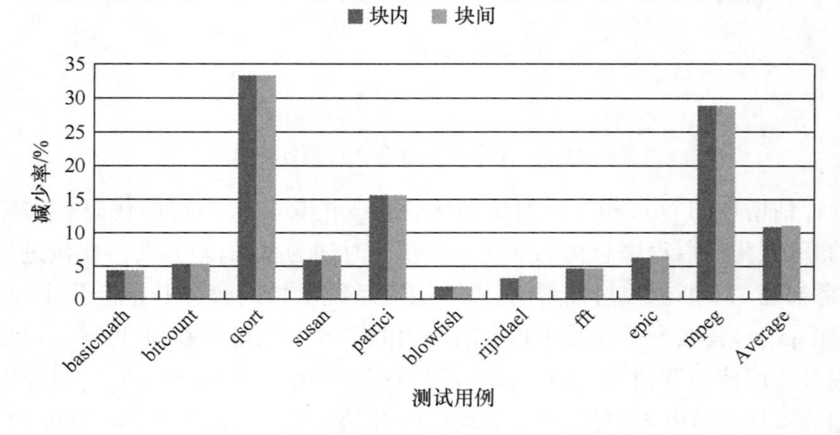

图 3.22 空间开销减少率

指令数及其执行次数相对于优化前执行序列需插入的 Nop 指令数及其执行次数的减少率。可以看出,相对于原始的指令序列,由于对其中热点基本块采用基于图博弈模型的指令调度算法进行综合优化,Nop 指令的插入数量和执行比例大幅度减少,其中空间开销最大减少比例超过 30%,如 qsort,时间开销最大减少比例超过 40%,其平均优化比例分别达到 10%(空间)和 25%(时间)左右。由此可见,该算法对于减少程序总的 Nop 指令插入操作也能表现较好的效果。同时,由于块间优化可以利用块间信息减少 Nop 指令的插入操作,因此在空间开销和时间开销的减少率上,块间优化的优化效果还是略好于块内优化,如图 3.18(b)所示。

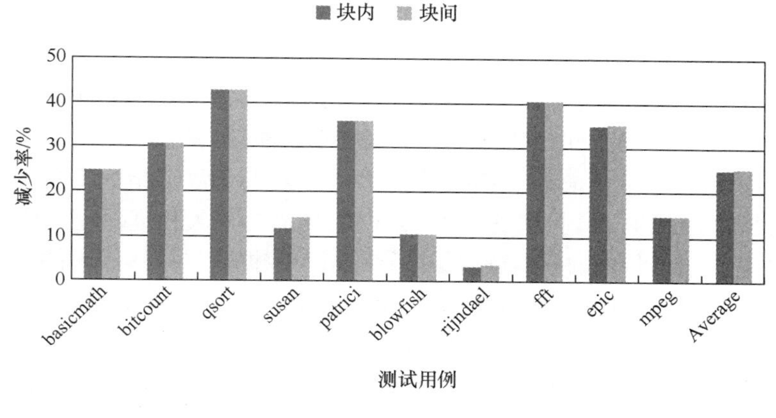

图 3.23 时间开销减少率

3.2 面向总线翻转编码的绿色指令调度方法

3.2.1 总线绿色评估模型

总线是信号和数据传输的通道,所有设备之间的通信都需要通过总线,其消耗以及工作的稳定性对系统总的绿色指标有重要影响[4]。

针对绿色评估模型的能耗指标,我们将在现有的总线能耗模型基础上提取编译器可控指标。现有的总线能耗模型将总线能耗分为动态能耗和泄漏能耗两部分[5~9]。其中,总线的动态能耗主要是由于总线翻转造成,可进一步分为总线本身翻转能耗以及总线串扰能耗两部分,其具体计算如式(1.4)所示。根据邻近总线翻转方式而产生的串扰电容 $C_{\mathrm{eff},i}$ 的不同,可以将总线串扰分为 6 类。如表 3.7 所示,其中“x”表示任意变换,“—”表示无翻转,“↑”表示总线信号由 0 变为 1,“↓”表示总线信号由 1 变为 0。总线的泄漏能耗是由于泄漏电流、总线工作时的温度共同决定的,具体评估值可由式(2.1)确定。总线工作的温度越高,不但减弱总线的稳定性,消耗大量因错误数据传输而导致的能源损耗,而且会增加总线的泄漏能耗,进一步消耗更多的能源。

表 3.7　总线串扰模式分类

类别	$C_{\text{eff},i}$	邻近总线翻转模式($\Delta_{i-1}^{t,t+1}\Delta_i^{t,t+1}\Delta_{i+1}^{t,t+1}$)
0	0	x—x
0C	1	↑↑↑,↓↓↓
1C	$1+\lambda$	—↑↑,↑↑—,—↓↓,↓↓—
2C	$1+2\lambda$	—↑—,—↓—,↓↓↑,↑↓↓,↑↑↓,↓↑↑
3C	$1+3\lambda$	—↑↓,—↓↑,↓↑—,↑↓—
4C	$1+4\lambda$	↓↑↓,↑↓↑

根据以上对总线能耗评估公式的分析,减少总线本身翻转次数以及相邻总线翻转产生的串扰,一方面可以直接减少总线的动态能耗,另一方面由于动态能耗的降低和释放能量的减少,总线工作的温度也将减少,与温度成指数级变化的泄漏能耗必然也将获得减少。要降低总线翻转次数,则需要最大程度保证总线传输数据的一致性,而总线上传输的数据特别是执行的指令数据除受具体的硬件解码方式的影响外,很大程度受程序执行序列的影响,不同的指令执行序列传输的数据将有很大的不同。编译器后端的指令调度是确定指令执行序列的主要步骤,有效的调整指令调度算法将对总线传输数据产生较大影响[10~12]。因此,我们将以总线翻转次数作为总线绿色评估模型的能耗评估因子,构建如式(3.10)所示的能耗评估值,即

$$E_{\text{Bus}}=\frac{1}{2}\sum_{P}\sum_{j=1}^{n}\text{abs}(\Delta_j^{t,t+1}+T_{j>1}\{\lambda\Delta_{j,j-1}^{t,t+1}\}+T_{j<n}\{\lambda\Delta_{j,j+1}^{t,t+1}\})C_L V_{\text{dd}}^2 \quad (3.10)$$

其中,P 是依次执行的指令序列,其他符号含义同式(1.4)所示,$\Delta_j^{t,t+1}=b_{t+1,j}-b_{t,j}$,$b_{t,i}$的取值由式(3.11)确定,即

$$b_{t,i}=\begin{cases}-1, & \text{第 } i \text{ 根总线在时刻 } t \text{ 从 0 变为 1}\\ 1, & \text{第 } i \text{ 根总线在时刻 } t \text{ 从 1 变为 0}\end{cases} \quad (3.11)$$

总线损耗与传输数据的一致性同样有较大的联系。如果某根总线频繁地发生翻转,其损耗程度将远大于翻转频度较少的总线,传输数据的出错率必将远大于周围总线。从前面可知,总线的翻转特别指数据总线的翻转频度,受编译器的编译方式有很大影响,因此对于总线绿色模型的均衡度指标,我们仍然以总线翻转为主要指标。不同于能耗指标,总线均衡度指标以单根总线为基础,通过对单根总线使用频度是否均衡来评估总体总线的均衡度。具体评估为

$$S_{\text{Bus}}=\sqrt{\sum_{i=1}^{n}(b_i-\bar{b})^2} \quad (3.12)$$

其中,$\bar{b}$ 表示 n 根总线的平均翻转次数。

3.2.2　总线翻转编码

总线翻转编码是 Stan 和 Burleson 提出的一种降低总线翻转次数的总线编码方法[13]。它增加了一条额外的翻转标志线以控制解码器的解码方式。当解码标志线为高电平时，对接收的数据进行翻转后再解码，否则直接解码。通过对接收后数据的编码处理，能够有效地减少总线翻转次数，达到降低总线能耗的目的。

总线翻转编码是一种简单且高效的降低总线能耗的方法，但它只适于随机数据[14]，即 t 时刻和 $t+1$ 时刻出现的不是连续数据，且未考虑总线之间的串扰。随着芯片工艺进入深亚微米甚至是纳米阶段，相邻总线之间的电容将远大于总线本身的电容，总线之间串扰对总线能耗的影响将越来越大[15]。此外，总线翻转编码并未考虑每根总线的均衡使用，不均衡使用不但会导致总线总体工作性能的下降，而且会影响计算机系统的其他部件。由于数据输出总线的不平衡使用，导致缓存外围电路工作温度存在 30℃ 的温差，从而引起缓存可靠性下降，能耗增加等问题[17]。因此，我们以降低总线翻转次数为基本出发点，同时考虑总线之间的串扰和各根总线的平衡使用，并结合总线翻转编码以及程序运行时反馈信息，设计了一种面向总线翻转编码的绿色指令调度方法，以提高带总线翻转编码的总线系统的绿色指标。

3.2.3　反馈信息指导的面向总线的绿色指令调度算法

1. 总体优化框架

由于程序执行方式的不同，程序中不同模块的执行频率各不相同，为更好地适应各种情况下总线使用的绿色指标，我们将结合程序运行时的 profile 反馈信息，指导指令调度方案的有效进行。其具体框架如图 3.24 所示。

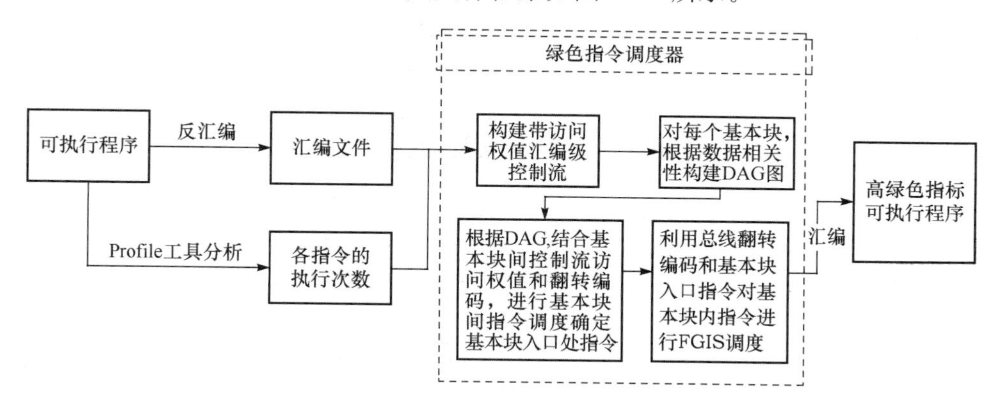

图 3.24　面向总线翻转编码的反馈式绿色指令调度方法

为获得尽可能精确的指令操作码，该指令调度方法先对可执行程序进行反汇编，获得绝对定位后的汇编指令及其对应的操作码，从而避免了编译后生成的汇编指令中需重定位代码部分对指令翻转次数统计的影响。然后利用 profile 工具分析，获得每条指令执行次数的估计值。绿色功耗指令调度器读取反汇编后的文件及每条指令执行次数的估计值，构建带访问权值的控制流图 WCFG(V,E,W)。在 WCFG 中，每个顶点 $v\in V$ 表示汇编级的基本块，有向边 $e<u,v>\in E$ 表示控制流可能从顶点 u 流向顶点 v，边 $e<u,v>$的权值 $w\in W$ 表示控制流从顶点 u 流向顶点 v 的统计概率值，即 profile 工具获得的执行次数估计值。构建 WCFG 后，指令调度器对基本块内的指令进行数据相关性分析，获得基本块内的数据依赖 DAG 图，接着利用基本块间的 WCFG 和基本块内的 DAG，使用反馈信息指导的绿色指标最大化指令调度算法(FGIS)获得适应翻转编码的指令序列，减少总线翻转次数，均衡各根总线的使用频率。最后在汇编时利用翻转编码对重新调度后的指令序列进行处理，生成最终的低能耗低总线损耗的可执行程序。

2. FGIS 算法

为减少数据本身的翻转及相邻总线之间的串扰，增强翻转编码的编码效率，我们设计了一种考虑反馈信息指导的绿色指标最大化指令调度算法(FGIS)。该算法包括基本块边界指令调度和基本块内指令调度。基本块边界指令调度主要根据 WCFG 选择各个基本块入口处的指令，而基本块内指令调度则根据基本块入口处指令和 DAG，选择绿色指标最大的(翻转编码下翻转次数最少)指令调度序列。

(1) 基本块边界指令调度

由于基本块是根据分支条件划分的，所有基本块出口处的指令大部分是固定的，即跳转指令，指令调度空间较小。因此，在基本块边界调度算法中，我们以当前基本块所有前驱基本块出口处的指令为基础，结合对应边上加权值，计算该基本块入口处不同指令对绿色指标的影响，根据式(3.13)，选择其中总线绿色评估值最小的指令，作为入口处的最终指令。具体算法如图 3.25 所示。

算法 3.6　基本块边界指令调度算法

输入:加权基本块控制流图 WCFG(V,E)

输出:调度好的基本块入口处的指令序列

1. **for** each $b\in V$
2. 　DAG_b = constructDAG(b)
3. 　$fSet_b$ = DAG_b 中所有入度为 0 的节点
4. 　$eSet_b$ = DAG_b 中所有出度为 0 的节点
5. **endfor**

```
6. for each b∈V do
7.   if pre_b≠∅ then
8.     w_min=+∞,index=∅
9.     for each j∈fSet_b do
10.      cw=0,c̄w̄=0
11.      for eachpB∈pre_b do
12.        i=eSet_pB最后一条指令
13.        cw=cw+Eval(i,j)*w(pB,b)
14.        c̄w̄=c̄w̄+Eval(i,j̄)*w(pB,b)
15.      endfor
16.      if cw<w_min then
17.      w_min=cw,flag=0,index=j
18.    endif
19.      if c̄w̄<w_max then
20.        w_min=c̄w̄,flag=1,index=j
21.      endif
22.    endfor
23.    fIns_b=index,fIns_b,flag=flag
24.    更新 maxTrans
25.  else//无前驱块的基本块入口指令设定为空
26.    fIns_b=∅
27.  endif
28. endfor
```

图 3.25　基本块边界指令调度算法

首先，为每个基本块 b 构建数据依赖关系 DAG_b 图，以获取该基本块入口处和出口处可调度指令集合 $fSet_b$ 和 $eSet_b$（行 1～5）。接着，依次分析每个基本块入口处可调度指令集合中的每条指令（行 6～27），对应没有前驱块的基本块，如入口基本块，则不处理，暂不设定入口处指令（行 25）。对于有前驱块的基本块，根据式(3.13)，计算其在翻转编码下与前驱基本块的总线能耗评估值（行 9～15），更新最好评估值 w_{min} 对应的指令 index 及翻转编码的编码值 flag（行 16～21）。最后，选择总线能耗评估值最小的指令作为该基本块入口处指令（行 23）。

$$\mathrm{Eval}(i,j) = \sum_{k=1}^{n} \mathrm{abs}(\Delta_k^{i,j} \times (1 + T_{k>1}\{\lambda \times \Delta_{k,k-1}^{i,j}\} + T_{k<n}\{\lambda \times \Delta_{k,k+1}^{i,j}\})) + \beta \times \sum_{k \in \max T} |\Delta_k^{i,j}| \tag{3.13}$$

其中，第一个加数表示能耗因子，其符号含义同评估模型中对应的含义；后一个加数用于平衡各根总线的访问频度，$\max T$ 表示到当前分析为止，翻转次数最多的总线对应的编号的集合；β 是平衡因子，用于评估总线平衡访问与总线总的翻转次数对总线能耗的影响，实验时 β 值可取当前翻转次数最多的总线与总线平均翻转值之间的差值。

在以上算法中，pre_b 表示基本块 b 的所有前驱基本块；$fIns_b$ 表示最终设置的基本块 b 的入口处指令；$fIns_{b,flag}$ 表示基本块 b 入口处指令采用的翻转编码值；$w(pB,b)$ 表示基本块 i 到基本块 j 的执行频率的权值；$\bar{j}$ 表示指令 j 机器码的反码。

(2) 基本块内指令调度

在确定基本块入口处指令后，我们以此为基础对基本块内指令进行了有效的调度，其具体过程如图 3.26 所示。基本块内指令调度算法主要分为四个步骤。

① 初始化候选队列中各指令调度权值为该指令同候选队列中其他指令之间总线能耗的评估值累计大小(行 1～9)。

② 当选择该基本块中第 i 条指令时，先对当前基本块 b 的可调度指令集($fSet_b$)的元素进行相互比较，选择与其他指令总线评估值，即式(3.13)确定值差距最大的指令作为候选指令(行 11～16)。

③ 当②中有多条可选指令时，计算每条候选指令与第 $i-1$ 条指令的总线评估值，选择其中评估值最小的指令作为最终指令。如果此时仍有多条指令可选，则随机选择一条作为当前指令(行 17～21)。

④ 最后根据已调度的序列，选择总线评估值最好的翻转编码方案为每条指令进行 0/1 编码(行 25)。

算法 3.7　基本块内指令调度算法

输入：经过基本块间调度后的基本块 b

输出：基本块 b 的调度指令序列

```
1. superIns=fIns_b, newList←superIns
2. 初始化 b 中所有指令 i 的 q_i 值为 0
3. maxTrans←∅
4. for each i∈fSet_b do
5.    for each j∈fSet_b && j>i do
6.       q_i=q_i+Eval(i,j)
7.       q_j=q_j+Eval(i,j)
8.    endfor
9. endfor
10. while fSet_b! =∅ do
11.    q_max= fSet_b 中最大的 q_i 值
12.    for each i∈fSet_b do
13.       if q_i=q_max then
14.          alterSet←i
15.       endif
16.    endfor
```

```
17.     if Size(alterSet)=1 then
18.        j=alterSet[0]
19.     else
20.        j=min(superIns,alterSet)
21.     endif
22.     newList←j,superIns=j
23.     删除 DAG_b 中节点 j，更新 fSet_b,maxTrans 和新加入节点的 q 值
24. endwhile
24. 设置翻转编码值
26. return newList
```

图 3.26　基本块内指令调度算法

3.2.4　实验结果与分析

1. 实验构建

为验证方法的有效性，我们以 MiBench 作为基准测试用例集，以 ARM 作为目标体系结构，对 arm-linux-gcc 3.3.2 原始指令调度算法、文献[11]中的垂直调度(VSI)方法、文献[13]中的翻转编码(BI)方法、VSI＋BI 方法、FGIS 方法以及 FGIS＋BI 方法分别进行了实验，具体实验步骤如下。

① 利用 arm-linux-gcc 3.3.2 交叉编译器在 Linux 平台 Fedora12 系统下获得各测试用例在 ARM 体系结构下的目标文件。

② 利用反汇编工具 objdump 2.19.51.0.14-34.fc12 对目标文件进行反汇编，获得相应的反汇编文件。

③ 利用 sim-profile 对目标文件进行 profile 分析，获得各条指令的执行次数，以便于统计总线翻转次数。

④ 在 Window 平台的 Visual Studio 2010 开发环境中利用前两步获得的反汇编文件和 profile 分析结果文件，编程实现各种调度算法，统计相应状态下总线翻转次数，以评估对应的调度算法。

2. 结果分析

为评估各调度算法对总线绿色模型能耗指标的影响，我们以总线绿色评估模型为基础，对各种方法下的总线能耗进行了计算，如表 3.8 所示。其中第一列表示测试用例，第二列是原始的 arm-linux-gcc 的指令调度方法产生的能耗值，后五列分别表示文献[10]中的垂直调度方法(VSI)、文献[14]中的翻转编码(BI)方法、VSI＋BI 方法以及我们提出的 FGIS 方法和 FGIS＋BI 方法产生的能耗指标评估值。由该表可以看出，程序执行过程中总线翻转和总线之间的串扰是巨大的，即使

是很小的排序程序，其值也达到百万级，稍大的程序就达到几十亿次，如 bitcount、CRC32、FFT，从而验证了对总线翻转进行优化的必要性。为更清晰地表示优化效果，我们以第二列数据为基础，对后五列数据相对于第二列的优化率进行了归一化处理，如图 3.27 所示。图 3.28 显示了各种优化方法相对于 arm-linux-gcc 原始调度方法的平均优化率。

表 3.8　不同调度算法下总线能耗对比（单位：$0.5C_LV_{dd}^2$，λ=400pF/250pF=1.6）

测试用例	arm-linux-gcc	VSI	BI	VSI+BI	FGIS	FGIS+BI
basicmath_small	2.36E+07	2.33E+07	2.13E+07	2.13E+07	2.01E+07	1.79E+07
basicmath_large	4.67E+08	4.54E+08	3.93E+08	4.00E+08	4.12E+08	3.48E+08
bitcount	8.92E+09	8.93E+09	6.32E+09	6.31E+09	7.91E+09	5.71E+09
qsort_small	1.18E+06	1.08E+06	1.02E+06	9.40E+05	1.06E+06	9.40E+05
qsort_large	4.04E+07	3.96E+07	3.99E+07	3.84E+07	2.72E+07	2.63E+07
susan	2.22E+08	2.06E+08	1.93E+08	1.89E+08	1.71E+08	1.69E+08
dijkstra_small	6.28E+08	5.84E+08	5.28E+08	5.05E+08	5.56E+08	4.71E+08
dijkstra_large	3.17E+09	2.94E+09	2.67E+09	2.55E+09	2.80E+09	2.38E+09
patricia	2.74E+07	2.63E+07	2.37E+07	2.38E+07	2.32E+07	2.12E+07
sha	1.49E+09	1.45E+09	1.30E+09	1.27E+09	1.36E+09	1.09E+09
CRC32	4.10E+09	3.83E+09	3.57E+09	3.41E+09	3.41E+09	3.14E+09
FFT	2.48E+08	2.36E+08	2.21E+08	2.04E+08	2.02E+08	1.69E+08

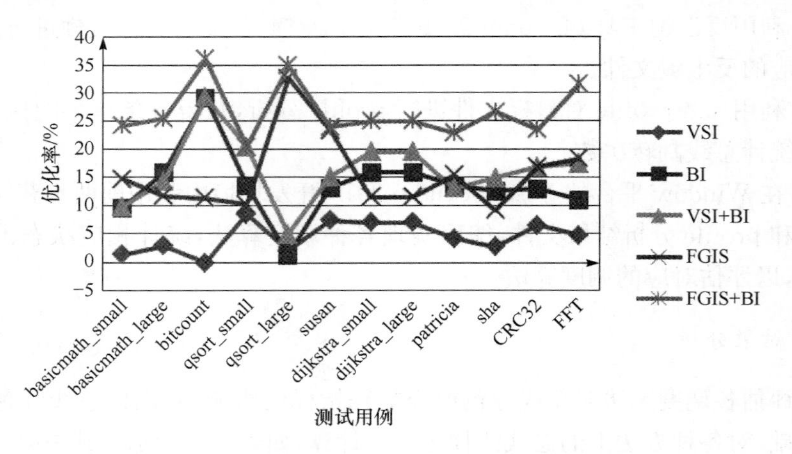

图 3.27　各调度算法优化效果对比图

由图 3.27 和图 3.28 可以看出，单独的 VSI 指令调度算法效果对总线翻转次数的优化效果并不理想，最多的只有 8%左右，最少的甚至低于 arm-linux-gcc 指令执行序列，平均优化率只有 4.5%左右。增加翻转编码后（VSI+BI），优化效果有

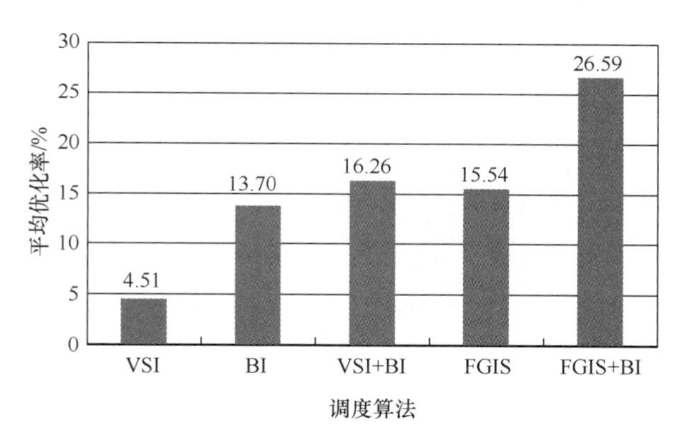

图 3.28 各调度算法能耗的平均优化率

了显著的增长，平均优化率提高了16%，但VSI+BI的调度算法相对于单独的BI优化，其平均优化率增加幅度只有3%，因此VSI+BI的优化效果的提高主要是翻转编码的结果。由此也验证了翻转编码对减少总线翻转次数有较好的效果。从FGIS的曲线可以看出，由于未加入翻转编码，某些测试用例，如basicmath_large、bitcount、dijkstra_small等略差与BI方法，但其相对于VSI调度方法有明显的改善，其平均优化率与单独的BI方法以及VSI+BI方法基本相当，甚至略好于单独的BI算法。当在FGIS中加入翻转编码后(FGIS+BI)，优化率明显提高，平均优化率达到26%，明显优于其他优化方法，相对于VSI+BI方法平均优化率也能达到10%以上。由此可见，FGIS+BI在减少总线翻转次数，降低总线功耗有较好的效果。

$$B_{peak}=b_{max}/b_{min} \tag{3.14}$$

此外，为检测该算法对各总线平衡度的影响，我们通过式(3.14)和总线绿色评估模型的均衡度评估式(3.12)对总线平衡度的进行评估。式(3.14)对单根总线负载的最大差额进行了评估，从最大偏差角度检测该算法对总线均衡使用的影响。

总线使用均衡度的测试结果如表3.9和图3.29所示。由表3.9可以看出，在原始的GCC优化中，各测试用例翻转频率最高的总线同翻转频率最低的总线之间的差值分布极不均匀，有些测试用例，如qsort_small、susan、sha和crc32，其B_{peak}最高达到29 568 004。而有的测试，如patricia，其值只有4.49左右，由此可见，GCC原始的优化算法较少的考虑总线之间的平衡使用。经过FGIS+BI优化后，所有测试用例的B_{peak}基本维持在3～6，有效地控制了峰值翻转频率。从图3.29中FGIS+BI方法相对于GCC原始优化算法的方差优化率可以进一步看出，FGIS+BI方法对总线总体平衡度有较大幅度的提升，有的测试用例，如qsort_large，其平衡度的改进值高达34.6%，所有测试用例平衡度的平均改进值也达到了14.4%。

表 3.9 B_{peak}值优化率

测试用例	GCC	FGIS+BI	测试用例	GCC	FGIS+BI
basicmath_small	6.429814	3.974849	dijkstra_small	4.814565	3.950931
basicmath_large	4.019359	3.281679	dijkstra_large	4.837359	3.967265
bitcount	5.918944	3.161699	patricia	4.494836	3.754828
qsort_small	5715.571	3.00025	sha	90670.69	6.472611
qsort_large	5.500012	3.499986	CRC32	29568004	4.999999
susan	657.6858	6.193336	FFT	31.95233	6.155041

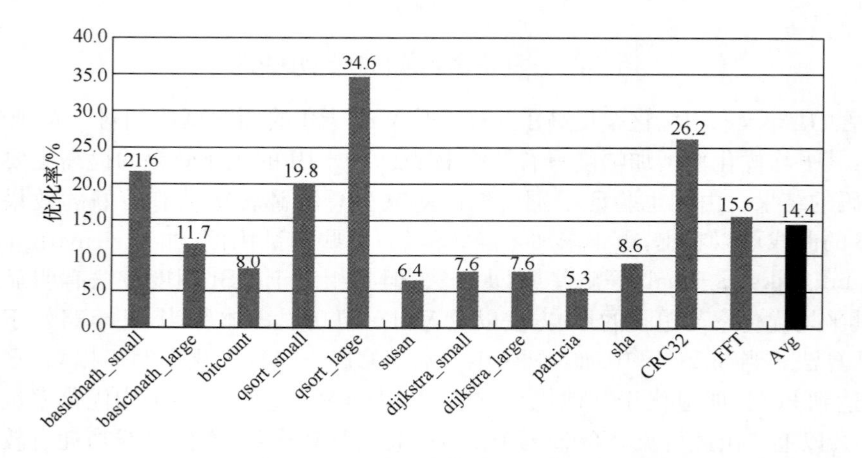

图 3.29 总线均衡使用指标优化率

综合以上实验结果，如果假设总线能耗以及总线访问均衡度对总线绿色指标的影响基本相当，即 $\eta=\gamma=0.5$，则该算法平均能够获得总线 20.2%绿色指标的提升。

3.3 本章小结

指令调度是编译器后端的重要手段，较好的指令执行序列对程序的高效执行有重要作用。本章主要针对时序推测处理器和带翻转编码控制的总线系统这两类低能耗的体系结构，设计了对应的绿色评估模型及其指令调度方案，以提高其系统的绿色指标。针对时序推测处理器，由于 RAW 数据依赖引发的数据前送机制会大幅度增加其能耗开销，降低该系统的绿色指标，因此本章首先以 RAW 依赖造成数据前送的比例为基础，构建时序推测处理器的绿色评估模型，然后利用图博弈模型，结合空操作指令的插入，构建对应的前送操作减少的 RAW 依赖最小化绿色指令调度算法。为验证该算法的有效性，本章设计了同现有较为成熟的开源编译器

GCC的对比实验。实验结果表明，该绿色指令调度算法能够使时序推测处理器获得85.7%绿色指标的提升值，对改进时序推测处理器的绿色指标具有明显的功效。针对带翻转编码控制的总线系统，本章首先对总线绿色指标进行分析，构建对应的总线系统的绿色评估指标。然后，以程序执行时的动态profiling反馈信息为指导，结合总线翻转编码的特点，按指令执行频度对指令序列进行调度，充分减少相邻总线之间的翻转次数，均衡各根总线之间的翻转负载，以提高该系统总的绿色指标。通过实验证明，该方法能够获得总线绿色指标20.2%的提升值。

总线系统、处理器和存储器是计算机系统中消耗能源的重要部件。我们采用的指令调度方法主要是针对特定体系结构的某一方面，如时序推测处理器的处理器部分，带总线翻转编码的总线系统部分，较少综合该指令调度方法对多个部件的影响。因此，如何综合考虑多方面的因素，设计面向多目标的指令调度方法是我们后续研究的重点。同时，不同的硬件体系结构需要不同的指令调度方案，如何能够根据新型的体系结构自适应的获得较好的绿色指令序列也是今后研究不容忽视的一个重要方面。

参考文献

[1] Ernst D, Kim N S, Das S, et al. Razor: a low-power pipeline based on circuit-level timing speculation// 36th Annual IEEE/ACM International Symposium on Microarchitecture. Association for Computing Machinery, 2003: 7-18.

[2] Kearns M, Littman M L, Singh S. Graphical models for game theory// Proceedings of the Seventeenth Conference on Uncertainty in Artificial Intelligence, 2001: 253-260.

[3] Sartori J, Kumar R. Compiling for energy efficiency on timing speculative processors// 2012 49th ACM/EDAC/IEEE Design Automation Conference, 2012: 1297-1304.

[4] 陆伯鹰，尹宝林. 一个基于DAG图的指令调度优化算法. 计算机工程与应用，2001，12:27.

[5] Hong S, Narayanan U, Chung K S, et al. Bus-invert coding for low-power I/O-a decomposition approach// Proceedings of the 43rd IEEE Midwest Symposium on Circuits and Systems, 2000: 750-753.

[6] Benini L, de Micheli G, Macii E. Designing low-power circuits: practical recipes. Circuits and Systems Magazine, IEEE, 2001, 1(1): 6-25.

[7] Raghunathan A, Jha N K, Dey S. High-Level Power Analysis and Optimization. Boston: Kluwer Academic Publishers, 1998.

[8] Duan C, Calle V H C, Khatri S P. Efficient on-chip crosstalk avoidance codec design. IEEE Transactions on Very Large Scale Integration (VLSI) Systems, 2009, 17(4): 551-560.

[9] Moll F, Roca M, Isern E. Analysis of dissipation energy of switching digital cmos gates with coupled outputs. Microelectronics Journal, 2003, 34(9): 833-842.

[10] Yan G H, Han Y H, Li X W, et al. BAT: performance-driven crosstalk mitigation based on bus-grouping asynchronous transmission. IEICE Transactions on Electronics, 2008, 91

(10)：1690-1697.

[11] Parikh A，Kim S，Kandemir M，et al. Instruction scheduling for low power. The Journal of VLSI Signal Processing，2004，37(1)：129-149.

[12] Lee C，Lee J K，Hwang T，et al. Compiler optimization on VLIW instruction scheduling for low power. ACM Transactions on Design Automation of Electronic Systems (TODAES)，2003，8(2)：252-268.

[13] Shao Z，Zhuge Q，Zhang Y，et al. Efficient scheduling for low-power high-performance DSP applications. International Journal of High Performance Computing and Networking，2004，1：3-16.

[14] Stan M R，Burleson W P. Bus-invert coding for low-power I/O. IEEE Transactions on Very Large Scale Integration (VLSI) Systems，1995，3(1)：49-58.

[15] 尹立群，冯庆，袁国顺. 低功耗总线编码技术. 计算机工程，2008，34(15)：238-240.

[16] Sotiriadis P P，Chandrakasan A P. A bus energy model for deep submicron technology. IEEE Transactions on Very Large Scale Integration Systems，2002，10(3)：341-350.

[17] Homayoun H，Rahmatian M，Kontorinis V，et al. Hot peripheral thermal management to mitigate cache temperature variation// 2012 13th International Symposium on Quality Electronic Design，2012：755-763.

[18] Guthaus M R，Ringenberg J S，Ernst D，et al. MiBench：a free，commercially representative embedded benchmark suite// IEEE International Workshop on Workload Characterization，2001：3-14.

[19] Fritts J E，Steiling F W，Tucek J A，et al. MediaBench II video：expediting the next generation of video systems research. Microprocessors and Microsystems，2009，33(4)：301-318.

第 4 章　多目标数据分配优化方法

存储系统是计算机系统中不容忽视的重要部分，其能耗以及资源利用的合理度直接影响着系统的整体绿色指标，研究者从软硬件角度提出了许多优化方法[1-19]。编译过程的数据分配策略正是对存储资源利用度的直接表现，不同的数据分配方案会产生不同的存储能耗及利用率。同时，不同的数据分配方案也会改变程序生成的最终指令，从而影响指令数据总线中的传输能耗以及传输耗损等总线的绿色指标。如何在数据分配优化过程中综合考虑存储系统绿色指标以及总线系统绿色指标是提高系统总体绿色指标不容忽视的重要方面。本章将主要从存储系统和总线这两个方面的入手，提出一种兼顾这两个方面绿色指标的多目标数据分配优化方法，以提高系统总体绿色指标。

4.1　数据分配对系统绿色指标的影响

数据分配是编译器优化过程的重要组成部分，它通过对程序中需要使用的数据以及系统可用资源进行分析，确定将某些数据存放到寄存器，将剩余数据存放到内存，以保证程序在有限的存储资源中顺利地运行。不同的优化目标需要有不同的数据分配方案，如中断较多的嵌入式程序希望使用尽可能少的寄存器，以减少中断保护和中断恢复的开销；性能优先的优化希望充分使用所有可用寄存器，使其尽可能少访问内存，提高执行效率。针对绿色评估模型的能耗指标和资源使用均衡度指标，不同的数据分配优化方法对系统的绿色指标将产生以下几个方面的影响。

① 不同的数据分配方案会产生不同的指令序列，而不同的指令执行序列会影响指令数据总线的翻转频度以及翻转的均衡度，进而影响总线能耗和单根总线的负载。如何调整数据分配方案，减少总线翻转频度，均衡各根总线负载，以提高总线绿色指标，是数据分配方案不容忽视的问题。

② 由于程序中数据访问模式的方式不同，不同的数据分配方案会使不同存储单元访问频度和访问能耗有很大不同。即使是相同的读数据操作，由于温度因素的影响，访问频度较高的存储模块需要较高的读操作能耗。因此，需要根据具体的数据访问模式合理的调整被访问的存储单元，以均衡各存储单位的访问频度，减少存储单元因过度密集访问而导致的额外能耗以及设备损耗。

③ 现有的计算机存储层次通常在寄存器和内存之间增加有缓存结构，以弥补内存访问速度的缺陷。缓存结构每次加载字线长度的存储单元，并非单独的某个

字的内存单元,有可能存在某些字线的存储单位未被使用。因此,绿色编译数据分配优化可以考虑如何有效地利用这些额外存储单位获得更大程度绿色指标的提升。

综合以上分析,数据分配方案对系统总线以及存储系统的绿色指标会产生不容忽视的影响,因此根据绿色评估模型的总体公式,我们将数据分配过程中的绿色评估标准表示为

$$W=\alpha(E_{\mathrm{Bus}}+E_M)+\beta(S_{\mathrm{Bus}}+S_M) \tag{4.1}$$

其中,对于总线的能耗 E_{Bus} 和均衡度 S_{Bus} 可根据式(3.10)和式(3.12)获得。

为方便,我们将存储单元相关内容记为集合 $M=\{\mathrm{mem},\mathrm{cache},\mathrm{reg}\}$,其元素分别为内存单元集合、缓存单元集合以及寄存器单元集合。

对于 M 中的能耗及均衡度指标,由于编译器主要通过控制每个存储单元的读写来改变不同存储单元的使用,因此,我们将该 E_M 和 S_M 分别表示为式(4.2)和式(4.3),即

$$E_M=\sum_{i\in M}E_i=r_i\,\overline{E_{iR}}+w_i\,\overline{E_{iW}} \tag{4.2}$$

$$S_M=\sum_{i\in M}\gamma_i\sum_{j=1}^{n}\frac{\sqrt{(r_{i,j}-\overline{r_i})^2}+\sqrt{(w_{i,j}-\overline{w_i})^2}}{n} \tag{4.3}$$

其中,r_i 表示 i 类存储资源读的总次数;w_i 表示 i 类存储资源写的总次数;$\overline{E_{iR}}$表示 i 类存储资源一次读操作的平均能耗;$\overline{E_{iW}}$表示 i 类存储资源一次写操作的平均能耗,通常情况下,写操作能耗要大于读操作能耗,以处理器为中心,存储层次越高(即越靠近处理器),其访问消耗的能源将越小($\overline{E_{\mathrm{regR}}}<\overline{E_{\mathrm{cacheR}}}<\overline{E_{\mathrm{memR}}}<\overline{E_{\mathrm{regW}}}<\overline{E_{\mathrm{cacheW}}}<\overline{E_{\mathrm{memW}}}$);$r_{i,j}$表示第 i 类存储资源第 j 个单元的读操作总次数;$w_{i,j}$表示第 i 类存储资源第 j 个单元的写操作总次数;$\overline{r_i}$表示第 i 类资源每个单元读操作的平均次数;$\overline{w_i}$表示第 i 类资源每个单元写操作的平均次数。

因此,为在数据分配过程中提高系统的绿色指标,针对总线系统,我们需要尽可能减少总线翻转能耗,提高各总线使用均衡度。针对存储系统,由于存储系统不同层次的能耗同其性能成正相关,即存储层次越高的存储单元,其运行速度也越快,因此传统以性能优先的编译器在数据分配优化方案中也在很大程度上考虑了如何提升高存储层次存储单元的使用频度,我们将在传统编译数据分配优化的基础上,以提高各存储单元的均衡使用为主要目标,通过改进原优化手段进一步提升系统的整体绿色指标。绿色评估指标简化为

$$W=\alpha E_{\mathrm{Bus}}+\beta(S_M+S_{\mathrm{Bus}}) \tag{4.4}$$

4.2　绿色评估模型指导的多目标数据分配优化方法

4.2.1　多目标数据分配总体优化框架

为满足总线及存储系统的绿色需求，我们分三个层次对编译器后端的数据分配进行迭代式优化。首先，对每条指令的操作数进行重新排列。我们将目标机器指令集分为可交换指令类和不可交换指令类。可交换指令类是指这样一类多操作数指令，当交换其操作的某两个或两个以上的操作数时，指令执行的结果仍然保持不变。例如，大多数目标指令集中的加法指令、乘法指令、逻辑运算指令等均属于这类指令。不可交换指令类则是不在可交换指令类中的所有其他指令的集合，如减法指令、移位指令等。在获得待优化数据后，我们先对可交换类指令的操作数进行重排，使其指令切换代价尽可能小。如图 1.2 所示，我们将图 1.2(c)中 OR 指令的后两个操作数进行交换，将原来的 6 次翻转减少到 4 次翻转，如图 1.2(d)所示。接着，在考虑寄存器访问模式(寄存器本身访问频度及其临近寄存器访问频度)的情况下，对重排过可交换类指令集的程序进行数据重分配，在保证溢出数据不大量增加的前提下使每个寄存器访问尽可能均衡，指令与指令间转换时由于寄存器导致的翻转尽可能少而均衡。最后，我们对由于寄存器数目限制而无法存放在寄存器中的局部数据(即分配在栈上的数据)进行分析，使其在保证缓存命中率基本不变的情况下尽可能均衡各缓存块的访问频度。

此外，随着寄存器数据分配方案的不同，可交换指令类操作数的其他重排方式可能优于现有的重排方式。如图 4.1 所示，当由于程序其他部分的影响，将“R5”寄存器与“R3”寄存器互换后，图 1.2(d)中“I2”指令处虚框内的翻转次数将增加为 8 次(如图 4.1(a)所示)，此时若将“R0”与“R3”再次交换，则可将其翻转次数降低为 6 次(如图 4.1(b)所示)。因此，为进一步加强优化效果，我们采用迭代编译优化的方法，多次优化该过程，直到满足连续 n 次迭代(n 根据具体的应用需求而定)无任何改进效果时结束优化，转入其他优化或生成相应优化后代码。数据分配过程总体优化框架如图 4.2 所示。

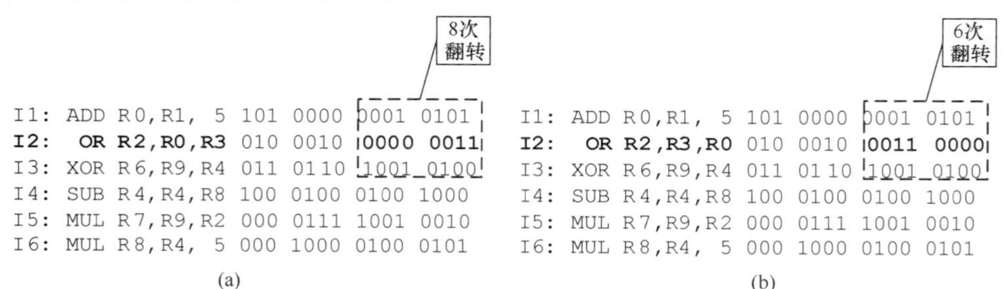
8次
翻转
I1: ADD R0,R1, 5 101 0000 0001 0101
I2: OR R2,R0,R3 010 0010 0000 0011
I3: XOR R6,R9,R4 011 0110 1001 0100
I4: SUB R4,R4,R8 100 0100 0100 1000
I5: MUL R7,R9,R2 000 0111 1001 0010
I6: MUL R8,R4, 5 000 1000 0100 0101
(a)
6次
翻转
I1: ADD R0,R1, 5 101 0000 0001 0101
I2: OR R2,R3,R0 010 0010 0011 0000
I3: XOR R6,R9,R4 011 0110 1001 0100
I4: SUB R4,R4,R8 100 0100 0100 1000
I5: MUL R7,R9,R2 000 0111 1001 0010
I6: MUL R8,R4, 5 000 1000 0100 0101
(b)

图 4.1　迭代优化有效性示例

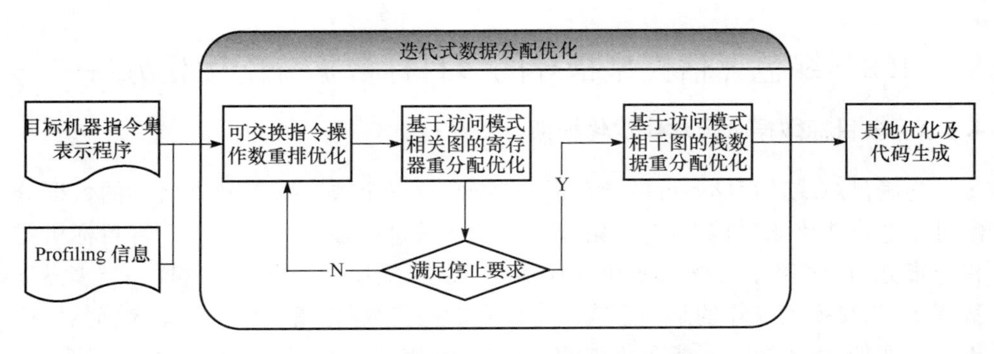

图 4.2 迭代式数据分配优化框架

4.2.2 可交换类指令操作数重排优化

在对交换类指令操作数进行重排的过程中，由于只是调整单条指令操作数的分布，不能变换使用的寄存器，因此该过程主要是对指令数据总线的绿色指标产生影响。本节将使用总线绿色评估模型构建指令操作数重排的策略，计算方法为

$$\mathrm{CalculateInst}_{b_i}=\begin{cases}\sum\limits_{\mathrm{pB}\in \mathrm{pre}_b}[\mathrm{Eval}(b_i,\mathrm{pB}_{\mathrm{last}})]*f(\mathrm{pB},b)+\mathrm{Eval}(b_i,b_2), & i=1\\ \mathrm{Eval}(b_{i-1},b_i)+T_{b_{i+1}\neq b_{\mathrm{last}}}\{\mathrm{Eval}(b_i,b_{i+1})\}, & 其他\end{cases} \tag{4.5}$$

其中，b_i 表示基本块 b 中的第 i 条指令；pre_b 表示基本块 b 的前驱基本块的集合；$\mathrm{pB}_{\mathrm{last}}$ 表示基本块 pB 的最后一条指令；$f(\mathrm{pB},b)$ 表示从基本块 pB 流入基本块 b 的频度；$\mathrm{Eval}(i,j)$ 表示指令 i 与指令 j 相对于总线的绿色评估值，其计算方法如式(3.13)所示。

在构建了操作数重排策略后，采用如图 4.3 所示的操作数重排算法依次对每个基本块进行处理。该算法自上而下依次遍历基本块内的每条指令(行 1)。当遇到可交换指令(行 2)时，则遍历其每种操作数重排方案(行 4)，更具策略评估公式(4.5)，选择评估值最小的操作数重排方案(行 6～9)作为该指令最终的操作数重排方案(行 11)。在该算法中，SInst 表示可交换指令集，swaps_i 表示指令 i 操作数所有功能等价的排列方式组合，如对于加法指令 $i=$ add $r1,r2,r3$，$\mathrm{swaps}_i=$ {"add$r1,r2,r3$","add $r1,r3,r2$"}。

通过该指令操作数重排优化，我们可以获得在当前数据分配方案下绿色指标尽可能好的操作指令。

算法 4.1　指令操作数重排算法

输入：基本块 b，基本块间分支访问频度 $f:B\to B\to R$

输出：基本块 b 中指令操作数的排列方式

```
1.  for each i∈b do
2.    if i∈SInst then
3.      minWeight=∞
4.      for each k∈swaps_i do
5.        weight=CalculateInst_k
6.        if weight<minWeight do
7.          minWeight=weight
8.          iIns=k
9.        endif
10.       endfor
11.     更新 b 中指令 i 为 iIns
12.   endif
13. endfor
14. return b
```

图 4.3　指令操作数重排算法

对于图 4.4(a)所示的指令序列，假设所有指令均支持后两个操作数的交换，则采用该指令操作数重排算法的分析过程可表示为表 4.1。我们令式(3.13)中的参数 β=maxTValue−totalTValue/n，maxTValue 表示当前单根总线的最大翻转次数，totalTValue 表示当前总的翻转次数，n 为指令带宽 16，maxT 为当前翻转次数达到 maxTValu 的总线编号集合。对于第一条指令，由于暂时还未确定选择方案，maxT、maxTValue 和 totalTValue 等值均为最小初始值。

表 4.1　指令操作数重排分析实例

分析指令	操作数排列方案	机器码	评估值	maxT	totalT Value	maxT Value	是否采用
I1	ADD R0,R1, 5	0x5015	25	空	0	0	否
	ADD R0,5, R1	0x5051	19	空	0	0	是
I2	OR R2,R5,R0	0x2250	44	0,9,12,13,14	5	1	是
	OR R2,R0,R5	0x2205	48	2,4,6,9,12,13,14	7	1	否
I3	XOR R5,R9,R4	0x3594	60.44	9,12	12	2	否
	XOR R5,R4 R9,	0x3549	45.81	0,9,12	12	2	是

续表

分析指令	操作数排列方案	机器码	评估值	maxT	totalT Value	maxT Value	是否采用
I4	SUB R4,R4,R8	0x4448	44.75	0,12	17	3	是
	SUB R4,R8,R4	0x4484	56.75	0,12	21	3	否
I5	MUL R7,R9,R2	0x0792	56.94	0,8,9,12,14	25	3	否
	MUL R7,R2,R9	0x0729	45.94	0	23	4	是
I6	MUL R8,R4, 5	0x0845	26	0,8,9	31	4	是
	MUL R8,5 R4,	0x0854	37.56	0	33	5	否

最终获得的指令序列如图 4.4(b)所示，经过优化后的指令序列相对于原始指令序列图 4.4(a)，其总线翻转总次数由原来的 41 次减少为 31 次，单根总线最大翻转次数由原来的 5 次减少为 4 次，这有利于平衡各总线的使用，提高总线的有效使用时间。总线的串扰因子由原来的 99 减少为 73，根据总线有效电容同能耗的关系，将使总线能耗获得对应程度的降低。由此可见，通过对指令操作数的重排，能够有效地提高总线的绿色指标。

```
I1: ADD R0,R1, 5 101 0000 0001 0101
I2:  OR R2,R5,R0 010 0010 0101 0000
I3: XOR R5,R9,R4 011 0101 1001 0100
I4: SUB R4,R4,R8 100 0100 0100 1000
I5: MUL R7,R9,R2 000 0111 1001 0010
I6: MUL R8,R4, 5 000 1000 0100 0101
```

(a)

```
I1: ADD R0, 5,R1 101 0000 0101 0001
I2:  OR R2,R5,R0 010 0010 0101 0000
I3: XOR R5,R4,R9 011 0101 0100 1001
I4: SUB R4,R4,R8 100 0100 0100 1000
I5: MUL R7,R2,R9 000 0111 0010 1001
I6: MUL R8,R4, 5 000 1000 0100 0101
```

(b)

图 4.4　操作数重排后结果

4.2.3　面向绿色需求的寄存器重分配方法

为提高存储系统以及总线的绿色指标，我们结合数据访问模式信息，对编译器后端生成的目标机器指令进行寄存器重分配。其基本步骤如图 4.5 所示。

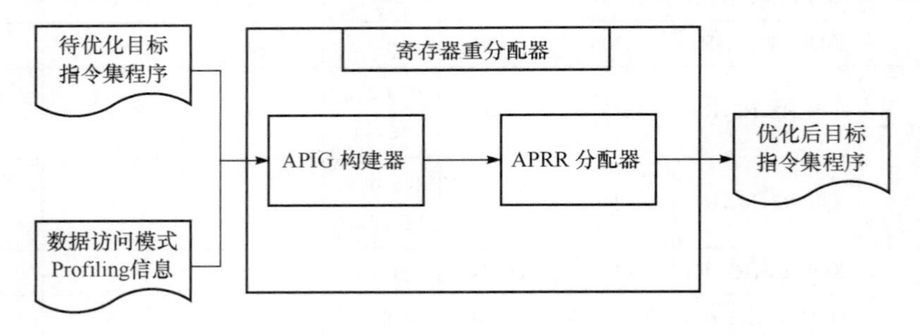

图 4.5　寄存器重分配过程

该步骤主要包括访问模式信息冲突图(access patten interference graph, APIG)的构建和基于访问模式信息冲突图的寄存器重分配方法(access pattern awared register reallocation,APRR)。为获得尽可能精确的数据访问模式信息,我们结合程序执行时的动态profiling信息对各数据访问次数、周期以及相邻访问频度进行统计,以便获得较好的寄存器重分配策略。在寄存器分配过程中,我们将根据访问模式信息冲突图中数据之间的关系以及绿色评估指标对寄存器进行重分配,使最终的程序运行过程中减少总线以及存储器的能耗,提高其有效使用时间,获得较大绿色指标的提升。下面详细介绍访问模式信息冲突图的构建方法以及基于访问模式信息冲突图的寄存器重分配方法。

1. 访问模式信息冲突图

根据总线和存储系统的绿色评估模型可知,为提高存储系统的绿色指标,我们需要将数据访问操作尽可能平均地分布在寄存器层次,使各寄存器的访问频度尽可能均衡。为了提高总线系统的绿色指标,我们需要考虑相邻指令间寄存器的使用情况,尽可能减少相邻寄存器访问时的总线翻转。此外,寄存器分配仍然需要满足数据流依赖关系,不能将生命期相交的变量存放在相同的寄存器中,以保证程序的正确性。因此,为了能够有效的显示以上三类信息,指导面向绿色需求的寄存器分配方案,我们对寄存器分配过程中使用较为广泛的冲突图进行了扩展,设计了一种带数据访问模式信息的扩展冲突图模型——访问模式信息冲突图。

访问模式信息冲突图是一个加权的无向图,可形式化的表示为一个四元组,即

$$\mathrm{APIG}=(V,E_I,E_N,W_E)$$

其中,节点集合V中的每个节点$v\in V$表示一个待分配数据;E_I表示所有相干边的集合,每条边$e(u,v)\in E_I$表示节点u和节点v不能分配给同一个寄存器;E_N表示所有相邻访问数据边的集合,每条边$e'(u',v')\in E_N$表示节点u'和节点v'有可能在相邻时钟周期内在指令数据总线的相邻位置进行访问;$w(e')\in W_E$表示这两个节点相邻访问的频度。

根据访问模式信息冲突图的定义,由于其源于数据依赖关系冲突图,因此能够很好地表达节点的数据依赖关系,从而保证数据分配的正确性。其次,由于E_N和W_E的引入,各变量之间的依次访问频度关系也能够得到有效的表达。对于每个节点v本身的访问频度,则可以利用其相邻边的访问频度。综合以上分析,该图能够较好地适应绿色需求的寄存器重分配方法的表达,即

$$f_v=\left\lceil\frac{1}{2}\sum_{e(v,u)\in E_N,u\in V}w(e)\right\rceil \tag{4.6}$$

在构建访问模式信息冲突图时,我们以目标指令集表示的汇编程序为分析对象,对每条指令进行分析,以静态单赋值(static single assignment,SSA)的形式,构

建基本块为单位的控制流图,确保每个数据在不考虑循环的情况下只被写入一次,并将该程序中使用的寄存器作为节点加入到访问模式信息冲突图的节点集中(行1～8)。接着,根据龙书[20]描述的数据流分析方法,对程序进行数据流分析,获得每个待重分配的寄存器的生命期(行9,10)。然后,以数据流分析获得的每个寄存器的生命期为依据,添加相干边(行11～15)。在构建完相干边后,我们依次遍历程序执行的动态 profiling 信息,添加邻近访问边 E_N 及其访问频度权值 W_E(行16～19)。最后,返回构建的访问模式信息冲突图供寄存器重分配使用(行20)。访问模式信息冲突图的详细构建方法如图4.6所示。

算法 4.2　APIG 构建算法

输入:目标机器指令集表示的汇编程序 S,数据访问模式信息 $P:V \rightarrow V \rightarrow W_E$

输出:APIG=(V, E_I, E_N, W_E)

1. 根据 S 构建程序的控制流图 CFG(V', E')
2. **for** each $v \in V'$ **do**
3. 　将 v 转成 SSA 形式
4. 　**for** each $i \in v_{\text{insts}}$ **do**
5. 　　获得 i 中使用的寄存器集合 Reg_i
6. 　　将 Reg_i 中寄存器加入到集合 V 中
7. 　**endfor**
8. **endfor**
9. 获得控制流图 CFG 的数据流分析结果 DS
10. 根据 DS 获得每个寄存器的生命期 Livereg
11. **for** each $i, j \in \text{Livereg}, i \neq j$ **do**
12. 　**if** $\text{Livereg}_i \cap \text{Livereg}_j \neq \varnothing$ **then**
13. 　　$E_I \leftarrow e(i,j)$
14. 　**endif**
15. **endfor**
16. **for** each $<i, j, w_{i,j}> \in P$ **do**
17. 　$E_N \leftarrow e'(i,j)$
18. 　$W_E \leftarrow w_{i,j}$
19. **endfor**
20. **return** APIG=(V, E_I, E_N, W_E)

图 4.6　APIG 构建算法

在该算法中,Livereg_i 表示寄存器 i 的生命期,输入的数据访问模式信息函数 $P(i, j, w_{i,j})$ 表示寄存器 i 与寄存器 j 在相邻一个时钟周期内访问的次数 $w_{i,j}$。

图4.7显示经过可交换指令操作数重排优化后的指令序列(图4.7(a))通过该算法构建的访问模式信息冲突图。其中,图4.7(b)为该指令序列转化为静态单赋值形式后的指令序列,图4.7(c)是其对应的访问模式信息冲突图表示,实线边

表示 E_I 集合，虚线边表示 E_N 集合，边上数字即为对应的相关访问频度。

```
I1: ADD R0, 5,R1 101 0000 0101 0001
I2:  OR R2,R5,R0 010 0010 0101 0000
I3: XOR R5,R4,R9 011 0101 0100 1001
I4: SUB R4,R4,R8 100 0100 0100 1000
I5: MUL R7,R2,R9 000 0111 0010 1001
I6: MUL R8,R4, 5 000 1000 0100 0101
```

(a)

```
I1: ADD R0, 5,R1 101 0000 0101 0001
I2:  OR R2,R5,R0 010 0010 0101 0000
I3: XOR R3,R4,R9 011 0101 0100 1001
I4: SUB R6,R4,R8 100 0100 0100 1000
I5: MUL R7,R2,R9 000 0111 0010 1001
I6: MUL R10,R6,5 000 1000 0100 0101
```

(b)

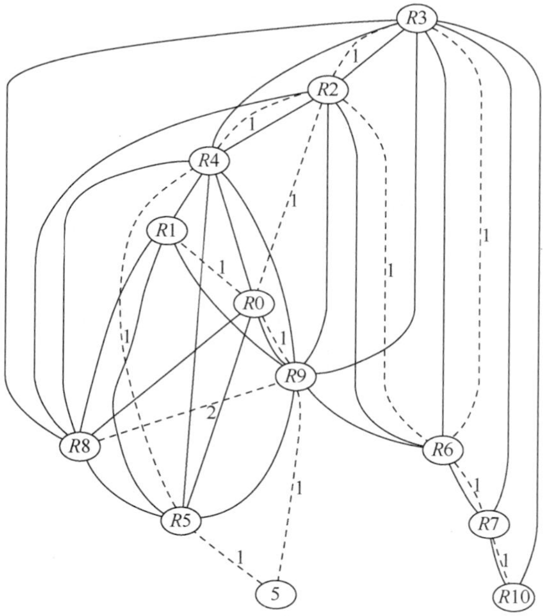

(c)

图 4.7　APIG 示例

2. 寄存器重分配算法

为使寄存器分配过程能够朝着提高总线和存储系统绿色需求的方向发展，我们需要设计一套合理的编译器可控的启发式分配策略指导寄存器分配。根据前面部分对数据分配过程中编译器可控因子的分析，对于当前需要分配的访问模式信息冲突图中的两个节点 i 和 j，我们设计了如式(4.7)所示的启发式策略，从当前可选寄存器集合 Regs 中选择两个寄存器 r_i 和 r_j 分别分配给这两个节点，使该启发式评估策略值 $H(i,j)$ 最小，即

$$H(r_i,r_j)=(\alpha\text{Ham}(r_i,r_j)+\beta\text{Crosstalk}(r_i,r_j))w(i,j)+\eta\text{Trans}_{vB}(r_i,r_j)w(i,j)+\gamma\sum_{r\in\{r_i,r_j\}}F_r\text{abs}(F_r)\quad(4.7)$$

① $\text{Ham}(r_i,r_j)$表示寄存器 r_i 和 r_j 编号的海明距离，如 Ham(R1,R2)=2。

② $\text{Crosstalk}(r_i, r_j)$表示寄存器 r_i 和 r_j 之间的总线串扰评估值，具体计算方法为

$$\text{Crosstalk}(r_i, r_j) = \sum_{k=1}^{m} \text{abs}(\delta_{i,j}^{k}(T_{k>1}\{\delta_{i,j}^{k} - \delta_{i,j}^{k-1}\} + T_{k<m}\{\delta_{i,j}^{k} - \delta_{i,j}^{k+1}\})) \tag{4.8}$$

$$\delta_{i,j}^{k} = r_i(k) - r_j(k) \tag{4.9}$$

其中，m 表示该指令集中表示寄存器使用的比特位数，如在 ARM 指令集中，由于其共有 $16(=2^4)$个通用寄存器可以被引用，因此在指令集中使用 4 个比特位表示每个寄存器引用，则 $m=4$；$r_i(k)$表示用二进制表示的寄存器 r_i 的编号第 k 个比特位的值(k 从 1 开始编号)，对于寄存器 $r_i=R1$，$r_i(1)=1$；$T_{\text{condition}}(\text{Exp})$表示只有在 condition 条件为真的情况下才执行 Exp 表达式，如对于 $T_{k>1}(\delta_{i,j}^{k}-\delta_{i,j}^{k-1})$表示只有当 $k>1$ 时才执行 $\delta_{i,j}^{k}-\delta_{i,j}^{k-1}$操作。

③ $w(i,j)\in W_E$ 为访问模式信息冲突图中邻近访问边 E_N 的访问频度，表示节点 i 和 j 邻近在相同总线位置顺次访问的总次数。

④ $\text{Trans}_{\text{vB}}(r_i, r_j)$表示 r_i 和 r_j 是否有可能引起当前翻转频度最大的总线 vB 发生翻转，该因子主要用于控制单根总线的访问频度，即

$$\text{Trans}_{\text{vB}}(r_i, r_j) = \begin{cases} 0, & \delta_{i,j}^{vB\%m} = 0 \\ 1, & \text{其他} \end{cases} \tag{4.10}$$

⑤ F_r 表示已分配给寄存器 r 的所有节点的访问频度之和与节点平均访问次数之间的差值，主要用于平衡各寄存器的访问频度。

⑥ α、β、η、γ 是对于因子的平衡参数，用于控制各成分的对总体绿色指标的影响程度。

在获得访问模式信息冲突图构建方法及启发式寄存器绿色分配策略后，我们设计了如图 4.8 所示的基于访问模式信息的寄存器重分配算法。由于邻近访问边的权值越大，表明该边的两个节点依次访问越频繁，因此为减少总线翻转次数，我们希望这样的两个节点尽可能放在相同的或翻转次数极少的寄存器对中。同时，由于溢出代码的引入不但会增加额外的存储层次访问开销，而且会改变顺次执行的指令序列，导致重构访问模式信息冲突图。为了尽可能提高寄存器层次的访问，减少低存储层次的高能耗的访问以及不必要的算法开销，我们希望不产生新的溢出代码。为此，我们在传统编译器已成功分配寄存器的基础上进行相关寄存器重分配，以避免新的溢出代码的产生。在获得按边权值从大到小排列的邻近访问边的集合后，我们先将每个节点的可选寄存器集合设定为该体系结构中所有可用寄存器的集合 Regs，然后依次遍历每条边，以节点对为单位依次分配每个节点。

算法 4.3　APRR 算法

输入：　每个函数的 APIG(V,E_I,E_N,W_E)，可用寄存器集合 Regs=$\{r_1,r_2,\cdots,r_n\}$

输出：　寄存器重分配策略 $M:V\rightarrow$Regs

1. listE=sortDec(E_N,W_E)
2. **for** each $v\in V$ **do**
3. 　Reg$_v$=Regs
4. **endfor**
5. **while** listE$\neq\varnothing$ **do**
6. 　$e(u,v)$=listE$_0$
7. 　**if** 有且仅有一个节点 u 赋值给寄存器 r_i **then**
8. 　　$H_{\min}=\infty$
9. 　　**for** each $r\in$ Reg$_v$ **do**
10. 　　　**if** $H_{\min}>$EvlO(r_i,r) **then**
11. 　　　　$r_j=r,H_{\min}$=EvlO(r_i,r)
12. 　　　**endif**
13. 　　**endfor**
14. 　$M\leftarrow(v,r_j)$
15. 　**for** each $e'(v,u')\in E_I$ **do**
16. 　　从 Reg$_{u'}$ 中删除 r_j
17. 　**endfor**
18. **else if** 两个节点均未被赋值 **then**
19. 　$H_{\min}=\infty$
20. 　**for** each $r_i\in$ Reg$_v$ **do**
21. 　　**for** each $r_j\in$ Reg$_u$ **do**
22. 　　　**if** $H_{\min}>$EvlT(r_i,r_j) **then**
23. 　　　　$r_m=r_i,r_n=r_j,H_{\min}$=EvlT(r_i,r_j)
24. 　　　**endif**
25. 　　　**endfor**
26. 　　**endfor**
27. 　　$M\leftarrow(u,r_m),M\leftarrow(u,r_n)$
28. 　　**for** each $e'(v,u')\in E_I,e''(u,v')\in E_I$ do
29. 　　　从 Reg$_{v'}$ 中删除 r_m，Reg$_{u'}$ 中删除 r_n
30. 　　**endfor**
31. 　**endif**
32. **endwhile**
33. **return** M

图 4.8　基于 APIG 的寄存器重分配算法

在图 4.8 所示的重分配算法中，首先对程序中的每个函数进行分析，构建对应的访问模式信息冲突图，并按照该图中邻近访问边 $e\in E_N$ 权值递减的顺序对各邻近访问边进行排序(行 1),如对图 4.7(c)所示的访问模式信息冲突图,其对应的边访问顺序如表 4.2 所示。该表格第 3 列和第 6 列列出了每次分析时需要处理的节点数及其节点。

表 4.2 分析边及节点次序示例

序号	$e \in E_N$	{节点}/节点数	序号	$e \in E_N$	{节点}/节点数
1	($R8$,$R9$)	{$R8$,$R9$}/2	8	($R3$,$R6$)	{$R6$}/1
2	($R0$,$R2$)	{$R0$,$R2$}/2	9	($R6$,$R7$)	{$R7$}/1
3	("5",$R5$)	{$R5$}/1	10	($R4$,$R2$)	{}/0
4	($R1$,$R0$)	{$R1$}/1	11	($R7$,$R10$)	{$R10$}/1
5	($R2$,$R3$)	{$R3$}/1	12	($R2$,$R6$)	{}/0
6	($R5$,$R4$)	{$R4$}/1	13	($R9$,"5")	{}/0
7	($R0$,$R9$)	{}/0			

初始化每个节点可分配寄存器为所有可用寄存器集合 Regs(行 2～4),对于图 4.7(c)所示的访问模式信息冲突图,Regs={$r0$,$r1$,$r2$,$r4$,$r5$,$r7$,$r8$,$r9$}(为区别原始节点,我们使用大写字母 R 开始的寄存器编号表示寄存器重分配前的方案,小写字母 r 开始的寄存器编号表示寄存器分配后的编号)。

在对邻近访问边进行处理时,首先判断其两个节点是否已经被分配给寄存器。如果这两个寄存器中有一个节点已经分配,则对该边的另一个节点进行搜索,查找在其中一个节点 u 已经分配给寄存器 r_i 的情况下,根据式(4.11)计算节点 v 可用的最优分配方案并保存(行 8～14)。其中,M_K 表示 M 这个寄存器分配策略映射表中所有已分配节点的集合,M'_u表示节点 u'分配的寄存器编号。在确定节点 v 的分配方案后,修改与该节点相关联的冲突边的其他节点的可选寄存器集合(行 15～17)。如果这两个节点 u 和 v 都未被分配,则依次搜索两个节点集中的可选寄存器 r_i 和 r_j,根据式(4.12)查找其中最优的分配方案保存(行 19～27),同样修改对应的冲突边上的其他节点的可选寄存器集合(行 28～30)。如果待分析的边的两个节点均已经分配了寄存器,则不处理,直接进入下一条边的分析。当所有邻近访问边分析完成后,则将保存的分配方案 M 返回(行 33)。

$$\mathrm{EvlO}(r_i,r) = H(r_i,r) + \sum_{u' \in M_K \&\& e(u',v) \in E_N} \left[H(r,M_{u'}) - \gamma \sum_{x \in \{r,M_{u'}\}} F_x \mathrm{abs}(F_r) \right] \tag{4.11}$$

$$\mathrm{EvlT}(r_i,r_j) = H(r_i,r_j) + \sum_{v' \in M_K \&\& e(u,v') \in E_N} \left[H(r_i,M_{v'}) - \gamma \sum_{x \in \{r_i,M_{v'}\}} F_x \mathrm{abs}(F_r) \right] + \sum_{u' \in M_K \&\& e(u',v) \in E_N} \left[H(r_j,M_{u'}) - \gamma \sum_{x \in \{r_j,M_{u'}\}} F_x \mathrm{abs}(F_r) \right] \tag{4.12}$$

对表 4.2 邻近访问边的分析顺序依次对各节点进行寄存器重分配时，我们首先分析节点 $R8$ 和 $R9$，由于这两个节点均未被分配，因此根据式(4.12)，对每个节点可选寄存器集合 $\text{Reg}_{R8}=\text{Reg}_{R9}=\{r0,r1,r2,r4,r5,r7,r8,r9\}$ 中的每种可能分配方案分别计算，获得其对应的评估值，如表 4.3 所示。其中，平衡参数 α 和 β 的取值设为 0.5，η 取值设定为 0.25，γ 值设为 1。可以看出，评估值最小即绿色指标最好的分配方案其值为 1，可选的方案有 $\{R8\rightarrow r1,R9\rightarrow r5\}$、$\{R8\rightarrow r5,R9\rightarrow r5\}$ 和 $\{R8\rightarrow r7,R9\rightarrow r5\}$，我们选择第一次获得的方案，即 $\{R8\rightarrow r1,R9\rightarrow r5\}$ 作为最终的选择方案。接着修改与其相邻的冲突边上其他节点的可选寄存器，获得如表 4.4 所示剩余节点可选寄存器。由于此时仅分配了 $r1$ 和 $r5$ 寄存器给邻近访问边 $e(R8,R9)$，其造成的翻转仅为"0001"到"0101"，权值为 2，因此设定当前翻转次数最多的总线编号为 2，翻转的最大次数也为 2。

表 4.3　R8 和 R9 节点各分配方案评估值

R9 \ R8	r0	r1	r2	r4	r5	r7	r8	r9
r0	5.5	6	5.5	5.5	8	8	6	8.5
r1	3.5	3	6.5	5.5	3	4	6	3.5
r2	9.5	13	9.5	12.5	16	12	12	15.5
r4	3.5	6	6.5	3.5	4	5	7	9.5
r5	3.5	1	7.5	1.5	1	1	7	4.5
r7	5.5	4	5.5	4.5	3	3	9	7.5
r8	9.5	12	11.5	12.5	15	15	9	9.5
r9	9.5	7	12.5	12.5	10	11	7	6.5

表 4.4　R8 和 R9 节点分配后其余节点可选寄存器

待分配节点	可选寄存器	待分配节点	可选寄存器
R0	r0,r2,r4,r7,r8,r9	R5	r0,r2,r4,r7,r8,r9
R1	r0,r2,r4,r7,r8,r9	R6	r0,r1,r2,r4,r7,r8,r9
R2	r0,r2,r4,r7,r8,r9	R7	r0,r1,r2,r4,r5,r7,r8,r9
R3	r0,r2,r4,r7,r8,r9	R10	r0,r1,r2,r4,r5,r7,r8,r9
R4	r0,r2,r4,r7,r8,r9		

同理，可以构造 $R0$ 和 $R2$ 节点的评估值表(表 4.5)，获得其寄存器分配方案为 $\{R0\rightarrow r4,R2\rightarrow r0\}$，并更新剩余节点可选寄存器集合(表 4.6)，当前翻转次数最大的总线仍然是第 2 根总线。

表 4.5 R0 和 R2 节点各分配方案评估值

R0 \ R2	r0	r1	r4	r7	r8	r9
r0	8.75	6.75	7	9.5	7.25	9.75
r1	10.75	12.75	14	13.5	13.25	16.75
r4	4.75	7.75	6.5	6	8.25	10.75
r7	6.75	6.75	5.5	6	10.25	8.75
r8	10.75	12.75	14	16.5	12.25	10.75
r9	10.75	13.75	14	12.5	8.25	9.75

表 4.6 R0 和 R2 节点分配后其余节点可选寄存器

待分配节点	可选寄存器	待分配节点	可选寄存器
R1	r0,r2,r4,r7,r8,r9	R6	r1,r2,r4,r7,r8,r9
R3	r2,r4,r7,r8,r9	R7	r0,r1,r2,r4,r5,r7,r8,r9
R4	r2,r7,r8,r9	R10	r0,r1,r2,r4,r5,r7,r8,r9
R5	r0,r2,r7,r8,r9		

当分析第三条邻近访问边时，由于节点 5 不需分配，只需为 R5 节点分配寄存器。因此，我们根据式(4.11)计算其不同寄存器分配方案时对应的评估值，如表 4.7 所示，选择评估值最小的分配方案{R5→r7}，更新剩余节点可选寄存器集合，如表 4.8 所示。

表 4.7 R5 节点各分配方案评估值

R5	r0	r2	r7	r8	r9
评估值	5.75	7.75	1	7.25	4.75

表 4.8 R5 节点分配后其余节点可选寄存器

待分配节点	可选寄存器	待分配节点	可选寄存器
R1	r0,r2,r4,r8,r9	R6	r1,r2,r4,r7,r8,r9
R3	r2,r4,r7,r8,r9	R7	r0,r1,r2,r4,r5,r7,r8,r9
R4	r2,r8,r9	R10	r0,r1,r2,r4,r5,r7,r8,r9

依此类推，最终各节点寄存器分配方案如表 4.9 所示。

表 4.9　示例程序寄存器重分配方案

节点名	寄存器名	节点名	寄存器名	节点名	寄存器名
$R0$	$r4$	$R4$	$r8$	$R8$	$r1$
$R1$	$r4$	$R5$	$r7$	$R9$	$r5$
$R2$	$r0$	$R6$	$r1$	$R10$	$r8$
$R3$	$r2$	$R7$	$r9$		

根据该寄存器重分配方案，图 4.7(b)所示指令将转为图 4.9。由该分配方案可以计算出，相对于图 4.7(b)，总线总翻转次数由原始的 31 次减少为 24 次，总线之间的串扰值由原来的 73 减少为 54，其减少率分别为 22.6%和 26.0%。针对操作数部分，单根总线翻转最大次数由原始的 4 次进一步减少为 2 次，单根总线翻转的方差由初始的 2.08 减少为 0.606。单个寄存器最大访问次数由原来的 4 次(图 4.7 中的 $R4$ 寄存器)减少为 3 次(图 4.9 中的 $R1$、$R4$ 和 $R8$ 寄存器)。由此可见，通过寄存器重分配方案，能够有效地减少程序在运行过程中的能耗以及部件损耗等绿色相关指标。

```
I1: ADD R4,  5, R4    101010001010100
I2:  OR R0, R7, R4    010000001110100
I3: XOR R2, R8, R5    011001010000101
I4: SUB R1, R8, R1    100000110000001
I5: MUL R9, R0, R5    000100100000101
I6: MUL R8, R1,  5    000100000010101
```

图 4.9　寄存器重分配后指令序列

4.2.4　面向存储系统绿色指标的栈数据分配方法

由于寄存器数量的限制，程序中不可避免的需要将某些变量和计算结果溢出到缓存或者内存等存储单元的栈数据空间。因此，如何合理地分配这些数据，使程序对缓存、内存等存储单元的访问保持较高的绿色评估值，是提高系统总体绿色指标不容忽视的一个重要方面。

根据对存储系统绿色指标的分析，为提高缓存等较低层次存储系统的绿色指标，我们需要考虑两个方面的因素：一方面是该存储单元本身访问的频度、总次数及类型；另一方面是临近存储单元访问的频度、总次数及类型。显然，存储单元读写操作访问次数越多，访问之间的平均时间间隔越短(访问频度越高)，临近存储单元读写操作访问次数越多越频繁，其消耗的能源以及造成的局部存储单元的损耗将越大，因此为提高缓存等较低层次存储单元的绿色指标，我们需要尽可能减少其存储单元的访问次数和降低局部存储单元访问密度。缓存或是无缓存体系结构中的内存是编译器可控的栈数据分配的主要低层存储部件。由于缓存总的访问次数很大程度是由具体的寄存器分配算法决定的，且现有的寄存器分配算法均是以最大程度减少溢出代码，即缓存等较低层次存储单元的访问为主要目标的，对缓存单元总的访问次数已经有较好的优化，因此我们主要从如何均衡各存储单元的访问为出发点，对缓存等较低存储层次的绿色指标进行进一步提升。由于传统数据分配算法以最大程度节约存储空间为主要目标，因而在存储单元的均衡访问度上存在一定的缺陷。例如，假设某个缓存行的大小为 64B，每个存数据操作（用“s”表示）和取数据操作（用“l”表示）操作为 4B 的数据（其单元结构如图 4.10(a)所示），对于如下的 32 个存取数据操作序列，即 $l(v_1)s(v_1)l(v_2)s(v_2)\cdots l(v_{16})s(v_{16})$。由于各变量间的生命期不相交，因此为节约存储空间，编译器通常会将这些变量存放在相同的存储单元，如图 4.10(b)所示。但这也导致该缓存行第一个存储单元将频繁使用 32 次，而其余存储单元未进行任何操作。如果有足够的存储空间，我们可以将这 32 次操作均匀地分布在该缓存行的 64B 空间中，如图 4.10(c)所示。每个存储单元只进行两次存取数据操作。虽然平衡分配数据到缓存行中对总的读写次数没有影响，但能使缓存行的各个存储单元获得较为均衡的使用，这对于控制缓存的峰值温度，提高缓存的寿命，特别是由读写次数有限的非易失性存储材料构成的缓存将是十分重要的。

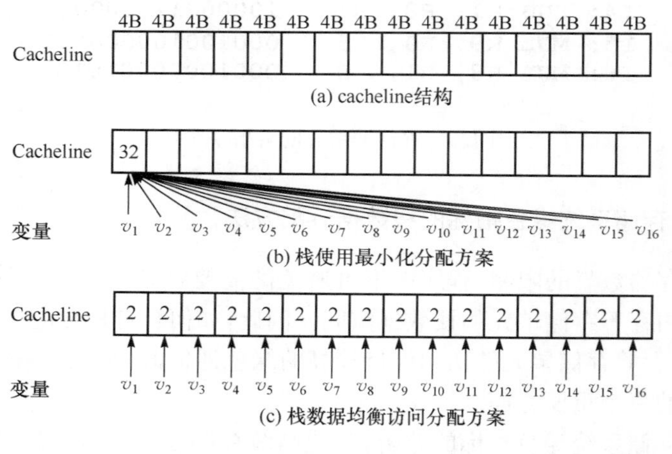

图 4.10 栈数据分配示例

为解决缓存单元均衡访问问题，我们首先以缓存的基本访问单元缓存行为主体，构建如下均衡访问模型：相距为 d 的两个存储单元 l_i 和存储单元 l_j，l_i 访问后经过时间间隔 t，以概率 p 访问 l_j，则两存储单元 l_i 和 l_j 之间的该次访问对两个存储单元的影响可表示为

$$\mathrm{Acc}_{l_i,l_j}(t)=p/\mathrm{d}t \tag{4.13}$$

n 次访问的平均影响值可表示为

$$\overline{\mathrm{Acc}_{l_i,l_j}(t)} = \left(\sum_{k=1}^{n} p_k/\mathrm{dt}_k\right)/n \tag{4.14}$$

根据以上两个公式,可以获得两个存储单元 l_i 和 l_j 访问相互影响的方差,即

$$E_{l_i,l_j} = \sum_{k=1}^{n} \left(\mathrm{Acc}_{l_i,l_j}(t_k) - \overline{\mathrm{Acc}_{l_i,l_j}(t)}\right)^2 \tag{4.15}$$

存储单元 l 的均衡度可表示为与其访问相关的每次邻近访问均衡度的均衡值,即

$$E_l = \sum_{k=1}^{m} (E_{l_k,l} - E_{\bar{l},l})^2 \tag{4.16}$$

其中,l_k 是所有与存储单元 l 在时间间隔 τ 内被访问的其他存储单元的集合;$E_{\bar{l},l}$ 表示存储单元 l 的平均访问次数。

根据单个存储单元的访问频度,可以获得缓存单元访问均衡度评估值,即

$$E = \sum_{i=1}^{k} (E_{l_i} - E_{\bar{l}}) \tag{4.17}$$

其中,$E_{\bar{l}} = \left(\sum_{i=1}^{k} E_{l_i}\right)/k$。

根据以上均衡度评估模型,为进一步提高存储系统的绿色指标,需要在缓存总访问次数一定及缓存命中率不大幅度下降的情况下,充分利用各个可用的存储单元,使这些访问能够分布在尽可能多且相距尽可能远的存储位置。为此,针对缓存行大小为 s 字节,使用 m_i 字节栈数据的函数 f_i,我们设计了如图 4.11 所示的栈数据均衡访问的分配方法,通过提高栈数据的可用空间提高栈数据的均衡访问的程度。在该算法中,$\min_x f(x)$表示使 $f(x)$值最小的所有 x 取值的集合。由于缓存每次从内存加载一个缓存行大小的数据到缓存中,我们可以将当前的栈数据大小设定为 $m_i' = \lfloor (m_i+s)/s \rfloor \cdot s$ 字节(行 1)。接着,以程序的控制流图为基础,根据上节寄存器重分配过程中使用的访问模式信息冲突图的思想,结合动态 profiling 信息,可以构建对应的存储数据访问冲突图(store load interference graph,SLIG),记为 SLIG(V, E_N, E_I, W_E, W_V)。与访问模式信息冲突图类似,该图中的每个节点 $v \in V$ 对应一个栈数据访问单元,节点 v 的权值$(s_v, f_v) \in W_V$ 分别表示该数据占用的字节数 s_v 以及访问的次数 f_v。如果存在边 $e(u,v) \in E_I$,则表示节点 v 和节点 u 生命期相交,即不能存放在同一个内存位置。边 $e'(u',v') \in E_I$ 表示节点 u' 和 v' 表示的存储位置存在顺次访问关系,边的权值 $w_{u,v} \in W_E$ 表示节点 u 和 v 时间依赖的顺次访问频度,即

$$w_{u,v} = \sum_{t_i < \tau} (n_i p_i / t_i) \tag{4.18}$$

其中,t_i 表示节点 u 和 v 顺次访问的时间间隔;n_i 和 p_i 分别表示其以时间间隔 t_i 顺次访问的次数以及概率;τ 表示评估有效时间间隔。

算法 4.4 栈数据均衡访问分配算法

输入:以控制流图表示的函数 CFG,动态 profiling 信息,该函数使用栈 m_i 字节,缓存行大小 s 字节

输出:栈数据分配策略 M

```
1. m'_i = ⌊(m_i + s)/s⌋ · s // 表示所有可用缓存单元空间
2. 根据 CFG 和 profiling 构建 SLIG(V, E_N, E_I, W_E, W_V)
3. firstV ← min_{v∈V} |E_I^v|,其中 |E_I^v| 表示与节点 v 相连的干扰边的数目
4. listV ← firstV
5. while listV ≠ ∅ do
6.    弹出 listV 中的第一个元素给 v
7.    if colorSize < m'_i - s_v then
8.       获得一个新的颜色编号 c
9.       M_v = c, colorSize = colorSize + s_v, colors ← c
10.      sz_c = s_v, fq_c = f_v
11. else
12.      mcs ← min_{c∈{colors - fbcolors(v)}} fq_c, c = mcs_0
13.      if mcs 有多个颜色 then
14.         c = min_{cl∈mcs} Σ_{M_u=cl} w_{v,u}
15.      endif
16.      sz_c = sz_c + s_v, fq_c = fq_c + f_v
17. endif
18. for each e(u,v) ∈ E_I do
19.      if M_u = ∅ then
20.         fbcolors(u) ← c
21.         if u ∉ listV then
22.            listV ← u
23.         endif
24.      endif
25.   endfor
26. endwhile
27. 合并颜色相同节点构建 SLMG 图,使用 metis 工具将其划分为 m'_i/s 个节点集 NS
28. currentAddr = 该函数栈底;
29. for each 0 ≤ k ≤ m'_i/s do
30.   for each cl ∈ NS_k do
31.      cl = currentAddr, currentAddr = currentAddr + sz_cl
32.   endfor
33. endfor
34. return M
```

图 4.11 栈数据均衡访问分配算法

在获得存储数据访问冲突图后,从该图中干扰边度数最高的节点开始,按广度优先的顺序依次给各节点着色(行 3~26)。每种颜色表示为(c,sz_c,fq_c),其中 c 为

一个存储位置编号，sz_c 为该颜色大小，表示该存储位置的大小，fq_c 表示该颜色被访问的总次数。为在保证有效分配的情况下使节点分布尽可能均衡，着色时遵守以下原则。

① 如果节点 v 和节点 u 存在一条边，则它们必须着不同颜色 $c_v \neq c_u$（行 20）。

② 对于节点 v，当已分配颜色大小之和小于或者等于 $m_i' - s_v$，即存在空闲存储位置时，选择新的颜色分配给该节点，并设置颜色大小为 s_v，以充分利用各个可用的存储单元（行 7～10）。

③ 对于节点 v，当已分配节点之和大于 $m_i' - s_v$，则在该节点可选颜色集合中选择其所访问的总次数 fq_c 最小的颜色 c 分配给节点 v，以减少单个存储单元的过度访问。对于访问次数相同的颜色分配方案，计算其临近访问边 $e'(v,u) \in E_N$ 中的相同颜色访问次数之和，选择其值最小的颜色作为最终分配的颜色，以减少单个存储单元连续访问次数（行 12～17）。

在分配完节点的颜色后，我们合并颜色相同的节点为同一个节点，构建内存访问顺序图（store load of memory access graph，SLMG），表示为 SLMG(V, E_N, W_E, W_V)。内存访问顺序图是存储数据访问冲突图的子图，它除去了存储数据访问冲突图中干扰边 E_I，并且其节点权值仅由节点访问次数构成。接着，我们利用 metis[21] 图分割工具，将该图分割为 m_i'/s 个容量不超过 s，割边尽可能少的子图。从该函数的初始栈地址开始，依次分配每个子图的颜色集，使每个节点集中的颜色映射为同一个缓存行（行 28～33）。各集合的割边尽可能少，因此其缓存行的切换数也尽可能少，从而能较好地保持较高的缓存命中率（图 4.11）。

4.2.5 实验结果与分析

1. 实验构建

我们以 5 级流水线顺序执行的 StrongARM 为目标芯片，利用交叉编译器 arm-linux-gcc-3.3.2 以及修改后的模拟器 simplescalar-arm-0.2 构建实验环境，然后通过对比原始编译器优化结果以及采用我们的算法优化后的结果，评估其系统绿色指标的提升能力。其中选取的测试用例源于广泛使用的嵌入式基准测试用例集 Mibench[22] 和 Mediabench[23]。具体实验环境配置如表 4.10 所示。

表 4.10 实验环境配置

实验环境	配置信息
交叉编译器	arm-linux-gcc 3.3.2
编译优化选项	O3
目标平台	StrongARM

续表

实验环境	配置信息
模拟器	simplescalar-arm-0.2
测试用例集	Mibench、Mediabench
通用寄存器数目	16个
缓存行大小	32字节

在实验过程中，我们首先使用交叉编译器 arm-linux-gcc 对源程序进行编译，生成目标平台的汇编代码和二进制代码。然后，对 StrongARM 平台模拟器 simplescalar-arm 进行修改，获得该程序缓存单元访问轨迹以及对应的 profiling 信息。接着，利用这些 profiling 信息，根据我们提出的数据重分配算法对汇编代码进行处理，生成新的优化后的汇编代码。由于该实验评估的绿色指标主要集中于总线翻转、寄存器访问次数、缓存单元访问次数等信息，因此可以根据原始执行的轨迹以及 profiling 信息中每条指令的执行次数信息统计出对应的绿色指标评估值。其具体实验方案如图 4.12 所示。

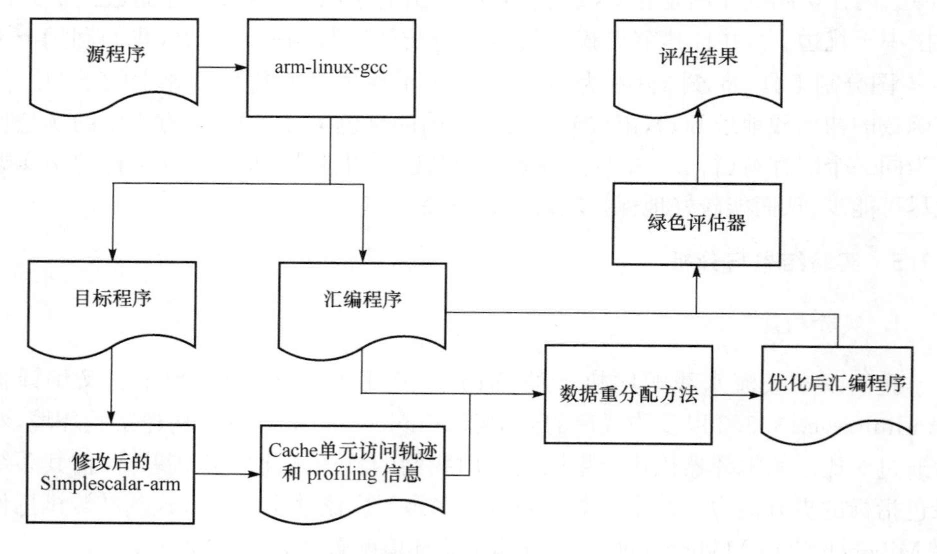

图 4.12　数据重分配实验方案

2. 结果分析

根据绿色评估模型为指导的数据重分配方法，我们对 Mibench 中的 10 个用例以及 Mediabench 中的 5 个用例进行了实验。图 4.13 显示了我们算法在无迭代情况、迭代 10 次情况以及迭代 20 次情况下对系统绿色指标提升值的统计结果。

其中，我们令式(4.4)中的 $\alpha=\beta=0.5$，式(4.13)中的 $\lambda=4$。由该图可以看出，算法能够较大幅度提升系统的绿色指标，无迭代情况下最高提升幅度约为 32%，如 adpcm，平均提升幅度约为 18%；在迭代情况下，其优化效果无迭代优化基础上获得进一步提升，其平均增幅约为 5%，绿色指标最高提升幅度可达 37%左右，如 susan。由该图还可以看出，迭代 10 次与迭代 20 次时其优化效果几乎相同，因而其收敛速度较快，在 10 次时基本可达到温度值。此外，为进一步检测对各个绿色指标的影响，我们分别对其进行了统计分析，结果如表 4.11 和图 4.13 所示。

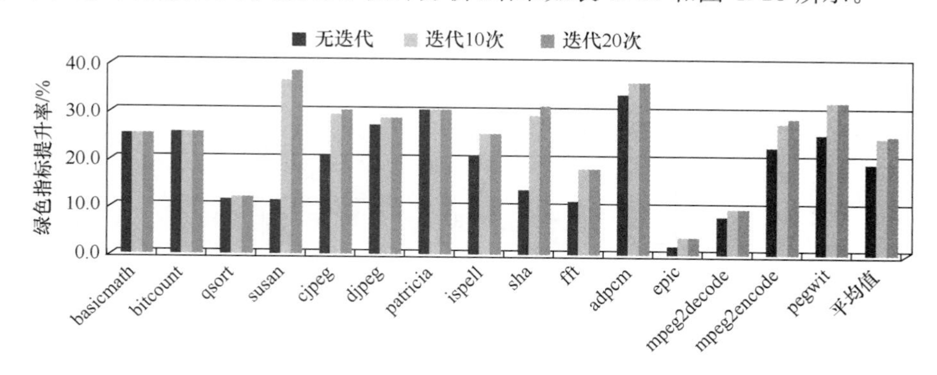

图 4.13　绿色指标提升值

表 4.11 显示了采用迭代方法和不采用迭代方法时，可交换类指令重排优化和寄存器重分配优化对总线能耗，总线访问均衡度以及寄存器访问均衡度三个指标的统计结果。其中第一列表示测试用例名，第二列～第四列为无迭代情况下，我们的优化方法相对于 arm-linux-gcc 最高优化选项的优化方法下获得的总线动态能耗、总线访问均衡度以及寄存器访问均衡度的归一化值。第五列～第七列表示迭代 10 次情况下，我们的优化方法相对于 arm-linux-gcc 最高优化选项的优化方法下获得的总线动态能耗、总线访问均衡度以及寄存器访问均衡度的归一化值。由该表可以看出，迭代优化能够在一定程度提升优化效果。相对于无迭代情况下，迭代优化下总线的动态能耗平均提升率达到了 68.31% $\left(=\dfrac{(1-0.9591)}{(1-0.9757)}-1\right)$，总线访问均衡度平均提升率为 33.75%，寄存器访问均衡度平均提升率为 27.05%。其中，提升率＝迭代优化率/无迭代优化率－1。在总的情况下，由于传统编译器主要集中于如何减少需要的资源数目，较少考虑均衡度因素，因此算法在均衡度的提升幅度上比较大：对于单根总线访问的均衡度，平均提升幅度达到了 15.06%，最高可达 32.13%，如 mpeg2encode；对于寄存器访问的均衡度，平均提升幅度达到 55.94%，最高提升幅度更可达 88.68%，如 djpeg。在总线动态能耗上，在无迭代情况下平均减少率仅为 2.43%，在迭代优化时平均优化率也只有 4.09%。其主要原因有两个方面：一方面能耗问题受重视程度高，研究较多，现有编译器已经在一

定程度上对其进行了考虑；另一方面总线的动态能耗指标同均衡度指标并不总是相辅相成的，对于某些测试用例，如测试用例 djpeg、patricia、ispell 等，为获得较高的总线访问均衡度以及寄存器访问均衡度（大于 50%），需要牺牲较少的（少于 5%）能耗指标，以获得总体绿色指标的提升。

表 4.11　总线及寄存器绿色指标

测试用例	无迭代			迭代 10 次		
	总线动态能耗/%	总线访问均衡度/%	寄存器访问均衡度/%	总线动态能耗/%	总线访问均衡度/%	寄存器访问均衡度/%
basicmath	81.63	76.23	67.26	81.61	76.07	67.26
bitcount	85.10	82.61	56.73	85.05	82.25	56.73
qsort	97.02	97.64	71.80	98.38	94.71	71.80
susan	97.33	97.51	72.33	81.57	85.66	18.62
cjpeg	106.59	93.72	37.60	97.67	83.81	28.72
djpeg	104.57	93.60	11.32	102.17	91.48	11.32
patricia	102.15	81.26	26.38	102.15	81.26	26.38
ispell	107.33	105.40	25.55	104.17	98.82	21.62
sha	93.73	81.40	84.52	91.55	77.39	38.42
fft	98.92	92.17	75.75	98.82	92.11	55.54
adpcm	100.12	76.83	23.62	94.86	74.11	23.62
epic	99.31	95.26	99.16	98.26	91.82	96.08
mpeg2decode	99.76	92.80	84.30	103.38	93.05	75.70
mpeg2encode	92.24	73.84	67.07	102.15	67.87	44.89
pegwit	97.76	90.80	36.13	96.86	83.75	24.14
平均值	97.57	88.74	55.97	95.91	84.94	44.06

为了检测数据重分配算法对缓存单元栈数据均衡访问的影响，我们从每个缓存单元的平均访问次数以及访问均衡度两个方面对其进行了分析，其测试结果如图 4.14 所示。可以看出，相对于 arm-linux-gcc 的最高优化选项，虽然有些测试用例，如 bitcount、qsort 等由于栈数据较少或是其操作集中于某几条指令中，其优化效果几乎为 0，但由于增加了可用缓存单元数量，对于大部分测试用例，算法对缓存单元的平均访问次数减少了 22.14%，对每个缓存单元访问的均衡度平均提升了 19.10%，对于均衡缓存单元的操作，提高缓存单元的有效利用率具有一定的促进作用。

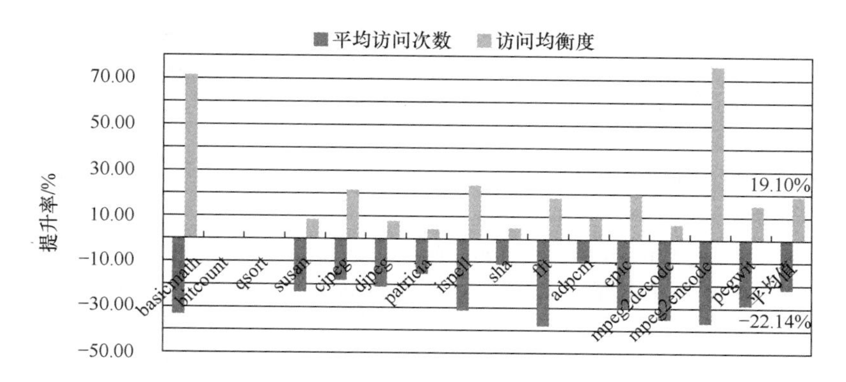

图 4.14　缓存单元均衡度提升值

4.3　本 章 小 结

数据分配包括寄存器分配、栈数据分配等，不但是编译器后端的主要任务之一，而且对程序运行时存储系统和总线系统的绿色指标有着重要影响。本章主要以数据分配为主要研究点，首先分析了该过程对系统绿色指标影响的相关因素，构建了绿色评估指标。接着，分别针对可交换类指令、寄存器分配以及栈数据分配这三个指标，设计了可交换类指令重排优化方法、基于扩展图着色的寄存器重分配优化方法和栈数据重分配方法，对编译器后端的寄存器以及栈数据进行重新调整，以获得较均衡的寄存器访问频度和栈存储单元访问频度，减少指令数据总线的动态翻转能耗。为进一步提升系统的绿色指标，在前两种优化的基础上增加了迭代式优化，通过迭代优化使寄存器使用更加均衡，相邻指令间的动态能耗更小。模拟实验结果表明，通过数据分配优化，系统的总体绿色指标获得 23％左右的平均提升。在今后的工作中，将进一步结合现有的体系结构，进行更细粒度的数据分配。

参 考 文 献

[1] Dhiman G，Ayoub R，Rosing T. PDRAM：a hybrid PRAM and DRAM main memory system// The 46th ACM/IEEE on Design Automation Conference，2009.

[2] Ferreira A P，Zhou M，Bock S，et al. Increasing pcm main memory lifetime// Design，Automation and Test in Europe Conference and Exhibition，Date，2010.

[3] Liu D，Wang T，Wang Y，et al. PCM-FTL：a write-activity-aware NAND flash memory management scheme for PCM-based embedded systems// IEEE 32nd Real-Time Systems Symposium，2011.

[4] Qureshi M K，Karidis J，Franceschini M，et al. Enhancing lifetime and security of pcm-based main memory with start-gap wear leveling// Proceedings of 42nd Annual IEEE/ACM International Symposium on Microarchitecture，2009.

[5] Qureshi M K, Srinivasan V, Rivers J A. Scalable high performance main memory system using phase-change memory technology// The 36th Annual International Symposium on Computer Architecture, 2009.

[6] Xu W, Liu J, Zhang T. Data manipulation techniques to reduce phase change memory write energy// Proceedings of the 14th ACM/IEEE International Symposium on Low Power Electronics and Design, 2009.

[7] Zhou P, Zhao B, Yang J, et al. A durable and energy efficient main memory using phase change memory technology. ACM SIGARCH Computer Architecture News, 2009, 37(3): 14.

[8] Zhou X, Yu C, Petrov P. Compiler-driven register re-assignment for register file power-density and temperature reduction// Proceedings of the 45th Annual Design Automation Conference, 2008.

[9] Yang C, Orailoglu A. Processor reliability enhancement through compiler-directed register file peak temperature reduction// IEEE/IFIP International Conference on Dependable Systems & Networks, 2009.

[10] Liu T, Orailoglu A, Xue C J, et al. Register allocation for simultaneous reduction of energy and peak temperature on registers// Design, Automation & Test in Europe Conference & Exhibition, 2011.

[11] Li H, Chen Y. An overview of non-volatile memory technology and the implication for tools and architectures// Design, Automation & Test in Europe Conference & Exhibition, 2009.

[12] Hu J, Xue C J, Tseng W C, et al. Minimizing write activities to non-volatile memory via scheduling and recomputation// 2010 IEEE 8th Symposium on Application Specific Processors, 2010.

[13] Hu J, Xue C J, Tseng W C, et al. Reducing write activities on non-volatile memories in embedded CMPs via data migration and recomputation// 2010 47th ACM/IEEE on Design Automation Conference, 2010.

[14] Huang Y, Liu T, Xue C J. Register allocation for write activity minimization on non-volatile main memory for embedded systems. Journal of Systems Architecture, 2011.

[15] Li Q, Li J, Shi L, et al. Compiler-Assisted Refresh Minimization for Volatile STT-RAM Cache. Japan: Yokohama, 2013.

[16] Li Q, Zhao M, Xue C J, et al. Compiler-assisted preferred caching for embedded systems with STT-RAM based hybrid cache// Proceedings of the 13th ACM SIGPLAN/SIGBED International Conference on Languages, Compilers, Tools and Theory for Embedded Systems, 2012.

[17] Li Q, Li J, Shi L, et al. Mac: migration-aware compilation for stt-ram based hybrid cache in embedded systems// Proceedings of the 2012 ACM/IEEE International Symposium on Low Power Electronics and Design, 2012.

[18] Chen Y T, Cong J, Huang H, et al. Static and dynamic co-optimizations for blocks mapping in hybrid caches// Proceedings of the 2012 ACM/IEEE International Symposium on Low Power Electronics and Design, 2012.

[19] Yang Y, Wang M, Yan H, et al. Dynamic scratch-pad memory management with data pipelining for embedded systems. Concurrency and Computation: Practice and Experience, 2010, 22(13): 1874-1892.

[20] Aho A V. Compilers: Principles, Techniques, & Tools. India: Pearson Education, 2007.

[21] Karypis G, Kumar V. Metis-unstructured graph partitioning and sparse matrix ordering system, version 2.0. Dept. of Computer Science, University of Minnesota, 1995.

[22] Bishop B, Kelliher T P, Irwin M J. A detailed analysis of MediaBench// IEEE Workshop on Signal Processing Systems, 1999.

[23] Guthaus M R, Ringenberg J S, Ernst D, et al. MiBench: a free, commercially representative embedded benchmark suite// IEEE International Workshop on Workload Characterization, 2001.

第 5 章　面向新型存储技术的绿色编译优化方法

随着现代存储技术的快速发展，为低能耗、高耐久性等绿色指标而设计的存储技术和存储材料不断涌现，如便签式存储技术、易失性 STT-RAM 技术、非易失性 STT-RAM 技术等。本章主要针对这些新型的存储技术，介绍几种相应的数据分配方案，以最大限度降低存储系统能耗，提升新型存储技术下嵌入式系统的绿色指标。

5.1　新型存储体系结构对绿色优化的影响

近几十年来，以集成电路技术为基础的信息技术一直保持迅猛的发展势头。现代集成电路技术的发展有几个明显的趋势。一是，集成度越来越高。集成度越高的设备，通常具有越多的功能。根据摩尔定律，集成电路上的晶体管的数目每两年增加一倍，如图 5.1 所示。二是，处理器运算速度越来越快。图 5.2 表明，高性能处理器的时钟频率的增长规律同样满足摩尔定律。三是，能耗问题越来越突出。图 5.3 表明，从 1996～2009 年的 14 年间，服务器本身的成本基本没有什么增加，但是能耗和冷却系统的成本却急剧增加，并且从 2007 年开始就已经超过了服务器本身的成本。事实上，能耗问题在移动应用和数据中心应用领域都已经是一个非常重要的问题。这些趋势刻画了现代集成电路技术发展的几个重要特征，即集成度、速度和能耗。

现代计算机系统广泛地采用 SRAM 技术、DRAM 技术和闪存(Flash)技术来设计片上存储和片外存储。这些技术，如 SRAM 和 DRAM，存储密度不够高，并且能耗比较大，而闪存单元的写入次数有限，并且写操作代价过于昂贵，因而难以满足半导体技术的快速发展和现代社会对绿色计算的需求。各种新型的存储技术包括 PCM 和 STT-RAM 逐步被提出。研究者希望通过对存储技术的改进，提高系统的效率，降低系统能耗，最终达到提高系统绿色指标的目的。

PCM 利用相变材料在结晶状态和非结晶状态的电阻差来表示 0/1 信号。这些相变材料在非结晶状态通常具有很高的电阻，在结晶状态具有较低的电阻。为了实现读操作，需要给该材料施加一个较低的电压，从而通过测量其电阻来识别状态。为了实现写操作，只需要给该材料加热，从而切换其状态。从结晶态到非结晶态的切换称为 RESET，需要较大的电流，使得 PCM 写操作的能耗。从非结晶态到结晶态的切换称为 SET，只需要较小的电流，但是需要较长的时间完成结晶过程，使得 PCM 写操作速度较慢。PCM 的读操作速度则比较快，所需电流也很小。PCM

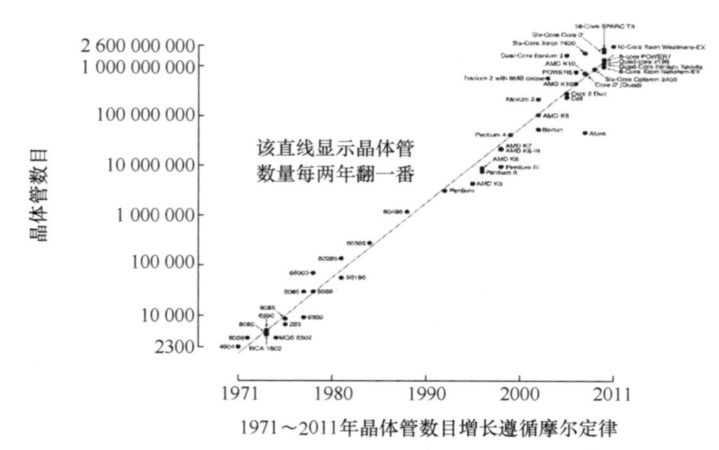

图 5.1　微处理器上晶体管数目的增长趋势①

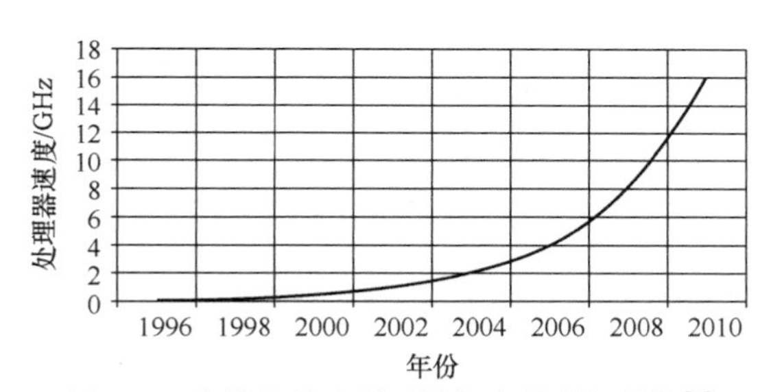

图 5.2　高性能处理器时钟频率的增长趋势[1]

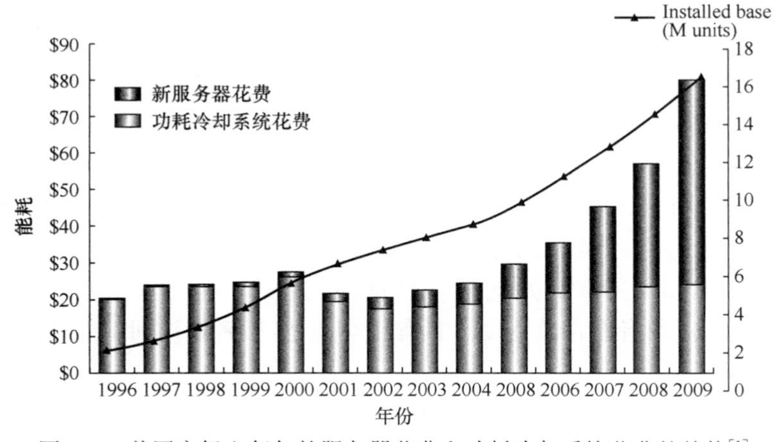

图 5.3　美国市场上每年的服务器花费和功耗冷却系统花费的趋势[1]

① http://en.wikipedia.org/wiki/File:Transistor_Count_and_Moore%27s_Law_－_2011.svg.

读写速度及功耗如图 5.4 所示。现阶段,部分研究显示 PCM 的 SET 操作可以在 10ns 以内完成,但大多数研究表明,PCM 的写操作需要约 50～100ns 才能完成。PCM 具有良好的缩放能力。在 20nm 工艺能够实现 $4F^2$ 的单元大小,从而具有很好的存储密度。在温度低于 120℃的条件下,PCM 材料的状态能够保持 10 年以上,从而具有非易失性。此外,PCM 需要电流进行结晶,其写入次数小于 10^{12} 个 SET-RESET 周期。目前工业界已经有了基于 PCM 技术的产品。

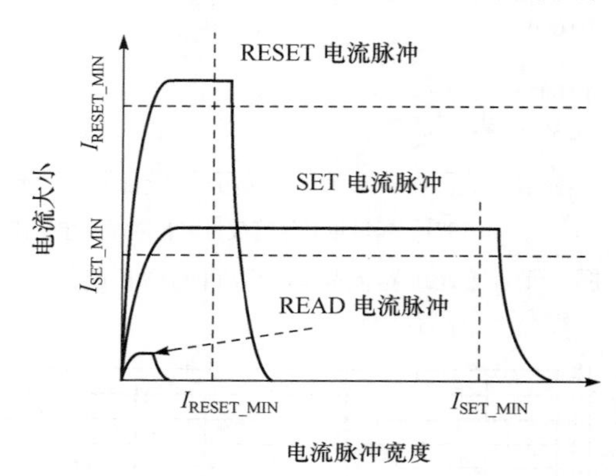

图 5.4 PCM 的读写时间及功耗[2]

STT-RAM 利用磁性隧道结(magnetic tunnel junction, MTJ)而不是电荷来存储信息。每个磁性隧道结包括两个铁磁层和位于中间的一个隧道栅栏层。其中,一个铁磁层的磁极方向是固定的,作为参考层;另一个铁磁层的磁极方向可以由外部的电磁场改变。如果两个铁磁层的磁极方向相同,则磁性隧道结的电阻比较小;否则,磁性隧道结的电阻会很大。STT-RAM 具有良好的缩放能力。在 45nm 工艺能够实现 $6F^2$ 的单元大小,从而具有很好的存储密度。此外,在目前工艺条件下,STT-RAM 的写入次数在真实操作条件下的测试结果为 10^{13} 个周期。

表 5.1 比较了这五种存储技术的几个主要指标。从该表格可以看出,相比 SRAM 和 DRAM 技术,PCM 和 STT-RAM 技术具有四个显著的优点,即更高的存储密度、更低的泄漏能耗、更好的缩放能力,以及非易失性。相比闪存技术,PCM 和 STT-RAM 具有更好的读写性能,以及更多的写入次数。就 PCM 和 STT-RAM 而言,前者在存储密度上具有相对优势,后者在访问性能和写入次数上具有相对优势。

表 5.1 各存储技术关键指标对比[3～5]

技术指标	SRAM	DRAM	NOR 闪存	NAND 闪存	PCM	STT-RAM
技术成熟度	产品	产品	产品	产品	准产品	产品
最小尺寸	$>120F^2$	$>6F^2$	$>10F^2$	$>4F^2$	$>4F^2$	$>6F^2$
可扩展前景	不好	好	好	好	好	好

续表

技术指标	SRAM	DRAM	NOR 闪存	NAND 闪存	PCM	STT-RAM
读速度	～1ns	～50ns	～50ns	～10us(按块读)	～50ns	～6ns
写速度	～1ns	～50ns	～10us	～100us(按块写)	～1us	～30ns
写入次数	～1018	～1016	～105	～105	～108	～10^{13}
非易失性	无	无	有	有	有	有
泄漏功耗	有	有	无	无	无	无

PCM 和 STT-RAM 在可扩展性、存储密度、泄漏能耗、读写性能和写入次数等方面的综合优点，很有潜力取代业已成熟但遇到瓶颈的 SRAM、DRAM 和闪存技术。目前，许多研究者提出用 STT-RAM 来实现高速缓存技术，取代 SRAM 和 DRAM 的应用；用 PCM 来实现便笺存储器和主存，取代 DRAM 和闪存的应用。

研究者认为 STT-RAM 和 PCM 等新型的存储技术能以其较高的绿色指标很快取代传统的 SRAM、DRAM 和闪存等存储技术，但是其在应用的过程中仍然面临很多挑战。研究者也针对相应的问题提出一些可行的解决方案。

5.1.1　PCM 面临的挑战及解决方案

利用 PCM 构造主存时，面临的挑战主要体现在写入次数有限、写速度慢和写能耗高三个方面。

如表 5.1 所示，PCM 的写入次数大约在 10^8 的量级。这个量级的写入次数无论对于片上存储技术还是片外存储技术明显都是不够的。一个仅仅使用 PCM 的系统，也许几天时间之内就会出现损坏的存储单元。为了迎接这个挑战，研究者提出了以下几类方法。其一，减少总的比特级写的次数。文献[6]，[7]提出差异化写的方法，即写操作之前比较存储的比特值，只写不同值的比特位。文献[8]提出 Flip-N-Write 方法，在新值以及新值的取反值之间选择与旧值的差异最小的那个值，进行差异化写操作。该方法需要额外使用一个标志位。其二，提出耗损均衡算法，即在不改变总的写操作的情况下，使得写操作在各 PCM 单元上均衡地分布，从而避免少数 PCM 单元过热导致过早地损坏。文献[7]提出通过在 PCM 的每一行内部进行周期性地移动，以及对过热的内存段和过冷的内存段周期性交换，使得写操作在各 PCM 单元上更均衡地分布。文献[6]提出一种称为 Start-Gap 的耗损均衡算法，通过简单地循环移动来实现耗损均衡。文献[9]提出一种能够抵抗恶意攻击的耗损均衡算法。其三，提出应对 PCM 部分单元损坏的补救办法。

如表 5.1 所示，PCM 是微秒级的写速度，比较慢。为了迎接这个挑战，文献[10]提出如果在写操作过程中发生读请求，就可以取消写操作或是使写操作在完成一次迭代编程后停顿，从而内存控制器能够优先响应读请求。该方法降低了慢速的写操作对快速的读操作的阻塞，从而提高了速度。考虑到多层 PCM(multi level cell，MLC)比单层 PCM(single level cell，SLC)的写性能更差但有较高的密度，文献[11]，[12]提出一种在多层 PCM 和单层 PCM 之间动态切换的方法来提高 PCM 访问速度。文献[13]考虑到写 0 操作需要较高能耗较短时间，写 1 操作需要较低能耗较长时间，提出将写操作划分为写 0 阶段和写 1 阶段，以及加速写 0 过程，提高写 1 操作的并行性的方法来提高写性能。文献[14]提出一种编码的方法，通过将写操作的目标比特位均匀地分布到 PCM 的编程单位里，从而提高并行性，进而有效地提高写性能。

PCM 的写操作，尤其是 RESET 操作，所需能耗很大。为了迎接这个挑战，研究者提出几类方法。其一，减少总的比特级写的次数。其二，通过细粒度的电压和电流选择[15]，或者编码压缩[16]来减少写操作所需的电流，从而减少写能耗。

此外，利用 DRAM 和 PCM 一起构造内存，可以利用 DRAM 和 PCM 这两种技术的优点，同时避免其缺点。

5.1.2　STT-RAM 面临的挑战及解决方案

利用 STT-RAM 构造缓存时，面临的挑战主要体现在两个方面，即写速度慢和写能耗高。为了迎接这个挑战，文献[17]提出提前终止 STT-RAM 写操作的方法。文献[18]提出利用两种写速度，在提高速度的同时降低平均的 STT-RAM 写功耗。文献[19]～[22]提出利用 SRAM 和 STT-RAM 构造混合缓存的方法，以充分发挥 SRAM 和 STT-RAM 这两种技术的优势，同时避免其缺点。这些技术都需要借助迁移机制来避免 STT-RAM 在写性能上的缺点。在此基础上，文献[23]，[24]进一步研究了更高效的迁移机制。最近，文献[25]提出通过改变磁性隧道结的表面积，在缩短 STT-RAM 的保持周期的同时换取更好的读写性能的思路。在此基础上，文献[26]提出由不同的保持周期的 STT-RAM 来构造混合缓存的思路，利用不同保持周期的 STT-RAM 各自的优点，来提高系统性能。文献[27]提出通过分析应用程序的特征来确定最适合 STT-RAM 保持周期的方法。

目前的优化方法主要以体系结构优化为主，较少考虑编译器的优化辅助作用。因此，本章的后续部分将以便签式存储器和缓存中的重要部件为主要研究点，介绍几种新型存储技术下编译指导的数据分配优化方法，以降低存储系统的能耗，最大限度提高系统的绿色指标。

5.2　面向混合便签式存储器的低能耗数据分配方法

能耗是嵌入式设计中的关键问题。片上缓存的能耗，要占到片上总能耗的 25%～45%。嵌入式领域广泛地使用便签式存储器来替代片上缓存。跟硬件管理的缓存不一样的是，便签式存储器是一种软件管理的片上存储方案。Banakar 等的研究表明，就算使用一种简单的分配算法，便签式存储器也能在运算速度、能耗以及片上硬件面积成本上超过片上缓存。此外，软件管理的便签式存储器比硬件管理的缓存具有更好的时序可预测性，从而更适合硬实时系统。由于这些优点，便签式存储器在现代嵌入式系统中得到了广泛应用。有些嵌入式处理器只使用便签式存储器，如 ARM966E-S、ARM968E-S、ARM996HS 和 Cortex-M1 等。有些嵌入式处理器同时支持便签式存储器和缓存，如 ARM926EJ-S、Cortex-R4、Cortex-R5 和 Cortex-R7 等。

传统的便签式存储器是用纯 SRAM 构造的。随着 COMS 半导体集成度的不断提高，泄漏能耗成为日益严峻的挑战。非易失性存储器因为具有极低的泄漏能耗和较高的存储密度，提供了设计低泄漏能耗便签式存储器的新思路，但是其写性能通常比较差。为了利用非易失性存储器和 SRAM 的优点，同时规避其缺点，研究者提出由 SRAM 和 PCM 组成的混合便签式存储器。为了发挥混合便签式存储器的优点，一个合理的存储管理方案就必不可少了。

本节将介绍一种面向混合便签式存储器的静态数据分配方案。该方案同时考虑存储代价的多个方面，包括运算速度、能耗，或是二者的任意加权组合，首先将该混合便签式存储器上的分配问题转换成对应的整数线性规划模型。为了使该模型更加有利于数据分配，该整数线性规划模型考虑了数据对象的活跃区间，使不相交的数据对象可以共享存储空间。然后，由于整数线性规划在处理大规模程序时，时间代价很高，在有限的时间内难以获得可行的分配方案，因此本节还介绍一种基于迭代图着色的数据分配方法。该方法是多项式时间复杂度的启发式算法，能够在较短的时间内快速地得到一个较优的分配方案。在该算法中，变量之间的活跃区间相交图根据分配存储类型的优先级被划分成结点诱导子图。最后，对每个子图进行图着色。在图着色的过程中考虑各变量的存储代价。实验结果表明，该方法不但能够提高程序的执行速度，而且还可以较大幅度的降低系统能耗，对提高系统的绿色指标具有显著效果。

5.2.1　背景知识

1. 问题及假设

我们将问题描述为给定一个程序和一个混合便签式存储器的配置，如何找到一种分配方案，使最终总的存储代价最小(该存储代价可以是访问时间、能耗，或者二者的任意加权组合)。

对于这个问题，我们有如下两个假设。

假设一：无论局部对象还是全局对象，都用静态分配的方式进行存储。

假设二：体系结构参数在编译时是已知的。

假设一对于嵌入式系统是合理的,这是因为许多低端的微控制器(microcontroller, MCU)并不支持局部对象的栈式存储。栈式存储需要额外的硬件支持,而且需要额外的预留存储空间以免栈溢出,这会浪费宝贵的存储资源。假设二对于嵌入式系统也是合理的。这是因为许多低端的嵌入式系统都是软硬件联合设计的,要求体系结构参数是已知的,包括使用的存储器类型(SRAM、PCM 等)、存储器大小、存储器访问代价。需要说明的是,这里并不需要假设某种存储器必然优于另外一种存储器。这是该问题与寄存器分配问题的关键区别。因此,该问题的解决方案不能依赖于对传统图着色算法的级联应用。

2. 数据对象的读写频率分析

为了寻求最优分配方案,需要分析每个待分配数据对象的读写频率。数据对象的读写频率信息可以通过静态分析方法获得,也可以通过动态剖析方法获得。静态分析方法的优点有两个:一是与程序输入无关,因而具有通用性;二是不需要运行程序,可以在编译时完成。静态分析的缺点是分析结果不精确。动态剖析方法的优点是分析结果精确,缺点是需要运行程序实例,并且其分析结果只对于该程序实例是精确的。

3. 数据对象的活跃区间分析

如果两个变量的活跃区间不相交,那么这两个变量可以共享存储空间而不影响程序的正确性。寄存器分配问题的研究者基于这个特性提出大量的分配方案。为了利用这个特性,需要进行活跃分析。活跃分析是编译器中普遍使用的一种经典的数据流分析。该分析的目标是计算出每个程序点上活跃的变量集合。每个变量活跃的程序点的集合构成该变量的活跃区间。如果两个变量的活跃区间的交集非空,那么就认为这两个变量的活跃区间是相交的。如果两个变量的活跃区间的交集为空,那么就认为这两个变量的活跃区间是不相交的,即这两个变量不会同时活跃。变量的活跃区间之间的相交关系可以用相交图来表示。图中每个结点对应一个变量,结点 a 和结点 b 之间存在边 $e(a,b)$ 就表示变量 a 和变量 b 的活跃区间相交。

图 5.5 是一段 C 语言源程序代码。数据对象的读写频率及活跃区间相交图如图 5.6 所示。

```
1. b= 4;
2. i= 0;
3. while(i< 15)
4. {
5.     i= i+ 1;
6.     array[i]= b;
```

```
7. }
8. a= 3;
9. c= a* b+a+b;
10. d= b* c;
11. c= b+d;
12. e= c* d+d/2;
13. f= b* d+2* e;
14. g= d+5* e;
15. a= 2+g;
16. returna* f+e* g;
```

图 5.5　示例源程序

数据对象	读频率	写频率
a	3	2
b	20	1
c	2	2
d	5	1
e	3	1
f	1	1
g	2	1
h	31	16

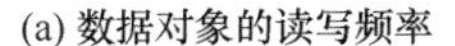

(a) 数据对象的读写频率

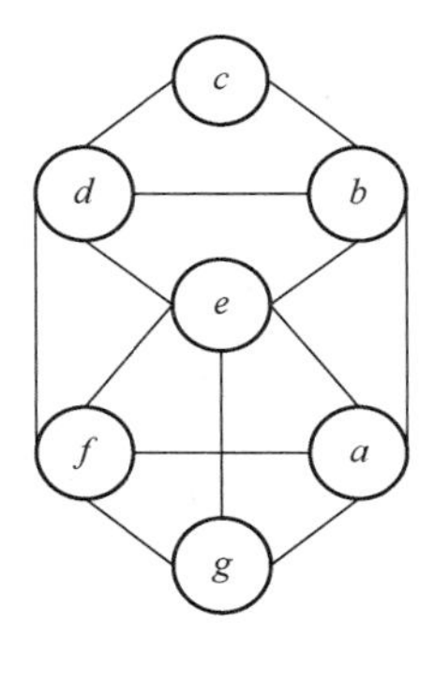

(b) 活跃区间相交图

图 5.6　数据对象的读写频率及活跃区间相交图

5.2.2　数据分配整数线性规划方法

整数线性规划方法是一种在给定的模型中求解最优解的方法，求解目标可以是最大化收益或者最小化代价。该模型的约束必须是线性的，并且变量的取值范围必须是整数域。一旦获得了某个问题的整数线性规划模型，就可以简单地借助商业的整数线性规划求解器来求解。整数线性规划求解器实现了高级而复杂的数学技术来搜索最优解。一般来说，整数线性规划问题是 NP-hard，整数线性规划求解器通常是应用隐式的枚举方法来求解最优解，因而对于规模比较大的问题，整数线性规划求解器也需要很高的时间代价来求解。尽管整数线性规划方法通常需要较多的计算资源，对于规模相对较小的问题而言，整数线性规划方法能够在可接受的时间代价内得到最优解。此外，整数线性规划方法通过提供最优解，还可以被用于评估其他高效的、启发式的、次优的算法。

面向混合便签式存储器的静态数据分配问题主要有两类约束。第一类约束称为分配约束,用来保证每个数据对象只能分给一个存储地址。第二类约束称为相交约束,用来保证活跃区间相交的数据对象的存储地址不能重叠。在构建该问题的整数线性规划模型中,将主要对这两类约束进行分析建模,其中符号的使用说明如表 5.2 所示。

表 5.2 ILP 模型中符号说明

符号	符号说明
n	数据对象的数目
m	存储器类型的数目
$U=\{U_1,U_2,\cdots,U_m\}$	存储器类型的集合
S_i	存储器 U_i 的大小(字节)
CR_i	U_i 上的读操作的代价(速度或者能耗)
CW_i	U_i 上的写操作的代价(速度或者能耗)
$V=\{V_1,V_2,\cdots,V_m\}$	数据对象的集合
Q_i	数据对象 V_i 的大小(字节)
NR_i	V_i 的读频率
NW_i	V_i 的写频率
$\mathrm{Inter}=\{(v_i,v_j)\mid$ 如果 v_i 与 v_j 的活跃区间相交$\}$	活跃区间相交的变量的集合

使用式(5.1)来计算将数据对象 V_i 存储在存储器 U_i 中的代价,即

$$\mathrm{MemoryCost}_{i,j}=(\mathrm{NR}_i\times\mathrm{CR}_j+\mathrm{NW}_i\times\mathrm{CW}_j)\times Q_i \tag{5.1}$$

使用二元变量 $A_{i,j}$ 来描述是否将数据对象 V_i 分配到存储器 U_i,即

$$A_{i,j}=\begin{cases}1, & V_i\text{ 分配到 }U_j\\ 0, & V_i\text{ 未分配到 }U_j\end{cases} \tag{5.2}$$

这样,分配约束就可以描述为

$$\sum_{j=1}^{m}A_{i,j}=1,\quad i\in\{1,2,\cdots,n\} \tag{5.3}$$

我们使用变量 S_i 表示分配给数据对象 V_i 的存储空间的起始地址。假设数据对象被分配到存储器 U_j,那么就必然满足 $S_i\in[0,P_j-Q_i]$。在式(5.4)中,B 是一个足够大的值,可以简单地假设为所有存储器大小的总和,即 $B=\sum_{j=1}^{m}P_j$。如果 $A_{i,j}=1$,那么表示对象 V_i 被分配到存储器 U_j,式(5.4)也就可以变换成 $0\leqslant S_i\leqslant P_j-Q_i$,跟约束一致,即

$$\begin{cases}S_i\geqslant(A_{i,j}-1)\times B, & j\in\{1,2,\cdots,m\}\\ S_i\leqslant P_j-Q_i+(1-A_{i,j})\times B, & j\in\{1,2,\cdots,m\}\end{cases} \tag{5.4}$$

对于每一对活跃区间相交的数据对象 V_i 和 V_j,如果它们被分配到同一个存储器,那么起始地址要么满足 $S_i+Q_i\leqslant S_j$,要么满足 $S_j+Q_j\leqslant S_i$。为了表示这两种

情况,我们使用变量 $Y_{i,j}$,即

$$Y_{i,j}=\begin{cases}1, & S_i<S_j\\ 0, & S_i>S_j\end{cases} \tag{5.5}$$

对于任意一对活跃区间相交的变量(V_i,V_j),其相交约束就可以用式(5.6)表示.值得注意的是,公式必须对任意存储器 U_t都满足。如果这两个数据对象被分配到不同的存储器,那么必有 $A_{i,t}+A_{j,t}<2$,不需要对 S_i和 S_j的额外约束。如果两个数据对象被分配到同一个存储器,那么当该存储器就是 U_t时,有 $A_{i,t}+A_{j,t}=2$;当该存储器不是 U_t时,有 $A_{i,t}+A_{j,t}=0$。很显然,当 $A_{i,t}+A_{j,t}=0$ 时,该公式也成立;当 $A_{i,t}+A_{j,t}=2$ 时,可分两种情况。如果 $Y_{i,j}=1$,公式将转换成 $S_i+Q_i\leqslant S_j$;如果 $Y_{i,j}=0$,公式将转换成 $S_j+Q_j\leqslant S_i$。因此,该公式能够确保活跃区间相交的数据对象不能共享存储空间,即

$$\begin{cases}S_i+Q_i\leqslant S_j+(1-Y_{i,j})\times B+(2-A_{i,t}-A_{j,t})\times B\\ S_j+Q_j\leqslant S_i+Y_{i,j}\times B+(2-A_{i,t}-A_{j,t})\times B\end{cases} \tag{5.6}$$

该问题的最终目标是追求最小化存储代价,其目标函数可以表示为

$$\sum_{i=1}^{n}\sum_{j=1}^{m}A_{i,j}\times \text{MemoryCost}_{i,j} \tag{5.7}$$

5.2.3　迭代图着色算法

由于整数线性规划算法在求解较大程序的数据分配过程中需要高昂的时间代价,因此下面介绍一种基于迭代图着色模型的启发式分配方法。跟寄存器分配问题类似,混合便签式存储器分配可以视为一个图着色问题。数据对象的活跃区间相交图,就是图着色的目标。每种存储器对应一组颜色,其中颜色的数目等于该存储器空间的大小。跟寄存器分配问题不同的是,在混合便签式存储器分配问题中,每个着色都对应一个代价,代价的大小等于存储代价。显然,对于某个节点,采用同一组中的不同颜色进行着色,其代价是一样的。这表示将某个数据对象分配到同一个存储器上的不同地址。因此,混合便签式存储器上的数据分配问题可以被重述为:给定数据对象的活跃区间相交图,以及几组颜色,如何对相交图进行着色,才能在满足相邻结点不能着同一种颜色的条件下,最小化总的着色代价。

启发式方法基于如下两个假设。其一,该方案应该尽量将数据对象分配在存储代价最小的存储器。其二,当两个对象 V_i和 V_j竞争同一个存储代价比较低的存储器空间时,如果 V_i的溢出代价小于 V_j的溢出代价,那么就应该优先将 V_j分配到该存储器,而选择将 V_i溢出到下一个存储代价比较高的存储器空间。

基于这两个假设,我们利用迭代图着色模型介绍一种多项式时间复杂度的启发式算法——迭代图着色(iterative graph coloring, IGC)算法。迭代图着色算法的输入包括数据对象的读写频率、数据对象活跃区间的相交图以及体系结构参数。

数据对象的读写频率信息可以通过静态分析获得。数据对象活跃区间的相交图可以通过活跃分析获得。体系结构参数可以通过目标平台的数据手册获得。迭代图着色算法主要包括两个步骤。第一步是计算每个对象在每个存储器上的存储代价,并据此为每个对象排好存储器的优先级。第二步是图着色过程,首先将相交图划分成子图,然后对每个子图进行着色和溢出操作。算法如图 5.7 所示。

```
算法 5.1  迭代图着色算法
输入:存储单元的类型 MemoryType
    一个对偶类型变量(MemoryType, double)表示的存储代价 MemoryCost
    结点到存储代价列表的映射 MemoryCostList
    用邻接列表存储的相交图 InterGraph
    子图的列表,每个存储类型对应一个子图 SubGraphList
输出:从结点到颜色值的映射 DataAlloc
1. // 1:计算存储代价并排序
2. 根据公式计算每个变量的存储代价列表,得到 MemoryCostList;
3. 为每个变量的存储列表根据升序排序;
4. // 2:图着色过程
5. initialize DataAlloc to be empty;
6. while InterGraph is not empty do
7.        // 2.1:划分相交图的子图
8.        for each node ni of InterGraph do
9.             MemoryType mt 发←MemoryCostList[ni].front();
10.            SubGraphList[mt].add(ni);
11.        endfor
12.        // 2.2:子图的着色及溢出过程
13.        for each (memoryType, subgraph) of SubGraphList do
14.             ColorSpill(memoryType, subgraph, InterGraph);
15.        endfor
16. endwhile
17. return true
```

图 5.7 迭代图着色算法

1. 计算存储代价并排序

在获得数据对象的读写频率以及体系结构参数以后,直接使用式(5.1)来计算每个对象在每个存储器中的存储代价。假设共有 k 个存储器,那么在得到存储代价以后,每个数据对象 V_i 就会关联一个存储代价的列表。我们按存储代价对列表进行排序,即在 $\{\mathrm{MemoryCost}_{i,1}, \mathrm{MemoryCost}_{i,2}, \cdots, \mathrm{MemoryCost}_{i,k}\}$ 中,如果 $\mathrm{MemoryCost}_{i,m}$ 小于 $\mathrm{MemoryCost}_{i,n}$,那么 $\mathrm{MemoryCost}_{i,m}$ 在列表中的位置则先于 $\mathrm{MemoryCost}_{i,n}$,说明存储器 U_m 比 U_n 更适合分配给对象 V_i。因此,这样排序后的列表实际上给出了就对象 V_i 而言的存储器优先级。

2. 图着色过程

假设目标平台系统包括主存、SRAM 和 PCM 组成的混合便签式存储器，那么着色过程的整体框架如图 5.8 所示。图着色过程实际上是对这两个子步骤的不断迭代。第一个步骤称为子图划分，是将活跃区间的相交图划分成子图。第二个步骤是对每个子图分别进行着色和溢出。下面我们分别详细地讨论这两个步骤。

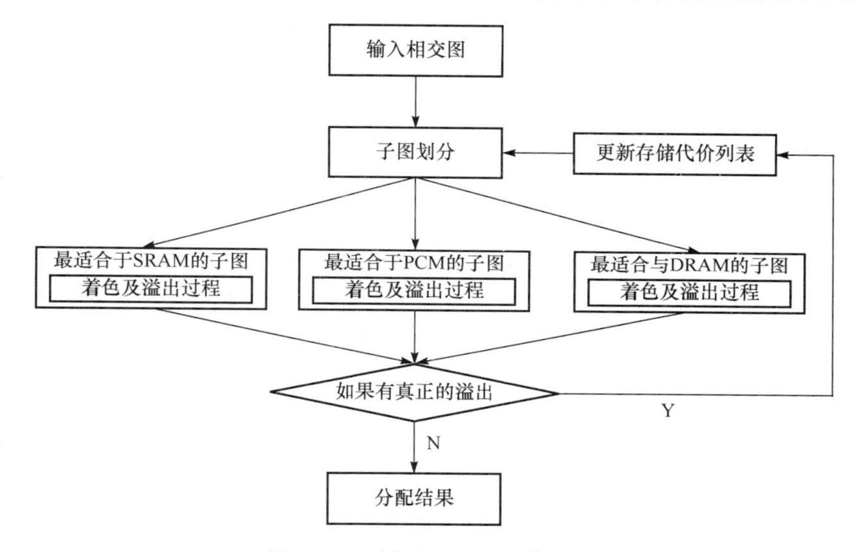

图 5.8 图着色过程的整体框架

(1) 子图划分

如上所述，每个数据对象都有独自的对各种存储器的分配优先级。根据这个优先级，可以将活跃区间相交图划分成子图。首先，根据存储器的种类，每种存储器对应一个子图。其次，根据每个数据对象的存储代价列表，找出优先级最高的存储器类别，即存储代价最小的存储器类别。然后，将该对象划分到该存储器对应的子图。换句话说，每个对象都划分到其优先级最高的存储器对应的子图中。

(2) 着色和溢出

图 5.9 详细地给出了对每个子图进行着色和溢出的算法。该算法包括简化子图(simplify)、寻找潜在的溢出(potential spill)、选择着色(select)、进行实际的溢出(actual spill)。

在简化子图过程中，首先寻找度小于 k 的结点。这里 k 的值是该子图对应的存储器的空间大小。如果找到这样的结点，就将该结点从子图中移除，并压栈。同时，该结点的所有边也从子图中移除。这个步骤不断重复，直到再也找不到度小于 k 的结点。

寻找潜在的溢出过程：当简化子图过程再也找不到度小于 k 的结点时，就在余下的结点中选择一个结点，标志为潜在的溢出结点，将该结点压栈，并将该结点及其边从子图中移除。该过程不断重复，直到在余下的结点中能够找到度小于 k 的结点，就返回简化子图过程。在选择潜在的溢出结点时，我们使用式(5.8)来计算余下的每个结点的溢出代价，并选取溢出代价最小的结点作为潜在的溢出结点，即

$$\text{spillcost}=\text{penalty}/\text{degree} \tag{5.8}$$

其中，penalty 是结点的最优存储器与第一候选存储器对应存储代价的差值，代表如果真正溢出该结点，额外增加的代价；degree 是该结点在剩余子图中的度，度越大，溢出该结点就可能使更多的后续结点能够成功着色。

选择着色过程：在完成简化子图和寻找潜在的溢出过程以后，所有的结点都已从子图中移除，并压入栈内。接下来，从栈中一一弹出结点，并选择颜色依次给这些结点着色。着色必须满足，在原来的子图中相邻的两个结点不能着同一颜色。如果遇到不能成功着色的结点，就开始实际的溢出过程。

实际的溢出过程：在选择着色过程中，如果碰到某个结点不能着色，就对该结点进行溢出操作。在迭代图着色算法中，溢出操作包括将结点从栈中溢出，然后将结点对应的存储代价列表的第一个元素去掉。这代表该结点以后再也不会被考虑分配到优先级最高的存储器中。该过程不断重复，直到碰到能够成功着色的结点，就返回选择着色过程。

值得注意的是，在该迭代过程终止以后，如果在实际的溢出过程中发生过溢出操作，那么在选择着色中的着色方案就被废弃。因为溢出操作修改结点的存储代价列表，随后的子图划分就会发生变化。然后，对每个新的子图重新尝试着色。该过程进行迭代，直到成功着色为止。该算法是终止的，因为假设主存 DRAM 的空间是足够大的，最后总能将从 SRAM 和 PCM 溢出的对象分配到 DRAM 中。图着色算法如图 5.9 所示。

算法 5.2　图着色算法

输入：用邻接列表表示的子图 SubGraph
　　跟该子图对应的存储类型 MemoryType
　　对偶(MemoryType, double)的存储代价 MemoryCost
　　结点到存储代价列表的映射 MemoryCostList
　　临时存放结点的栈结构 Stack
输出：存储代价列表得到的更新子图 SubGraph

```
1. // 1: Simplify 和 potential spill 过程
2. while SubGraph is not empty do
3.     if there is a node ni with degree less than MemoryType. size
4.     then
```

```
5.          push ni into Stack;
6.          remove ni from SubGraph;
7.       else
8.          choose a potential spill node np using 式(5.8);
9.          push np into Stack;
10.      endif
11. endwhile
12. // 2: Select 和 actual spill 过程
13. bool bActualSpill ←0false;
14. while Stack is not empty do
15.      pop out one node ni from Stack;
16.      if there is a color c for ni then
17.           DataAlloc[ni] ←c;
18.      else
19.           bActualSpill ←true;
20.         remove the first element from MemoryCostList[ni];
21.      endif
22. endwhile
23. return bActualSpill
```

图 5.9　图着色算法

3. 迭代图着色算法的复杂度分析

为分析迭代图着色算法的复杂度，假设数据对象的数目是 N，存储器的数目是 M。迭代图着色算法的核心代码是图 5.9 描述的图着色子算法。在该算法中，第 2 行～第 10 行的代码需要查找度小于 k 的结点，查找操作次数的上限是 $N_{cur} \times \ln(N_{cur})$。这里 N_{cur} 是当前处理的子图中结点的数目。对于第 12 行～第 20 行代码，该循环固定迭代 N_{cur} 次。因此，该子算法的复杂度是 $O(N_{cur} \times \ln(N_{cur}))$。

此外，图 5.9 描述的图着色子算法的执行次数取决于该子算法第 12 行～第 20 行代码中实际的溢出操作。只有发生实际的溢出操作，才会重新划分子图，重新执行图着色算法。因为每次溢出操作都会从结点的存储代价列表中移除一个元素，而所有结点的存储代价列表中元素总数是 $N \times M$。因此，图着色子算法的执行次数的上限是 $N \times M$，查找操作的上限是 $N_{cur} \times \ln(N_{cur}) \times N \times M$。迭代图着色算法的时间复杂度是 $O(\ln(N_{cur}) \times N^2 \times M)$。

4. 迭代图着色算法示例

以图 5.5 所示的 C 语言源程序为例，说明迭代图着色算法的具体执行过程。该例中数据对象的访问频率以及活跃区间相交图如图 5.6 所示。示例程序使用的存储器参数如表 5.3 所示。对象对每个存储器的存储代价用式(5.1)进行计算。

表 5.3　存储器参数

存储器类别	读代价	写代价	存储器空间大小
片上 SRAM	10	10	1
片上非易失性存储器	2	100	2
DRAM 主存	50	50	4

首先，该相交图根据每个对象的存储代价列表划分成子图。在图 5.10(a)中，只有结点 b 最适合 NVM，所以 b 被分配到 NVM 对应的子图中。所有其他的结点都被分配到 SRAM 对应的子图中。分配到同一个存储器的所有结点在图中都用同一种背景颜色。然后，对每个子图分别应用图着色算法。对于 NVM 子图来说，只有一个结点，所以可以从对应 NVM 的两种颜色中随便选一种颜色进行着色。对于 SRAM 子图来说，因为 SRAM 的空间大小为 1，所以对应的 k 值为 1。发现在 SRAM 子图中结点 i 的度小于 1，所以结点 i 可以被从子图中移除并压栈。但

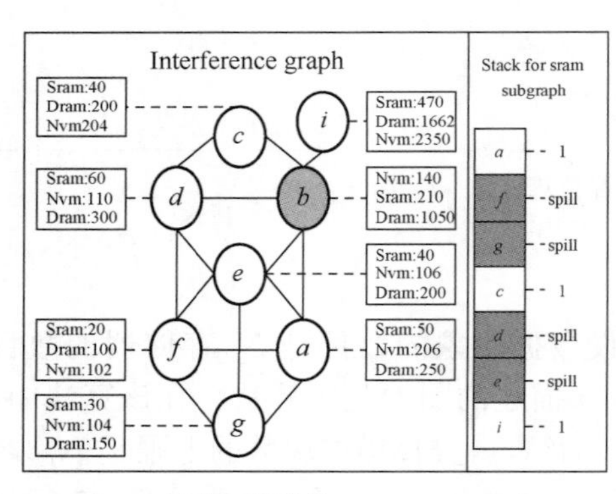

(a) 第一次迭代

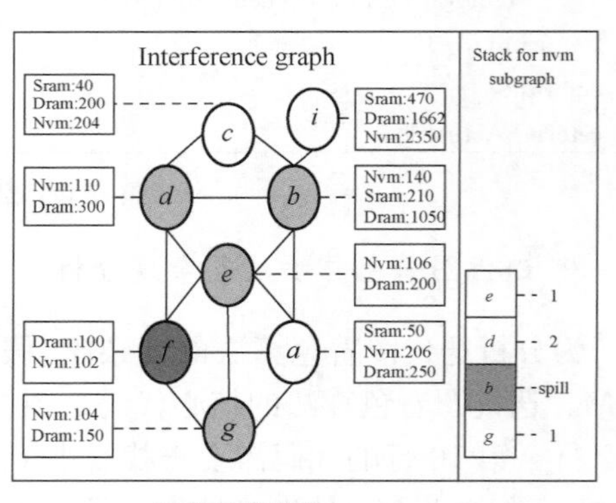

(b) 第二次迭代

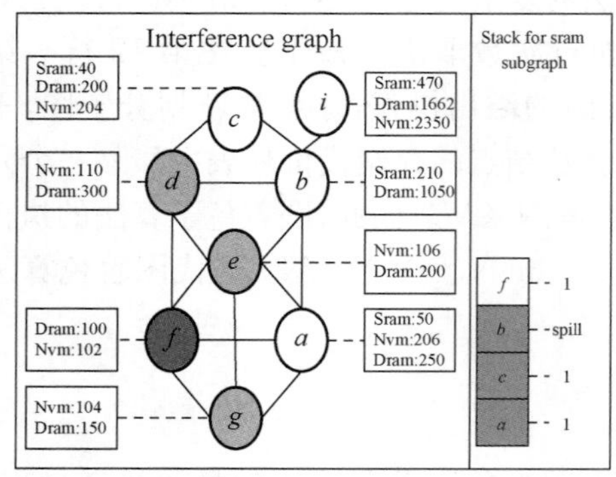

(c) 第三次迭代

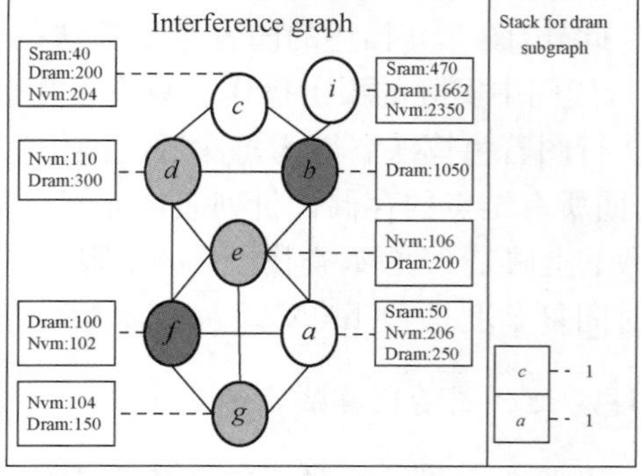

(d) 第四次迭代

图 5.10　IGC 算法处理流程

是，随后再也找不到度小于 1 的结点了，所以需要寻找一个潜在的溢出结点。使用式(5.8)计算溢出代价后，可知结点 e 具有最小的溢出代价(penalty 值为 106－40＝66，度为 4，所以溢出代价为 16.5)，所以选择结点 e 为潜在的溢出结点并压栈。随后，继续寻找下一个潜在的溢出结点 d。这时，结点 c 的度小于 1，所以直接移除并压栈。然后，再找到潜在的溢出结点 g 和 f。最后，结点 a 的度小于 1，所以直接移除并压栈。该过程如图 5.10(a)所示。图中标志为潜在溢出的结点使用灰色高亮显示。当所有的结点从子图中移除以后，开始从栈中一一弹出结点并进行着色过程。

在该过程中，发现所有潜在的溢出结点都需要真正的溢出，所以对于这些结点，全部删除其存储代价列表中的第一个元素。更新后的相交图如图 5.10(b)所示。因为发生了真正的溢出操作，需要根据更新后的相交图重新进行子图划分。在这次新的划分过程中，结点 a、c、i 偏好 SRAM，结点 b、d、e、g 偏好 NVM，结点 f 偏好 DRAM。然后对新的子图重新尝试着色过程。在这个例子中，总共需要 4 次迭代，才能完成分配过程，如图 5.10(c)和图 5.10(d)所示。最终的分配方案如图 5.11所示。结果表明，只需要四个字节的存储空间就可以分配 8 个数据对象。

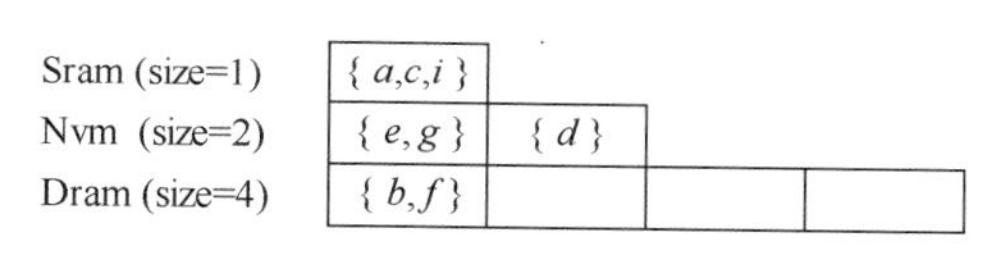

图 5.11　最终分配方案

5.2.4　实验结果与分析

1. 实验构建

在实验评估中，我们基于 LLVM 编译器框架中实现了整数线性规划分配方案以及迭代图着色算法分配方案。LLVM 发布版中支持分支概率估计方法以及基本块访问频率估计方法。基于这些方法，可以估计出每个数据对象的读写频率，利用 LLVM 中支持的活跃分析，可以获得每个数据对象的活跃区间，并据此实现迭代图着色算法。在实验中，我们只对局部的标量类型的数据对象进行了分析和分配，但是算法对于全局数据对象也是适用的。

实验共评估了五种分配方案，即 IGC allocator、ILP allocator、ILP-N allocator、ODA allocator 和 MC allocator。其中，IGC allocator 实现迭代图着色算法，ILP allocator 实现整数线性规划方案，ILP-N allocator 实现文献[28]提出的整数线性规划方案。ILP-N allocator 与 ILP allocator 的区分在于，前者假设每个数据对象独占存储空间，而没有考虑数据对象共享存储空间的情形。针对这两种整数线性规划模型,我们采用 Lingo 这个整数线性规划求解器进行求解。ODA allocator 实现文献[29]提出的动态规划算法。MC allocator 实现文献[30]提出的 Memory Coloring 算法。如上所述,Memory Coloring 算法需要假设各存储器在存储代价上必然是一种存储器优于另外一种存储器。为了满足该假设,我们在实现 MC allocator 时,假设 SRAM 优于 PCM,PCM 优于 DRAM。这五种分配方案的最终结果给出为每个对象分配的存储器类型及存储地址。

我们实现了一个混合便签式存储器的模拟器,用来获得最终关于存储代价的结果。模拟的目标便签式存储器由 SRAM 和 PCM 组成。我们使用 NVsim 来估计 45nm 工艺下 PCM 和 SRAM 的读写速度以及读写功耗。NVsim 是源自 CACTI 这款仿真器的变种,能够支持 PCM 的仿真。由此获得的参数以及目标平台的其他参数如表 5.4 所示。利用前面五种分配方案的结果,以及式(5.7),该模拟器可以分别给出每种分配方案的总的存储代价。我们使用 MiBench 进行实验评估。

表 5.4 实验平台存储器参数

存储器类型	读/写{set, reset}速度/ns	读/写{set, reset}功耗/nJ
片上 SRAM	3.95 / 3.95	0.034 / 0.034
片上 PCM	1.55 / {131.01, 61.01}	0.043 / {3.21, 3.85}
主存	104.4 / 104.4	3.26 / 3.26

为评估该方法的有效性,我们设计了两套实验。在第一套实验中,SRAM 和 PCM 的大小分别为各测试程序数据总大小的 5%和 10%。在第二套实验中,SRAM 和 PCM 的大小分别为各测试程序数据总大小的 10%和 20%。在两套实验中都分别评估了混合便签式存储器总的存取时间与总的动态能耗。实验结果都根据 ILP allocator 的结果进行了归一化处理。

2. 实验结果与分析

第一套和第二套实验中混合便签式存储器总的存取时间的比较结果分别如表 5.5和表 5.6 所示。第一套和第二套实验中混合便签式存储器总的动态能耗比较结果分别如表 5.7 和表 5.8 所示。实验结果表明,ILP-N allocator 和 ODA allocator的表现都不是很好。其原因主要有两个:一是在传统的编译器优化处理后,代码中仍然有大量的局部变量和临时变量需要分配;二是 ILP-N allocator 和 ODA allocator 都没有考虑将活跃区间不相交的数据对象共享存储空间,导致大量的对象必须溢出到代价比较高的 DRAM 中,从而大大影响程序性能,增加运行能耗。

表 5.5　实验一中混合 SPM 存取时间的比较

测试用例	ILP-N	ODA	MC	IGC	ILP	IGC vs MC
basicmath	9.053	6.667	1.010	1.019	1.0	1.009
susan	3.048	0.000	1.091	1.000	1.0	0.917
dijkstra	8.848	8.779	1.048	1.015	1.0	0.968
stringsearch	7.804	7.804	1.084	1.018	1.0	0.939
sha	5.097	3.170	1.203	1.080	1.0	0.898
CRC32	5.551	5.737	1.404	1.001	1.0	0.713
FFT	13.360	10.530	1.305	1.141	1.0	0.874
adpcm	5.753	5.535	1.224	1.279	1.0	1.045
Average/%	7.314	6.889	1.171	1.069	1.0	0.920

表 5.6　实验二中混合 SPM 存取时间的比较

测试用例	ILP-N	ODA	MC	IGC	ILP	IGC vs MC
basicmath	5.053	6.667	1.009	1.000	1.0	0.991
susan	1.543	0.000	1.091	1.000	1.0	0.917
dijkstra	4.259	8.779	1.001	1.000	1.0	0.999
stringsearch	3.802	7.804	1.049	1.000	1.0	0.953
sha	3.472	3.170	1.016	1.004	1.0	0.988
CRC32	6.798	5.737	1.533	1.000	1.0	0.652
FFT	6.875	10.530	1.039	1.000	1.0	0.962
adpcm	7.958	5.535	1.176	1.175	1.0	1.000
Average/%	4.970	6.889	1.114	1.023	1.0	0.933

表 5.7　实验一中混合 SPM 动态能耗的比较

测试用例	ILP-N	ODA	MC	IGC	ILP	IGC vs MC
basicmath	32.392	24.546	1.056	1.056	1.0	1.000
susan	8.998	0.000	1.145	1.000	1.0	0.873
dijkstra	33.658	33.475	1.217	1.069	1.0	0.878
stringsearch	28.699	28.762	1.285	1.061	1.0	0.825
sha	16.708	9.880	1.915	1.386	1.0	0.724
CRC32	6.595	6.827	1.555	1.536	1.0	0.987
FFT	47.444	38.058	2.321	1.755	1.0	0.756
adpcm	6.222	5.996	1.287	1.172	1.0	0.911
Average/%	22.590	21.078	1.473	1.254	1.0	0.869

表 5.8　实验二中混合 SPM 动态能耗的比较

测试用例	ILP-N	ODA	MC	IGC	ILP	IGC vs MC
basicmath	18.590	7.582	1.000	1.000	1.0	1.000
susan	3.164	0.000	1.145	1.000	1.0	0.873
dijkstra	15.750	15.565	1.000	1.001	1.0	1.001
stringsearch	13.412	13.458	1.000	1.000	1.0	1.000
sha	11.078	5.262	1.060	1.023	1.0	0.965
CRC32	11.770	12.832	2.069	1.099	1.0	0.531
FFT	25.603	15.831	1.008	1.001	1.0	0.994
adpcm	11.532	11.089	1.288	1.162	1.0	0.902
Average/%	13.862	11.660	1.196	1.036	1.0	0.908

迭代图着色算法对于绝大多数测试用例，超过了所有其他的启发式算法的性能。平均来说，跟 MC allocator 相比，迭代图着色算法在第一套实验中能够节省 8%的时间开销，在第二套实验中能够节省 6.7%的时间开销。在动态能耗方面，迭代图着色算法也表现突出，对于绝大多数测试用例均超过了所有其他的启发式算法。平均来说，跟 MC allocator 相比，迭代图着色算法在第一套实验中能够降低 13.1%的能耗，在第二套实验中能够降低 9.2%的能耗开销。

由此可见，在结合存储器存储特性的前提下，利用编译器的分析合理的分配数据的存放位置，不但能够提升存储器的性能，而且能够获得较大幅度能耗的节约，是提高存储系统绿色指标的有效方法之一。

5.3　面向易失性 STT-RAM 缓存的低功耗编译优化方法

随着 CMOS 工艺的不断发展，传统的 SRAM 缓存面临着日益严重的挑战，尤其是泄漏能耗过高和可扩展性较低的问题。随着新存储技术的发展，人们提出利用 STT-RAM 来构造缓存。STT-RAM 具有极低的泄漏能耗和较高的存储密度，跟 SRAM 相比，STT-RAM 的写性能比较差。为了迎接 STT-RAM 的写性能较差带来的挑战，研究者提出各种解决方案。最近，有研究者提出通过缩小磁性隧道结的表面积，在缩短 STT-RAM 的数据保持时间的同时，提高 STT-RAM 的写性能。表 5.9 显示了几种不同的 STT-RAM 设计方案。随着 STT-RAM 上的数据保持时间的缩短，STT-RAM 上的写操作的能耗得到改善，写操作的速度也得到提升。但是，STT-RAM 上的数据保持时间缩短以后，就需要刷新机制才能保证缓存行中的数据完整性和程序的正确性。我们称这种 STT-RAM 为易失性STT-RAW(volatile STT-RAM)。

表 5.9　几种不同的 STT-RAM 设计

技术指标	设计 1	设计 2	设计 3
单元大小/F^2	23	22	27.3
磁性隧道结转换速度/ns	10	5	1.5
数据保持时间	4.27/y	3.24/s	26.5/μs
写速度/ns	10.378	5.370	1.500
写动态功耗/nJ	0.958	0.466	0.187

有两种情形能够对缓存行的内容进行刷新。第一种情形是，当往缓存行中写入数据时，或者当从内存往缓存行加载数据时，都能让缓存行回到新生状态，缓存行中的内容就能再次保持一个周期。这种由程序自身的行为触发的刷新操作，不会带来额外的负载，我们称为被动刷新。被动刷新并不能确保缓存行上的内容总能在保持周期内及时得到刷新，仍然有可能丢失数据导致程序运行错误。因此，必须依赖第二种情形，即额外的刷新机制来保证数据的完整性。研究者在提出易失性 STT-RAM 缓存的同时，也提出各种刷新机制。这些刷新机制通常利用硬件计数器来跟踪每个缓存行的保持周期，然后在每个缓存行的保持周期结束之前及时进行刷新操作，以保证数据的完整性。这种额外需要的刷新操作，我们称为主动刷新。一次主动刷新操作包括两个动作，将数据从缓存行加载到缓冲区，然后将数据从缓冲区重新加载到缓存行。这些动作需要额外的能耗。不论是主动刷新还是被动刷新，都能够刷新整个缓存行。因此，在缓存行的保持周期内，只要有一个主动刷新或者被动刷新，就能保证数据不会丢失。

我们可以借助编译器，通过数据分配改变内存访问序列，让被动刷新在各缓存行更合理地分布，从而减少总的主动刷新的数目(为方便起见，下面如果没有特别指出，刷新指的就是主动刷新)。不同的刷新机制对刷新的总次数有很大影响，为最大程度减少刷新次数，提高系统能效，我们还将介绍一种新的刷新机制，以充分发挥新的数据分配方案的功效。

5.3.1　缓存刷新机制简介

研究者在提出易失性 STT-RAM 的同时，也提出各种刷新机制来保证数据和程序运行的正确性。较为常见的全数据刷新机制(full-refresh)和脏数据刷新机制(dirty-refresh)。

1. 全数据刷新机制

全数据刷新机制是 Sun 等提出的一种异步刷新缓存行的机制，它会刷新所有合法的缓存行。该机制为每个缓存行配备一个局部的硬件计数器来跟踪每个缓存行的保持周期，包括三个步骤。第一个步骤是将一个缓存行的保持周期划分成多个检查周期，并使用一个全局计数器来同步检查周期的计数变化。第二个步骤是全局计数器每次增加一个数，每个缓冲行配置的局部计数器也跟着增加一个数。当局部计数器的值到达一个预定义值，即接近保持周期的时间，对应的缓存行就刷新一次。第三个步骤是当往缓存行中写入数据时，或者当从内存往缓存行加载数据时，就将对应的局部计数器清零。表 5.10 显示了 Mibench 中一组测试用例在全数据刷新机制下刷新操作的负载。该结果表明，相对于测试用例中总的读写次数，全数据刷新机制下引起的刷新操作非常频繁。平均来说，每 100 次内存的存取访问会引起 25 次刷新操作，这些频繁的刷新操作会导致非常大的负载。

表 5.10　全数据刷新机制下的刷新操作的负载

测试用例	总的指令数目	读操作的数目	写操作的数目	主动刷新的数目
adpcm	33 508	11 762	7051	2453
bcnt	8543	2325	1324	1058
blit	30 513	4314	3328	4050
arc	16 636	3705	1785	2170
engine	293 053	55 697	49 324	11 131
fir	16 649	3110	1766	1417
g3fax	637 203	81 579	84 278	32 296
pocsag	31 735	5562	4856	2116
qurt	9202	2 356	1372	1083
ucbqsort	310 653	113 781	36 625	14 409

2. 脏数据刷新机制

脏数据刷新机制是 Jog 等提出的一种新的刷新机制。与全数据刷新机制不同的是，该机制并不刷新所有合法的缓存行，而只是刷新脏的缓存行。对于干净的缓存行，如果该缓存行在一个保存周期内没有被主动刷新或被动刷新，那就直接扔掉这些数据，即将该缓存行标志为非法即可。与全数据刷新机制相比，这种机制能够减少刷新操作，但是同时也会增加缓存缺失。

3. N 位标记刷新机制

在系统运行过程中，有些缓存行中可能相邻的两次写操作之间的间隔时间非常长。一个极端的例子就是所谓的 dead block，是指一个缓存行被写了以后，很长时间都不会被使用，而是被再次重写。图 5.12 显示了缓存行上相邻写操作之间间隔时间的分布情况。该结果通过一个 32 位存取宽度，32 字节缓存行大小的易失性 STT-RAM 缓存模拟器得到。具体的实验参数可以参考后面的实验部分。该结果表明，大约 5.9%的间隔时间长度超过 13 250 个时钟周期(缓存模拟器的数据保持周期)。这些间隔需要主动刷新才能保证数据的完整性。这里将这些间隔时间称为长间隔。结果还表明，大约 25.8%的长间隔的长度超过了106 000 个时钟周期(8 个保持周期)。对于这些超长间隔，全数据刷新机制和脏数据机制需要刷新很多次数来维持数据的完整性，但是由此获得的收益却很少。此外，大约 34.3%的长间隔是死间隔。死间隔是指一个间隔由缓存行的一次写操作开始，中间没有任何读操作，就被另一次写操作结束了。对于这些死间隔，频繁的刷新操作产生了很大的负载却没有任何收益。

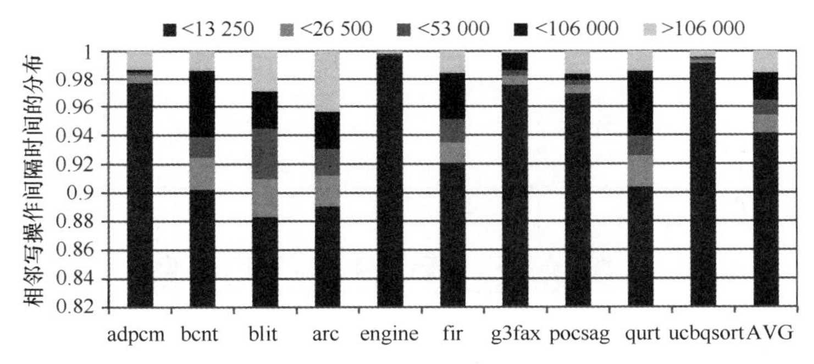

图 5.12　缓存行上相邻写操作之间的间隔时间的分布情况

我们设计了一种称为 N 位标记刷新机制(N-refresh)。在这种机制里，每个缓存行最多只能被连续刷新 2^N-1 次。因此，一个缓存行如果在 2^N 个保持周期内没有被重写，就会被自动标志为非法。为了实现 N 位标记刷新机制，我们只需要为每个缓存行的局部计数器增加 N 个位。与全数据刷新机制相比，这种机制能够减少刷新操作，但是同时也会增加缓存缺失。

5.3.2　数据分配方案同刷新频度的关系

不同的数据分配方案决定了不同的内存块访问顺序，而不同的内存块将对应于缓存块的相应位置，因此不同的数据分配方案对缓存的刷新频度有重要影响。假设有这样一个数据访问序列 $a_6c_9b_{12}d_{15}a_{18}c_{21}b_{24}d_{27}a_{30}$(下标表示该数据操作时对应的时间戳，如 a_6 表示变量 a 将在第 6 个时钟周期被访问)，其中共有 4 个数据对象(a、b、c、d)以及 2 个内存块(每个内存块能够存储两个对象)。易失性 STT-RAM 的保持周期为 5ms。我们考虑两种分配方案，如图 5.13 所示。第一种分配将 a 和 b 分配到一个内存块，c 和 d 分配到一个内存块，结果总共需要 9 个主动刷新操作。第二种分配将 a 和 c 分配到一个内存块，b 和 d 分配到一个内存块。这种方案能够使得内存块被更合理地被动刷新，从而节省主动刷新，结果总共只需要

6 个主动刷新操作。因此，我们可以借助编译器的数据分配优化来减少总的主动刷新操作的数目，进而达到降低系统能耗，提高系统绿色指标的目的。

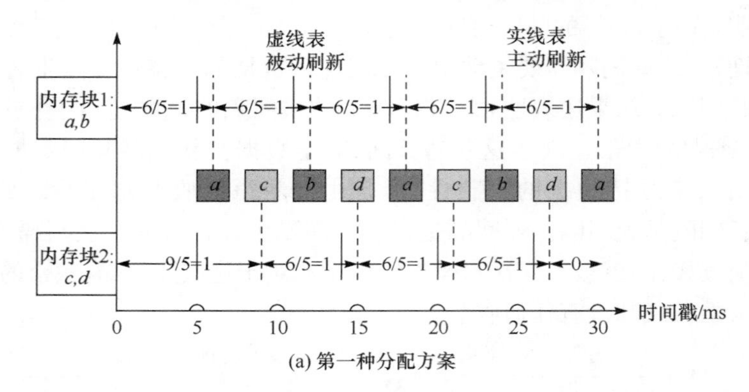

(a) 第一种分配方案

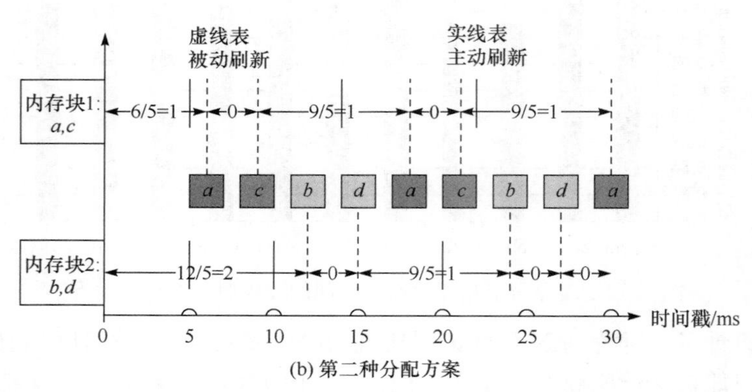

(b) 第二种分配方案

图 5.13　两种分配方案的比较

因此，如何从一个给定的数据写访问序列中寻找一种数据对象到内存块的分配方法，使得刷新操作的总数目最少，是需要解决的主要问题。值得说明的是，在实际情况下，编译器一般将数据对象分配到三个独立的内存区域，即栈对象区域、全局对象区域和堆对象区域。每个内存区域需要单独进行内存分配。我们将该问题描述为(其中各符号的描述如表 5.11 所示)，已知一个数据的写访问序列 DTrace＝$\{dw_1, dw_2, \cdots, dw_i, \cdots\}$，我们先将其转换成内存块的写访问序列 BTrace，其中 dw_i 和 bw_i 的关系满足 $bw_i = alloc(dw_i)$。如果一个数据对象 d 被分配到内存块 b，那么在 DTrace 中对 d 的一个写访问，对应在 BTrace 中的对 b 的一个写访问。接着，将 BTrace 划分成一组子序列，每个序列对应一个内存块上的所有写访问。如图 5.13(a)所示的数据访问及内存映射关系，我们可以划分出两组子序列，其中 $a_6 b_{12} a_{18} b_{24} a_{30}$ 对应内存块 1 的子序列，$c_9 d_{15} c_{21} d_{27}$ 对应于内存块 2 的子序列。对于内存块 b_j 的子序列 BTrace＝$\{bw_1^j, bw_2^j, \cdots, bw_i^j, \cdots\}$，该子序列需要的刷新操作数

目则可以通过式(5.9)进行计算。这是因为如果 volatile STT-RAM 的保持周期为 T 的话,那么时间间隔 inv 需要的刷新次数为$\lceil \text{inv}/T \rceil$。最后,该问题的目标就是寻找一个分配函数 alloc 来最小化总的刷新操作次数,即 $\min(\sum_{j}^{|N|} nAR_{b_j})$。

$$
nAR_{b_j} = \sum_{i=1}^{|\text{trace}_{b_j}|-1} \lfloor (TS_{bw_{i+1}^j} - TS_{bw_i^j})/T \rfloor + \lfloor (TS_{bw_{i+1}^j} - TS_{bw_i^j})/T \rfloor + \lfloor (TS_{bw_{i+1}^j} - TS_{bw_i^j})/T \rfloor \tag{5.9}
$$

表 5.11 问题描述所使用的符号

符号	有关符号的有关描述
$D=\{d_1,d_2,\cdots,d_n\}$	数据对象的集合
SizeD_i	数据对象的大小(字节)
$B=\{b_1,b_2,\cdots,b_n\}$	内存块的集合(内存块是往缓存加载到基本单位)
SizeB	内存块的大小(字节)
$\text{DTrace}=\{\text{dw}_1,\text{dw}_2,\cdots,\text{dw}_i,\cdots\}$	数据的写访问序列
DO_i	dw_i 的目标数据对象
TS_i	dw_i 发生时的时间戳
TS_{start}	程序运行开始时的时间戳
TS_{end}	程序运行结束时的时间戳
SizeW_i	dw_i 的大小,如果 dw_i 是其目标数据对象在写访问序列中的第一次出现,其大小就是目标数据对象;否则,其大小就是 0。这可以在预处理阶段计算出来
$\text{BTrace}=\{\text{bw}_1^j,\text{bw}_2^j,\cdots,\text{bw}_i^j,\cdots\}$	内存块的写访问序列
$\text{alloc}: D \rightarrow B$	将数据对象分配到内存块的分配函数

值得注意的是,我们没有对缓存的行为,如缓存命中与缺失进行建模,忽略了缓存加载导致的被动刷新操作。因此,式(5.9)可以被同时被应用于 Full-refresh 刷新机制和 Dirty-refresh 刷新机制。对于 N-refresh 机制下的情形,式(5.9)并不准确。这是因为在 N-refresh 机制下,假设易失性 STT-RAM 的保持周期为 T,每个时间间隔所需的刷新操作的数目不能超过 2^N-1。因此,实际所需的刷新操作的数目是 $\min(\lfloor \text{inv}/T \rceil, 2^N-1)$。式(5.9)也要随之修改。

对数据的分配必然会影响到程序的局部性,但是上面对问题的描述并没有考虑程序局部性的影响。缺乏这个考虑导致的限制将在实验部分进行讨论。此外,这里讨论的数据分配方案并不处理堆空间,这是因为堆空间在嵌入式中很少应用,而且在编译时也很难对堆空间进行管理。如果数据对象的大小超过了缓存行的大小,那么该数据对象的分配就按照一般编译器默认的分配方法进行。

5.3.3 数据分配整数线性规划解决方案

同 5.2 节类似,我们将采用整数线性规划模型对该数据分配方案进行求解,首先讨论在全数据刷新机制和脏数据刷新机制下的整数线性规划模型。然后，通过一个示例来进一步解释该整数线性规划模型。最后，讨论在 N 位标记刷新机制下的整数线性规划模型。

1. Full-refresh 和 Dirty-refresh 机制下的整数线性规划模型

我们使用变量 x_i^j 表示是否将数据写操作 dw_i 的目标数据对象分配到内存块 b_j，即

$$x_i^j=\begin{cases}1, & \mathrm{dw}_i \text{ 分配到 } b_j \\ 0, & \mathrm{dw}_i \text{ 未分配到 } b_j\end{cases} \tag{5.10}$$

如果数据写操作 dw_i 的目标数据对象分配到内存块 b_j，并且 dw_i 发生的时间戳为 TS_i，那么此时在内存块 b_j 上就会有一个内存写操作；否则，如果 dw_i 的目标数据对象没有分配到内存块 b_j 上的话，那么当时间戳为 TS_i 时，内存块 b_j 上就没有一个内存写操作。我们使用辅助变量 pts_i^j 来表示数据写操作 dw_i 在内存块 b_j 发生的虚拟时间戳。虚拟时间戳的定义如式(5.11)所示。每个数据写操作 dw_i 在每个内存块 b_j 都对应一个虚拟时间戳。如果数据写操作 dw_i 的目标数据对象分配到内存块 b_j，那么该虚拟时间戳 pts_i^j 为 dw_i 发生时的实际时间戳，否则 pts_i^j 的取值为 pts_{i-1}^j，即

$$\mathrm{pts}_i^j=\begin{cases}\mathrm{TS}_{\mathrm{start}}, & i=0 \\ \mathrm{TS}_{\mathrm{end}}, & i=|\mathrm{DTrace}|+1 \\ \mathrm{TS}_i, & 0<i\leqslant|\mathrm{DTrace}|\ \&\&\ \mathrm{dw}_i \text{ 分配到 } b_j \\ \mathrm{pts}_{i-1}^j, & 0<i\leqslant|\mathrm{DTrace}|\ \&\&\ \mathrm{dw}_i \text{ 未分配到 } b_j\end{cases} \tag{5.11}$$

在整数线性规划模型，我们用式(5.12)所示的约束来刻画对于辅助变量 pts_i^j 的定义。第 1 行表示每个内存块的第一个虚拟时间戳是程序运行开始的时间戳。第 2 行表示每个内存块的最后一个虚拟时间戳是程序运行结束的时间戳。接下来的 3 行用来刻画其他的时间戳。如果 dw_i 的目标数据对象分配到内存块 b_j，即 $x_i^j=1$，那么第 5 行就可以变换成 $\mathrm{pts}_i^j\geqslant\mathrm{TS}_i$。第 4 行跟第 5 行要求 $\mathrm{pts}_i^j=\mathrm{TS}_i$。如果 dw_i 的目标数据对象没有分配到内存块 b_j，即 $x_i^j=0$，那么第 4 行就可以变换成 $\mathrm{pts}_i^j\leqslant\mathrm{pts}_{i-1}^j$。第 3 行和第 4 行要求 $\mathrm{pts}_i^j=\mathrm{pts}_{i-1}^j$。

$$\begin{cases}\mathrm{pts}_0^j=\mathrm{TS}_{\mathrm{start}}, & j\in\{1,2,\cdots,|B|\} \\ \mathrm{pts}_{|\mathrm{DTrace}|+1}^j=\mathrm{TS}_{\mathrm{end}}, & j\in\{1,2,\cdots,|B|\} \\ \mathrm{pts}_{i-1}^j\leqslant\mathrm{pts}_i^j\leqslant\mathrm{TS}_i, & j\in\{1,2,\cdots,|\mathrm{DTrace}|\} \\ \mathrm{pts}_i^j\leqslant\mathrm{pts}_{i-1}^j+x_i^j\times\mathrm{TS}_i, & j\in\{1,2,\cdots,|\mathrm{DTrace}|\} \\ \mathrm{pts}_i^j\geqslant\mathrm{TS}_i+(x_i^j-1)\times\mathrm{TS}_i, & j\in\{1,2,\cdots,|\mathrm{DTrace}|\}\end{cases} \tag{5.12}$$

对每个缓存块而言，为了避免数据丢失，在每个保持周期中必须至少有一个主

动刷新或者被动刷新(后者指的就是写操作)。因此,如果在某个内存块上,如果两次相邻的写操作之间的时间间隔的长度大于或者等于保持周期 T,就需要额外的刷新操作。整个内存写操作序列上相邻的两个写操作 dw_i 和 dw_{i+1} 在内存块 b_j 上所需的刷新操作的数目,可以用式(5.13)进行计算。如果 dw_{i+1} 的目标数据对象没有分配到内存块 b_j,则有 $\mathrm{pts}^j_{i+1}=\mathrm{pts}^j_i$,所以该时间间隔不需要额外的刷新操作。

$$n\mathrm{AR}^j_i=\lfloor(\mathrm{pts}^j_{i+1}-\mathrm{pts}^j_i)/T\rfloor \tag{5.13}$$

由于式(5.13)不是线性函数,无法借助对应的整数线性规划求解器求解,因此我们将其转换为

$$\begin{cases}n\mathrm{AR}^j_0=0, & j\in\{1,2,\cdots,|B|\}\\(\mathrm{pts}^j_i-\mathrm{pts}^j_{i-1})-T+1\leqslant \mathrm{nAR}^j_i\times T\leqslant \mathrm{pts}^j_i-\mathrm{pts}^j_{i-1}, & i\in\{1,2,\cdots,|\mathrm{DTrace}|\}\end{cases} \tag{5.14}$$

因此,内存块 b_j 上的分配代价,即内存块 b_j 上所需的刷新操作的数目可以用式(5.15)计算,即

$$\mathrm{cost}^j=\sum_{i=1}^{|\mathrm{DTrace}|+1}n\mathrm{AR}^j_i \tag{5.15}$$

其目标函数是最小化总的分配代价,即为 $\min(\sum_{j=1}^{|B|}\mathrm{cost}^j)$ 。

为确保分配的合法性,该整数线性规划模型还需增加一些额外约束。

首先,内存写操作序列上的每个数据写操作只能被分配到一个内存块。其约束可以用式(5.16)进行描述,即

$$\begin{cases}\sum_{j=1}^{B}x^j_i=1, & i\in\{1,2,\cdots,|\mathrm{DTrace}|\}\\x^j_0=1, & j\in\{1,2,\cdots,|B|\}\\x^j_{|\mathrm{DTrace}|+1}=1, & j\in\{1,2,\cdots,|B|\}\end{cases} \tag{5.16}$$

我们假设程序运行开始的时间戳和程序结束的时间戳对于每个缓存块都有一次虚拟的写操作。后面的例子可以说明,该假设可以帮助计算每个缓存块第一次写操作之前和最后一次写操作之后的时间里所需的刷新次数。

其次,每个数据对象只能分配到一个内存块。该约束可以用式(5.17)进行描述,要求对同一个数据对象的所有写操作必须被分配到同一个内存块,即

$$\begin{cases}\mathrm{DO}_{i_1}=\mathrm{DO}_{i_2}, & i_1,i_2\in\{1,2,\cdots,|\mathrm{DTrace}|\}\\x^j_{i_1}=x^j_{i_2}, & j\in\{1,2,\cdots,|B|\}\end{cases} \tag{5.17}$$

再次,分配到同一个内存块的所有数据对象的大小之和不能超过该内存块的大小。该约束可以用式(5.18)来描述。值得注意的是,在预处理阶段计算 SizeW_i 时,如果 dw_i 是其目标对象的第一次写操作,那么 SizeW_i 为目标对象的大小;否则,SizeW_i 为0。

$$\sum_{i=1}^{|\text{DTrace}|} x_i^j \times \text{SizeW}_i \leqslant \text{SizeB}, \quad j \in \{1,2,\cdots,|B|\} \tag{5.18}$$

总的来说，该整数线性规划模型中有三类变量，即 x_i^j、pts_i^j 和 $n\text{AR}_i^j$。在这些变量中，x_i^j 是布尔值，pts_i^j 和 $n\text{AR}_i^j$ 是整数值。

2. 示例及 N-refresh 机制下的整数线性规划模型

下面我们以图 5.13(b)中的分配方案进一步说明整数线性规划模型的具体意义。其详细分配过程如表 5.12 所示，表中第 5 行和第 8 行显示了用式(5.11)计算出来的 pts_i^j 的值。表中最后一列显示了用式(5.15)计算出来的 cost^j 的值。在该示例中，内存写操作序列 DTrace$=\{a,c,b,d,a,c,b,d,a\}$。我们将 a 和 c 分配到内存块 1 中，其对应的子序列为$\{a,c,a,c,a\}$。令 TS_{start}的值为 0，TS_{end}的值为 31。

表 5.12 ILP 模型示例

i		0	1	2	3	4	5	6	7	8	9	10	cost^j
内存块	DTrace	start	a	c	b	d	a	c	b	d	a	end	—
	TS_i	0	6	9	12	15	18	21	24	27	30	31	
内存块 1 $\{a,c\}$	子序列 1	start	a	c	—	—	a	c	—	—	a	end	3
	pts_i^1	0	6	9	9	9	18	21	21	21	30	31	
	$n\text{AR}_i^1$	0	1	0	0	0	1	0	0	0	1	0	
内存块 2 $\{b,d\}$	子序列 1	start	—	—	b	d	—	—	b	d	—	end	3
	pts_i^2	0	0	0	12	15	15	15	24	27	27	31	
	$n\text{AR}_i^2$	0	0	0	2	0	0	0	1	0	0	0	

对于 N-refresh 机制下的整数线性规划模型，因为在 N 位标记刷新机制下，一个缓存块最多只能被刷新 2^N-1 次，所以我们只需要修改对 $n\text{AR}_i^j$ 的计算，就可完成对应的整数线性规划模型，即将式(5.14)修改为

$$\begin{cases} n\text{AR}_0^j=0, & j\in\{1,2,\cdots,|B|\} \\ n\text{AR}_i^j\times T\leqslant \text{pts}_i^j-\text{pts}_{i-1}^j, & i\in\{1,2,\cdots,|\text{DTrace}|\} \\ n\text{AR}_i^j\leqslant 2^N-1, & i\in\{1,2,\cdots,|\text{DTrace}|\} \end{cases} \tag{5.19}$$

5.3.4 启发式分配方法

基于整数线性规划模型的解决方案，通常不能高效地处理大规模问题。因此，本节讨论一种能够快速求解次优解的启发式方法。我们的启发式方法的基本思路是在进行分配的过程中，通过只考虑任意两个数据对象之间的关系来简化目标。对于每对数据对象 d_i 和 d_j，提取只有这两个对象的数据写操作子序列，记为

$\text{trace}_{i,j}=\langle \text{dw}_1,\text{dw}_2,\cdots\rangle$。将这两个数据对象分配到同一个内存块上的代价可以表示为

$$\text{cost}_{i,j}=\sum_{k=1}^{|\text{trace}_{i,j}|-1}\lfloor(\text{TS}_{\text{dw}_{k+1}}-\text{TS}_{\text{dw}_k})/T\rfloor \tag{5.20}$$

如果对两个数据对象 d_i 和 d_j 分配不同的内存块，则 $\text{cost}_{i,j}$ 为 0。问题的目标函数可以表示为

$$\sum_{d_i\in D}\sum_{d_j\in D,d_j\neq d_i}\text{cost}_{i,j} \tag{5.21}$$

该简化后的问题可以建模成二次分配问题(quadratic assignment problem, QAP)。二次分配问题可以借助图结构来表示。在该图中，一个顶点代表一个数据对象，两个顶点之间边的权值表示将这两个数据对象分配到同一个内存块的代价。该问题就转换成图划分问题。划分后的每个子图对应到一个内存块，目标则成为最小化所有子图中边的权值之和。

经简化得到的二次分配问题仍然是 NP 难的问题，因此我们将借助启发式算法进行求解。该算法主要包含图划分过程和数据分配过程，可以采用统一的方法对全局变量空间和栈空间分开进行分配。为了简洁，我们只讨论栈空间的分配方法。

1. 图划分

对于栈空间的图划分及分配过程都是以函数为单位进行的。如图 5.14 所示，该算法首先建立一个待分配的内存块的列表，然后将数据对象分配到内存块中。在分配时，先找出剩余子图中权值最小的边，然后尽量将该边连接的两个数据对象分配到同一个内存块。每完成一次成功的分配或失败的尝试，都需要对剩余子图进行更新操作。成功的话，就从子图中合并相应的结点和边；失败的话，就只删除相应的边。最后，对更新后的子图，查找权值最小的边，尝试下一次的分配，直到完成。

算法 5.3　图划分算法

输入：图 graph，待分配的存储块列表 blocks，当前函数的数据栈大小 nStackSize

输出：完成分配的存储块列表 blocks

1. // 1：初始化待分配列表；
2. int nThreshold = nStackSize/缓存行大小；
3. **for** i = 1 to n Threshold **do**
4. 新建一个空块，并加入到列表；
5. **endfor**
6. // 2：数据分配过程；
7. **while** 图不为空 **do**

```
8.      retrieve an edge e(v1, v2) from graph with the smallest weight;找到权值最小的边 e(v1,v2);
9.      //尝试将 v1 和 v2 分配到同一个块
10.      if both v1 and v2 are unallocated then if v1 和 v2 都没有分配 then
11.          allocate v1 and v2 into the same block;将 v1 和 v2 分配到同一个块;
12.          merge vertex v1 and v2;合并 v1 和 v2;
13.          for each edge e(v2, x)for 每条与 v2 相接的边 e(v2,x)
14.              add the weight of e(v2, x) up to the weight of e(v1, x);将 e(v2,x)的权值加到 e(v1,x)的权值
上;
15.              删除 e(v2,x);
16.          endfor
17.      else if only one object v2 is unallocated then else if 只有 v2 没有分配 then
18.          allocate it into the block holding the other object;将 v2 分配到 v1 所在的块;
19.          merge vertex v1 and v2;合并 v1 和 v2;
20.          for each edge e(v2, x) for 每条 v2 相接的边 e(v2,x)
21.              add the weight of e(v2, x) up to the weight of e(v1, x);
22.              将 e(v2,x)的权值加到 e(v1,x)的权值上;
23.          endfor 删除 e(v2,x);
24.      else if
25.          delete edge e(v1, v2) from the graph;从图中删除边 e(v1,v2);
26.      end if
27. endwhile
28. allocate the unallocated data using the default method;用默认分配方法分配其余数据对象;
29. return blocks
```

图 5.14　图划分算法

下面我们用一个例子来说明该图划分算法,如图 5.15 所示。假设所有数据对象的大小是一样的,并且每个缓存行(或内存块)能分配 3 个对象,因为例子中有 5 个数据对象,所以待分配的内存块列表有 2(⌈5/3⌉)个空的内存块。在第一步中,连接结点 a 和结点 d 的边的权值最小,因此选择将结点 a 和 d 分配到同一个内存块。然后合并结点 a 和 d。在合并的过程中,对边以及边的权值也进行合并。例如,边(d, e)被合并到边(a, e),相应地,权值也被更新成 5(=min(5,6))。对于这个例子,经过 4 步迭代,就可以得到最终的分配结果,如图 5.15 所示。

下面我们来讨论图划分算法的时间复杂度。假设全局数据对象的数目为 N_g,函数 f_i 的栈对象的数目为 N_{fi}。我们将 $\max\{N_g, N_{f1}, N_{f2}, \cdots\}$标志为 N。待划分的图中,结点和边的数目不会超过 N 和 N^2。该算法的内核代码是从第 7 行开始的循环。在这个循环中,因为每次迭代都能够从图中移除一条边,所以总的迭代次数不会超过 N^2。每次迭代需要查找权值最小的边,查找次数不超过 $N\times\ln(N)$。因此,该算法的时间复杂度为 $O(N^3\times\ln(N))$。

2. 数据分配

在完成图划分以后,可以得到一个已经分配好的内存块列表。每个数据对象

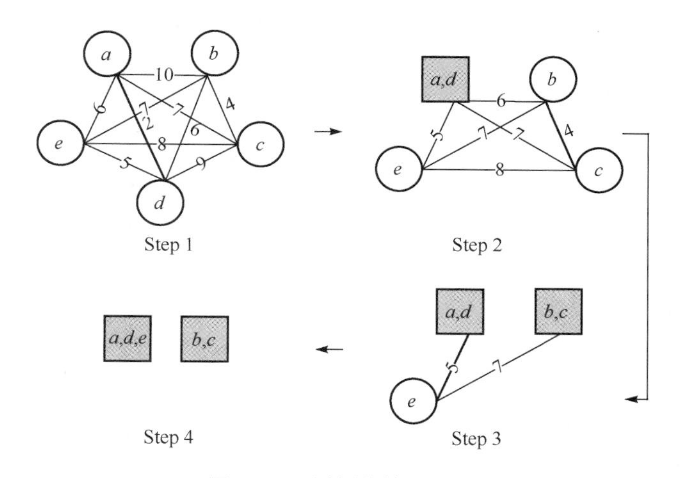

图 5.15　图划分算法示例

在内存块内部的偏移量也很容易得到。将全局数据对象分配获得的内存块列表分配到全局空间的过程比较简单，因此我们在此省略该步骤。本节我们主要讨论如何将这个内存块列表分配到函数的栈空间。该分配过程包括两个子过程，栈基址对齐过程和映射过程。

栈基址对齐过程的目标是将每个函数的栈基址指针对齐到缓存行大小。该过程需要完成两个任务。一是，在 main 函数的入口处加入指令将栈基址指针对齐到缓存行大小。二是，将每个用户函数的栈的大小往上扩展成缓存行大小的倍数。完成这两个任务以后，每个用户函数的栈基址指针都会对齐到缓存行大小。

映射过程的目标是给数据对象分配栈上的相对地址。在完成栈基址指针对齐过程以后，就可以通过将内存块直接映射到栈上进行数据分配。假设缓存行大小为 C，在图划分算法中，一个数据对象 d 被分配到第 n 个内存块，并且在内存块内部的偏移量为 off。在映射过程中，我们只需要将 d 分配到地址 $\mathrm{ESP}+n\times C+\mathrm{off}$。这样的映射过程可以保证在图划分算法中被分配到同一个内存块数据对象在程序运行过程中能够被加载到同一个缓存行。值得注意的是，栈上有些特殊的对象不能随意地调整分配地址，如用于保存函数返回值的空间，用于参数传递的空间等。因此，需要在为这些特殊的对象保留好空间以后，才能进行映射过程。

5.3.5　实验结果与分析

1. 实验构建

为评估该数据分配方案的效果，我们针对易失性 STT-RAM 上的三种刷新机制以及三种数据分配方案，即默认的分配方法、启发式分配方法和基于整数线性规划模型的分配方法，对其分别构建实验，检测对应算法和刷新机制下对系统刷新能耗的影响。由于刷新机制和数据分配方法是两种完全独立的技术,因此其组合共有 9 种方案,如表 5.13 所示。在实验评估中,对于 N-refresh 机制,我们设定 N 值为 1。

表 5.13 9 种评估方案

分配方法	full-refresh 机制	dirty-refresh 机制	N-refresh 机制
默认的分配方法	FR	DR	NR
启发式分配方法	FR-DL	DR-DL	NR-DL
基于 ILP 模型的分配方法	FR-ILP	DR-ILP	NR-ILP

为了评估这 9 种方法,我们基于 PIN-tool 实现了一个易失性 STT-RAM 缓存模拟器。该模拟器实现了针对只有一级缓存的单核微控制器,实现了表 5.13 所示的 3 种刷新机制,其主要硬件参数基于 TI DM3x Video SOC 进行配置,具体如表 5.14所示。实验评估中使用的测试用例来自典型的嵌入式应用测试集——powerstone benchmark suite。

表 5.14 目标平台的实验参数

体系结构组件	参 数 值
处理器	单核,顺序执行,500 MHz
数据缓存	缓存大小 16KB,缓存行大小 32B,缓存替换策略为 LRU, 4 路组相连,一个小的 SRAM 缓存区用于刷新操作 读/写速度:1/1 时钟周期 数据保持时间:13 250 时钟周期(26.5μs) 读/写动态能耗:0.035/0.187 nJ 缓冲区的读写动态能耗:0.075/0.059 nJ 活跃刷新的动态能耗:0.356 nJ
主存	300 时钟周期

实验流程包含 4 个步骤,如图 5.16 所示。第一步,用 LLVM 的官方版本对测试用例进行编译。编译的输出包含该测试用例的二进制文件和符号表信息。第二步,通过在缓存模拟器中运行第一步输出的二进制文件,可以获得该程序的内存地址访问序列,同时获得每个写操作的时间戳。根据第一步获得的符号表信息,可以将内存地址与数据对象符号关联起来,从而将该内存地址访问序列转换成数据访问序列。第三步,调用基于数据访问序列的数据分配算法,用修改过的 LLVM 重新编译测试用例。数据分配算法可以是基于启发式的方法,也可以是基于整数线性规划模型的方法。在求解整数线性规划模型过程中,实验借助通用整数线性规划求解器——LINGO。第四步,在缓存模拟器中运行第三步输出的二进制文件,搜集统计信息。

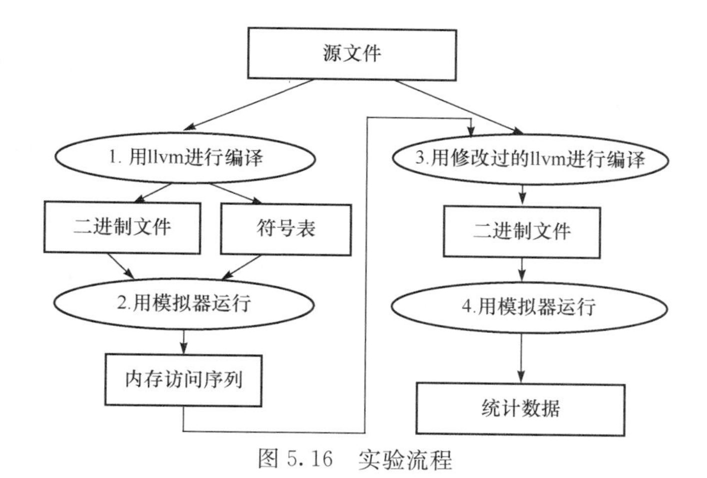

图 5.16　实验流程

2. 实验结果及分析

能耗是重要的绿色指标，而运行速度在一定程度影响了缓存资源的利用率，对绿色指标也将产生影响，因此我们的实验结果分析包括动态能耗和运行速度两个方面的评估。动态能耗的改善主要来自刷新操作的减少。运行速度的改善主要来自缓存命中率的提升。值得注意的是，由于整数线性规划模型具有较高的时间复杂度，因此在实验中，我们只获得了四个测试用例的整数线性规划求解结果。对于其余六个测试用例，我们只用整数线性规划求解器评估了一部分访问序列。

(1) 刷新次数及动态能耗的比较

我们首先讨论刷新次数的比较。图 5.17 显示了 9 种方案中的刷新次数。所有的结果都根据 FR 方法的结果进行了归一化处理。实验结果表明，跟默认的分配方法相比，启发式分配方法在全数据刷新机制，脏数据刷新机制和 N 位标记刷新机制下，分别能够减少 12.4%、15.7%和 2.0%的刷新操作。此外，实验结果也

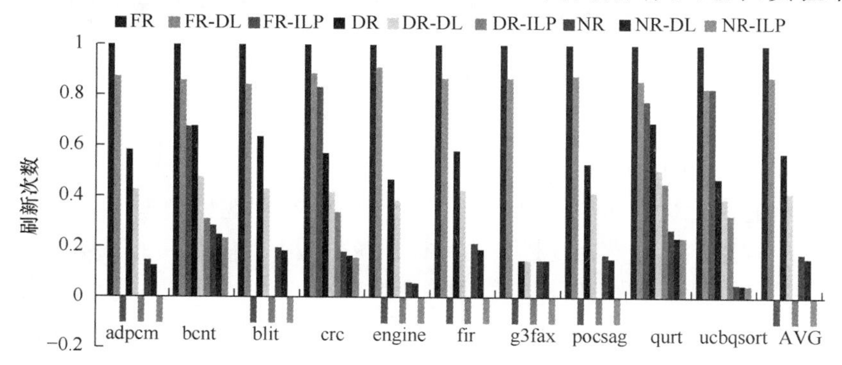

图 5.17　刷新次数比较

表明,对于能获得整数线性规划分配方法的解的四个测试用例来说,整数线性规划分配方法比启发式方法能够减少更多的刷新操作。这是因为整数线性规划分配方法追求最优解。

此外,跟全数据刷新机制机制相比,使用默认分配方法的情况下,脏数据刷新机制和N位标记刷新机制平均能够减少42.7%和82.4%的刷新操作。考虑分配方法与刷新机制,跟FR方案相比,DR-DL和NR-DL方案平均能够减少58.4%和84.2%的刷新操作。实验结果也表明,N位标记刷新机制平均能够比脏数据刷新机制减少更多的刷新操作。但是,下文可以看到,此同时,脏数据刷新机制平均能够比N位标记刷新机制表现出更好的性能。

接下来我们讨论动态能耗的比较。图5.18显示了动态能耗的比较。实验结果表明,与默认的分配方法相比,启发式分配方法在所有的刷新机制下都能降低动态能耗。这个结果跟前面刷新次数的比较结果是一致的。与FR方案相比,DR-DL和NR-DL方案分别能够为易失性STT-RAM缓存减少26.4%和38.0%的动态能耗。实验结果也表明,对于能获得整数线性规划分配方法的解的四个测试用例来说,整数线性规划分配方法比启发式方法能够降低更多的能耗。在全数据刷新机制、脏数据刷新机制和N位标记刷新机制下,跟默认的分配方法相比,启发式方法(整数线性规划方法)分别能够降低6.1%(11.2%)、8.2%(12.9%)和1.2%(1.6%)的动态能耗。

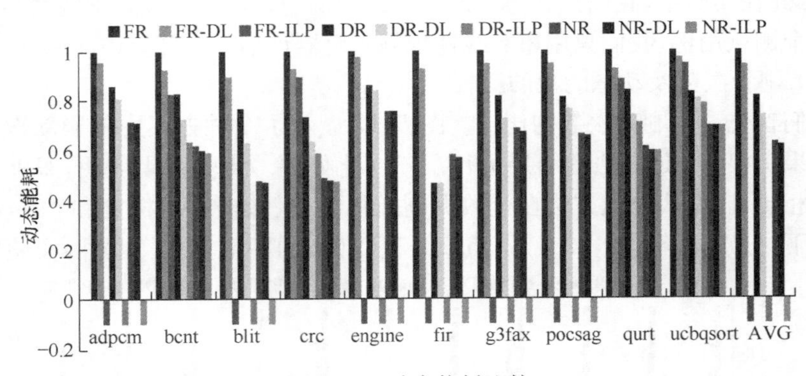

图5.18 动态能耗比较

(2) 运行速度的比较

我们首先讨论缓存命中率的比较。如上所述,在问题模型里面并没有直接考虑缓存命中的影响。既然问题模型的目标是减少缓存行上相邻的写操作之间的时间间隔,那么该问题模型的解决方案很自然地能够改善程序的局部性。实验结果支持这个说法。如图5.19所示,跟默认的分配方法相比,在同一种刷新机制下,启发式方法和整数线性规划方法都能够略微地提高缓存命中率。此外,整数线性规划方法也比启发式方法能够提高更多的缓存命中。

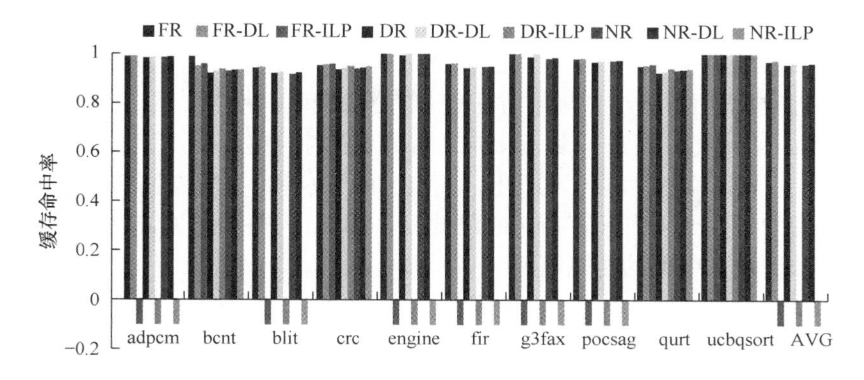

图5.19　缓存命中率比较

考虑不同刷新机制的影响。与全数据刷新机制相比，在同一种分配方法的情形下，脏数据刷新机制和N位标记刷新机制都会导致缓存命中率下降。脏数据刷新机制只是刷新脏的缓存行，因而干净缓存行的内容就会在一个保持周期后丢失。N位标记刷新机制只刷新缓存行不超过1次，因此缓存行的内容就会在两个保持周期后丢失。数据的丢失会导致缓存缺失。如果同时考虑分配方法和刷新机制，跟FR方案相比，DR-DL和NR-DL方案平均会分别降低2.3%和1.6%的缓存命中率。

对缓存命中率的影响会直接导致对运行速度的影响。如图5.20所示，与默认的分配方法相比，在同样的刷新机制下，启发式分配方法和整数线性规划分配方法都能够提高运行速度。与全数据刷新机制相比，在同样的分配方法的情形下，脏数据刷新机制和N位标记刷新机制都会降低运行速度。这个结果跟前面缓存命中率的结果是一致的。综合考虑分配方法和刷新机制，跟FR方案相比，DR-DL和NR-DL方案分别会平均降低3.9%和4.1%的运行速度。

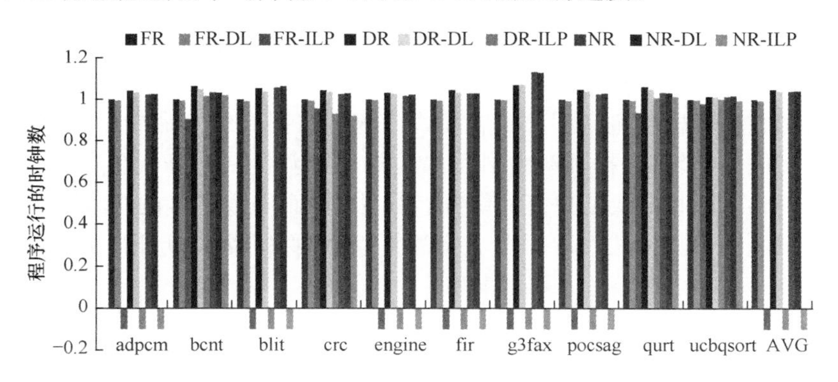

图5.20　运行速度比较

(3) 对于部分访问序列的评估

这里我们讨论对六个测试用例的部分访问序列的评估。这些测试用例完整的访问序列比较长，用整数线性规划方法很难在短时间内获得结果。我们分别使用adpcm、blit、engine、fir、g3fax 和 pocsag 的访问序列的前 10%、30%、15%、25%、1%和 25%进行实验评估。如上所述，动态功耗的改善主要来自刷新操作的减少。运行速度的改善主要来自缓存命中率的提升。因此，为简便起见，这里我们只展示刷新次数和缓存命中率的比较结果。

图 5.21 显示刷新次数的比较结果。从结果可以发现两个特征。首先，跟默认的分配方法相比，启发式分配方法任意刷新机制下都能够减少刷新次数。类似地，整数线性规划分配方法在任意刷新机制下都比启发式分配方法减少更多的刷新次数。其次，跟全数据刷新机制相比，脏数据刷新机制和 N 位标记刷新机制能够减少刷新次数，且 N 位标记刷新机制比脏数据刷新机制能够减少更多的刷新次数。

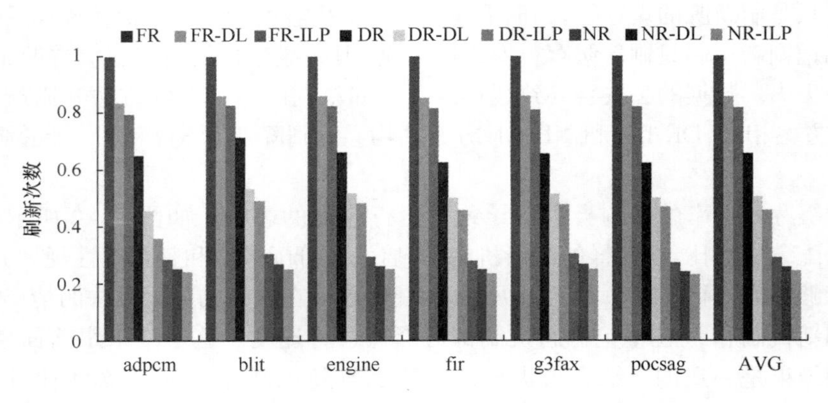

图 5.21　部分访问序列下刷新次数的比较

图 5.22 显示缓存命中率的比较。从该结果可以看出，跟默认的分配方法相比，启发式分配方法任意刷新机制下都能够改善程序局部性。类似地，整数线性规划分配方法在任意刷新机制下都比启发式分配方法提高缓存命中率。其次，与全数据刷新机制相比，脏数据刷新机制和 N 位标记刷新机制会降低缓存命中率。这是因为后两种刷新机制会使更多的缓存行非法，从而导致更多的缓存缺失。综合考虑刷新机制和分配方法，NR-ILP 方案的缓存命中率非常接近 FR 方案的缓存命中率。

3. 敏感度分析

本节讨论敏感度分析的实验结果，即在不同缓存行大小、缓存总大小、易失性 STT-RAM 写速度、易失性 STT-RAM 保持周期，以及 N 位标记刷新机制下 N 的

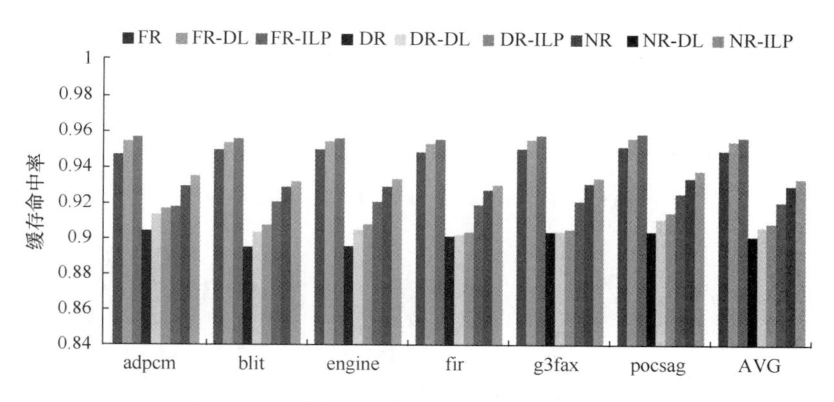

图 5.22　部分访问序列下缓存命中率的比较

不同取值对这些刷新机制和分配算法的影响。在实验评估中，我们仍然使用表 5.14所示的参数进行分析。

(1) 缓存行大小的敏感度分析

图 5.23 显示不同缓存行大小刷新次数的比较。实验有三点发现。其一，与默认的分配方式相比，启发式分配方法在任意刷新机制和任意缓存行大小都能够减少刷新次数。其二，与全数据刷新机制相比，脏数据刷新机制和 N 位标记刷新机制总能减少刷新操作。其三，随着缓存行大小的不断增长，缓存所需刷新次数不断减少。这是因为固定缓存大小不变的情形下，缓存行的大小越大，缓存行的数目就越少，导致刷新操作也就越少。

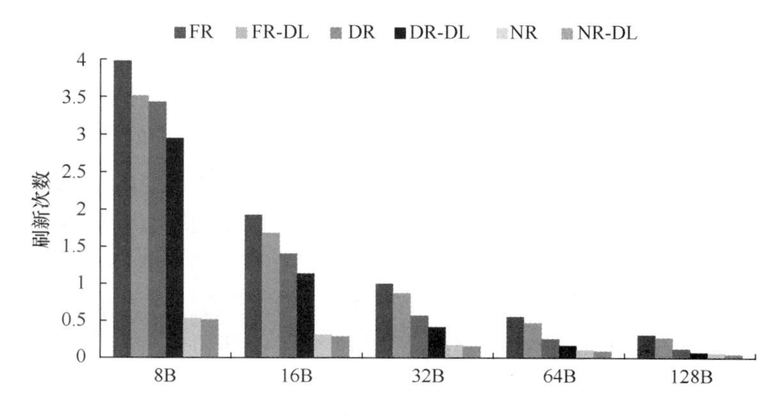

图 5.23　不同缓存行大小的刷新次数的比较

图 5.24 显示不同缓存行大小的缓存命中率的比较。实验有三点发现。其一，与默认的分配方式相比，启发式分配方法在任意刷新机制和任意缓存行大小都能够提高缓存命中率。其二，与全数据刷新机制相比，脏数据刷新机制和 N 位标记

刷新机制总会降低缓存命中率。其三，随着缓存行大小的不断增长，脏数据刷新机制和 N 位标记刷新机制对缓存命中率的负面影响在变弱。这是因为固定缓存大小不变的情形下，缓存行的大小越大，缓存行的数目就越少，脏数据刷新机制和 N 位标记刷新机制标志为非法的缓存行就越少。

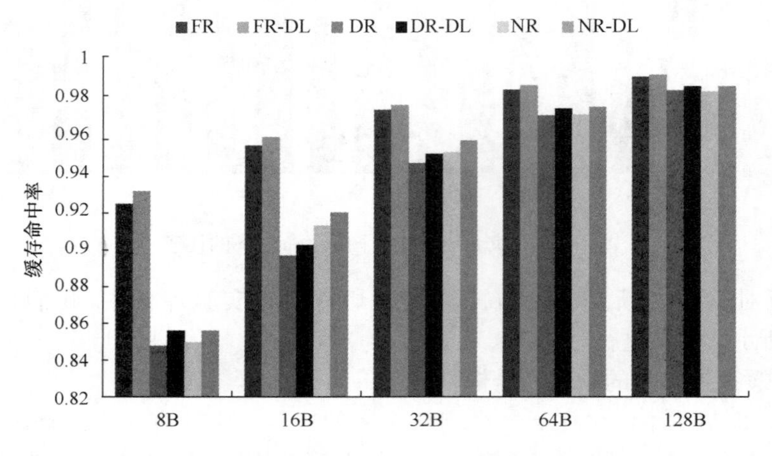

图 5.24　不同缓存行大小的缓存命中率的比较

(2) 缓存总大小的敏感度分析

图 5.25 显示不同缓存总大小刷新次数的比较。实验有四点发现。其一，与默认的分配方式相比，启发式分配方法在任意刷新机制和任意缓存总大小都能够减少刷新次数。其二，与全数据刷新机制相比，脏数据刷新机制和 N 位标记刷新机制总能减少刷新操作。其三，随着缓存总大小的不断增长，缓存所需刷新次数也在不断增长。这是因为固定缓存行大小不变的情形下，缓存总大小越大，缓存行的数目就越多，导致刷新操作也就越多。其四，当缓存总大小超过 32 KB 时，随着缓存总大小的继续增大，所需的刷新次数基本上不再发生变化。这是因为对于这些测试用例而言，32 KB 的数据缓存已经足够大了，额外增加的缓存空间基本上不会被使用。

图 5.26 显示不同缓存总大小的缓存命中率的比较。实验有三点发现。其一，与默认的分配方式相比，启发式分配方法在任意刷新机制和任意缓存总大小都能够提高缓存命中率。其二，与全数据刷新机制相比，脏数据刷新机制和 N 位标记刷新机制总会降低缓存命中率。其三，当缓存总大小大于 16 KB 以后，随着缓存总大小的不断增长，缓存的命中率不再发生变化。这是因为脏数据刷新机制和 N 位标记刷新机制对缓存命中率的负面影响在变弱。对于这些测试用例而言，32 KB的数据缓存已经足够大了，额外增加的缓存空间基本上不会被使用。其四，脏数据刷新机制相比 N 位标记刷新机制通常具有更高的缓存命中率。

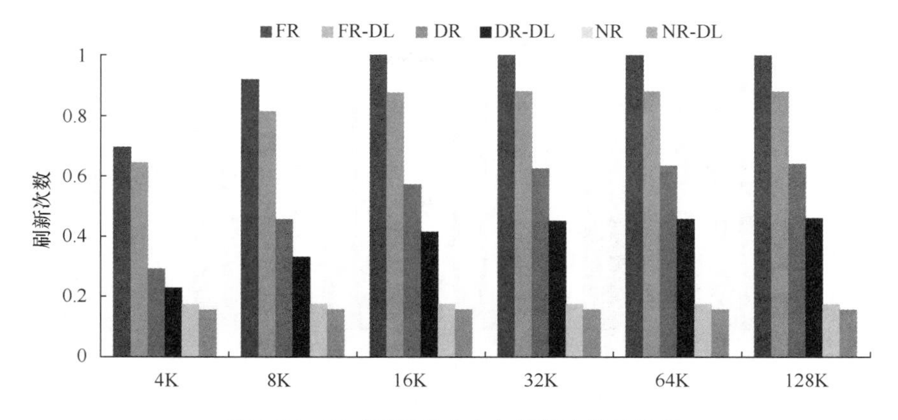

图 5.25　不同缓存总大小的刷新次数的比较

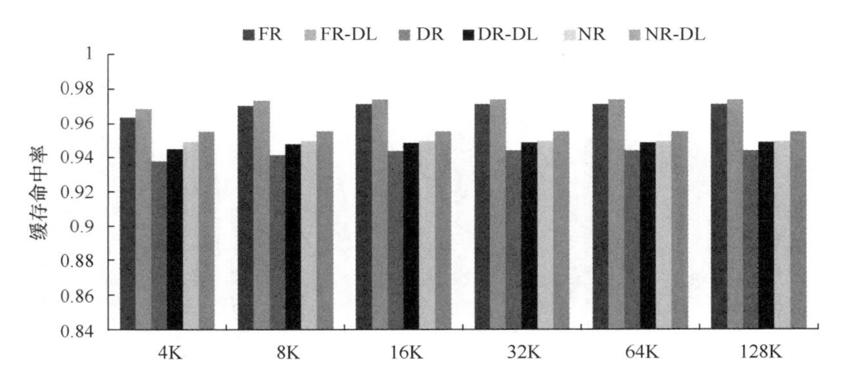

图 5.26　不同缓存总大小的缓存命中率的比较

(3) N-refresh 机制中 N 取值的敏感度分析

图 5.27 显示不同 N 取值的刷新次数的比较。实验有三点发现。其一,与默认的分配方式相比,启发式分配方法在任意刷新机制和任意 N 取值都能够减少刷新次数。其二,随着 N 的取值的增大,缓存所需刷新次数也在增多。N 的取值越大,一个比较长的时间间隔就会需要更多的刷新次数。其三,随着 N 的取值的增大,启发式分配算法的效果越好,因为优化的机会增加了。

图 5.28 显示不同 N 取值的缓存命中率的比较。实验有两点发现。其一,与默认的分配方式相比,启发式分配方法在任意刷新机制和任意缓存行大小都能够提高缓存命中率。其二,随着 N 的取值的变大,缓存命中率变高。这是因为 N 的取值越大,一个比较长的时间间隔就会需要更多的刷新次数,从而更少的缓存行被标志为非法。因此,缓存缺失也会降低。

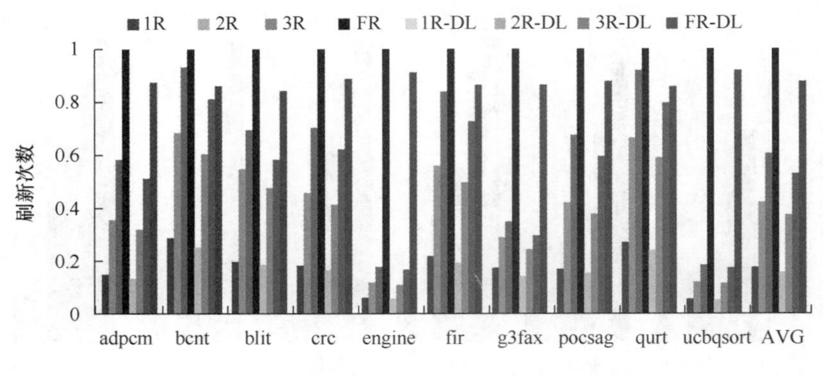

图 5.27　不同 N 取值的刷新次数的比较

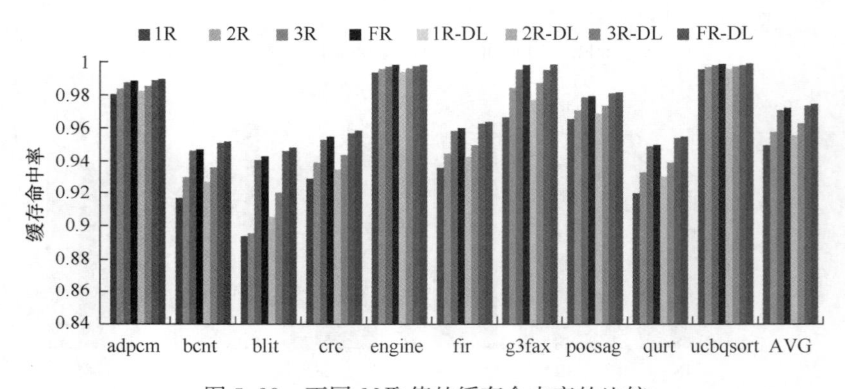

图 5.28　不同 N 取值的缓存命中率的比较

(4) 易失性 STT-RAM 写速度的敏感度分析

下面讨论易失性 STT-RAM 写速度的敏感度分析。值得注意的是，由于磁性隧道结模型的高度复杂性，很难获得真实的易失性 STT-RAM 的不同写速度的参数。因此，我们使用模拟的写速度范围进行敏感度分析。

图 5.29 显示不同易失性 STT-RAM 写速度的刷新次数的比较。实验有两点发现。其一，跟默认的分配方式相比，启发式分配方法在任意刷新机制和任意写速度都能够减少刷新次数。其二，随着写速度的变慢，缓存所需刷新次数也在增多。这是因为写速度越慢，程序运行时间越长，比较长的时间间隔的数目越多，所需的刷新次数也就越多。

图 5.30 显示不同易失性 STT-RAM 写速度的缓存命中率的比较。实验结果表明，跟默认的分配方式相比，启发式分配方法在任意刷新机制和任意写速度都能够提高缓存命中率。

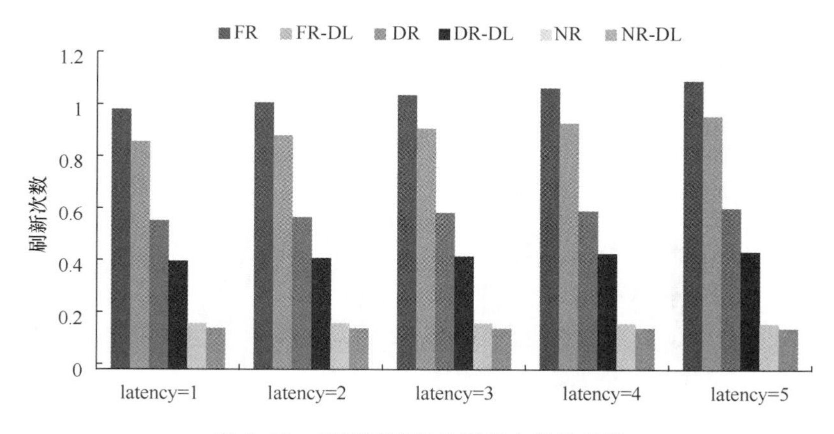

图 5.29　不同写速度的刷新次数的比较

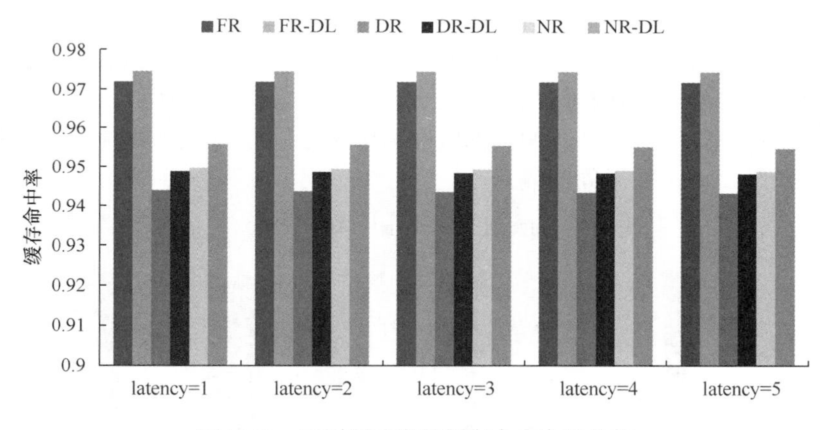

图 5.30　不同写速度的缓存命中率的比较

(5) 易失性 STT-RAM 保持周期的敏感度分析

下面讨论易失性 STT-RAM 保持周期的敏感度分析。值得注意的是，由于磁性隧道结模型的高度复杂性，很难获得真实的易失性 STT-RAM 的不同保持周期的参数。因此，我们使用模拟的保持周期范围进行敏感度分析。

图 5.31 显示不同易失性 STT-RAM 保持周期的刷新次数的比较。实验有两点发现。其一，跟默认的分配方式相比，启发式分配方法在任意刷新机制和任意保持周期都能够减少刷新次数。其二，随着保持周期的变长，缓存所需刷新次数也在减少。同时，由于优化空间变小了，启发式分配方法的效果也削弱了。

图 5.32 显示不同易失性 STT-RAM 保持周期的缓存命中率的比较。实验有两点发现。其一，跟默认的分配方式相比，启发式分配方法在任意刷新机制和任意保持周期都能够提高缓存命中率。其二，随着保持周期的变长，脏数据刷新机制和

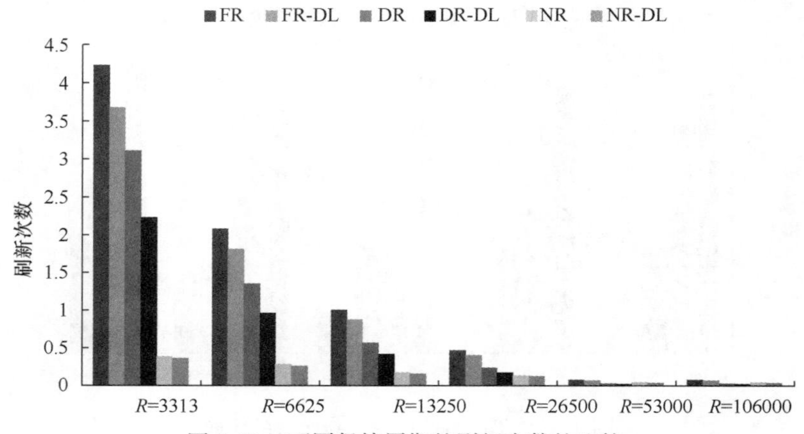

图 5.31　不同保持周期的刷新次数的比较

N 位标记刷新机制对缓存命中率的负面影响也在不断削弱。这是因为保持周期越长，需要的刷新操作就越少，由脏数据刷新机制和 N 位标记刷新机制这两种不完全的刷新缓存导致的缓存缺失也会变少。事实上，当保持周期大于 53 000 个时钟周期（106μs）时，三种刷新机制下的缓存命中率是一样的。这是因为测试用例中基本没有长于 106μs 的时间间隔。

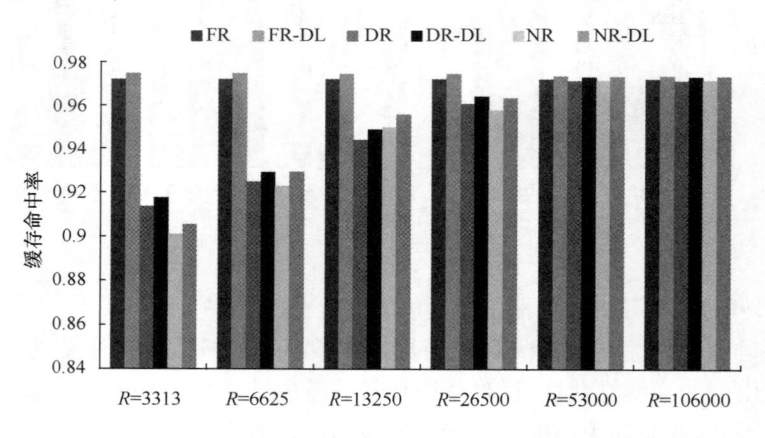

图 5.32　不同保持周期的缓存命中率的比较

5.4　面向混合缓存的低功耗编译技术

从嵌入式设备到个人计算机，再到高性能计算系统，缓存在这些领域都得到了广泛的应用。传统的 SRAM 缓存面临着功耗高和可扩展性低的挑战。随着非易失性存储器技术的进步，研究者提出利用低泄漏功耗的、可扩展性更高的 STT-

RAM和SRAM一起来构造混合缓存。但是,混合缓存中需要迁移机制才能让写操作尽量分布在SRAM部分,避免STT-RAM很差的写性能对系统总体性能的影响。但硬件实现的迁移机制很容易导致频繁的迁移操作,造成过高的系统负载。如何在利用SRAM保证系统写性能的同时,减轻迁移操作带来的负载,是一个很重要的问题。本节我们主要针对混合缓存的低功耗编译技术进行研究,包括以下几个方面。

① 评估混合缓存中迁移操作导致的负载。

② 分析影响迁移操作的主要因素。

③ 介绍基于缓存加锁机制减轻迁移操作负载的编译技术及其实验效果。

5.4.1 混合缓存简介

自20世纪80年代中期以来,处理器速度的增度远远高于DRAM主存速度的增速。因此,处理器速度和主存存取速度之间的差别越来越大,系统性能的瓶颈主要源自存取访问的延迟。研究者利用程序局部性原理,提出存储层次的解决方案,可以大大改善系统的性能。缓存作为处理器与主存之间的存储器,因为其在改善系统性能方面的关键作用,在嵌入式设备、个人计算设备和高性能计算设备中都得到广泛的应用。

传统的缓存一般采用SRAM技术进行构造,但是随着CMOS工艺的向下扩展,SRAM缓存面临两个主要挑战:功耗较大和可扩展性较差。非易失性存储技术的新进展,为设计低功耗高密度的缓存提供了新的机遇。非易失性存储技术通常具有一个显著的缺点,就是写性能比较差。为了利用非易失性存储技术的低功耗高密度的优点,同时规避其写性能差的缺点,研究者提出利用SRAM和STT-RAM共同构造的混合缓存,如图5.33所示。

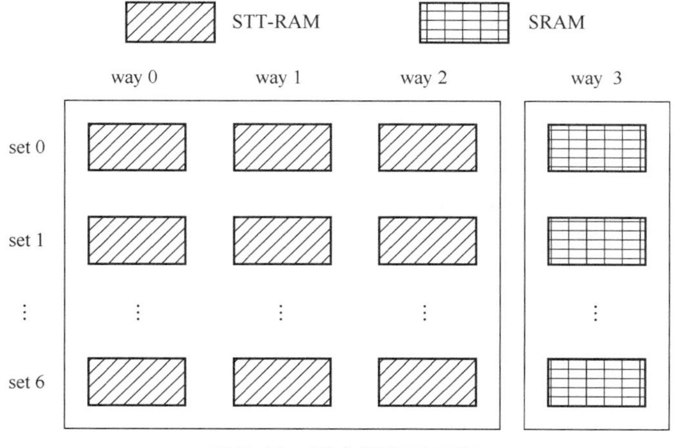

图5.33　混合缓存示意图

为了合理利用 SRAM 和 STT-RAM 各自的优点,混合缓存通常借助一种称为迁移的硬件策略来实现这样一个目标——使写操作尽量落在 SRAM 上面而不是 STT-RAM 上面。迁移策略的基本思路是动态地识别 STT-RAM 上写操作比较频繁的缓存行,并将这些缓存行迁移到 SRAM 中。这种基于迁移的技术能够很好地利用 SRAM 和 STT-RAM 的特点,动态地将写操作比较多的数据放在 SRAM 中,将读操作比较多的数据放在 STT-RAM 中。但是,迁移策略本身需要对缓存行进行读写操作,因而带来额外的性能损失。如果迁移策略被频繁地触发,那么就会出现缓存行在 STT-RAM 和 SRAM 之间不断地移来移去的情况,我们称之为缓存抖动。过高的迁移频率会带来显著的性能损失,从而降低系统性能。

针对这种情况,我们介绍一种基于缓存加锁(cache locking)的方法,将容易导致频繁迁移操作的缓存行放到 SRAM 中,并且禁止这些缓存行的迁移操作。这样就可以减少大量的迁移操作。此外,我们发现容易导致频繁的迁移操作的缓存行,通常也是写操作比较频繁的缓存行。通过将这些缓存行放在 SRAM 中,可以充分利用 SRAM 写操作代价低的特点。该方法的基本思路如下:首先通过编译分析来识别出写操作密集的内存块。每个内存块的大小跟缓存行的大小一致。然后,利用数据预取指令、缓存锁定指令和缓存解锁指令,将这些缓存行直接加载到混合缓存的 SRAM 部分,并且禁止对这些缓存行进行迁移操作。这样就可以在充分利用 SRAM 写性能比较好的优点的同时,大大降低迁移操作,避免缓存抖动。通过后续的实验可以看出,该方法能够在保证写性能的同时显著地减少迁移操作,从而提高系统能效和对应的绿色指标。

5.4.2 混合缓存中迁移操作导致的负载

目前很多嵌入式处理器,包括 Freescale e300 系列、Renesas V850 系列,以及 ARM Cortex-R 系列的微控制器(microcontroller, MCU),均使用了一级缓存。因此,实验主要针对一级缓存的目标平台进行,缓存的大小是 32 K 字节,4 路组相联(1 路 SRAM,3 路 STT-RAM),缓存行的大小是 32 字节,具体实验参数参考本节的实验部分。数据迁移则采用文献[24]所述方法。通过实验,我们可以发现以下结论。

① 混合缓存中的迁移操作比较频繁。

② 迁移操作的频繁程度跟缓存块中的转换事件(transition event)之间具有很强的正相关性。

③ 缓存块中的大部分转换事件来自于栈区域,而不是全局变量区域或者堆区域。

④ 各缓存块中发生的转换事件很不平衡。

1. 混合缓存中的迁移操作

对基于STT-RAM和SRAM的混合缓存，SRAM部分更适合写操作，STT-RAM部分更适合读操作。因此，将写操作比较多的数据放在SRAM部分，是混合缓存的一个很重要的目标。从体系结构方面，研究者提出基于迁移操作的技术来实现这个目标。研究者考虑到，一个程序通常会重复地在某一小部分缓存块中进行写操作，或者重复地在某一小部分缓存块中进行读操作。因此，研究者通过给每个缓存块增加一个计数器，一旦监视到某个STT-RAM中的缓存块被连续写了几次（认为这个缓存块中还会有频繁的写操作），就将该缓存块迁移到SRAM中。我们称这种迁移操作为w-migrate。类似的，一旦监视到某个SRAM中的缓存块被连续读了几次（认为这个缓存块中还会有频繁的读操作），就将该缓存块迁移到STT-RAM中。我们称这种迁移操作为r-migrate。很明显，无论是w-migrate还是r-migrate，都需要在SRAM和STT-RAM上的读写操作。这些额外的读写操作都是需要性能代价和能耗代价的。

图5.34显示两种类型的迁移操作数目相对于内存访问的总数目。图中的迁移操作包括r-migrate和w-migrate。实验表明，平均每100次内存访问就会引起8次迁移操作。这说明迁移操作会带来不容忽视的性能代价和功耗代价。

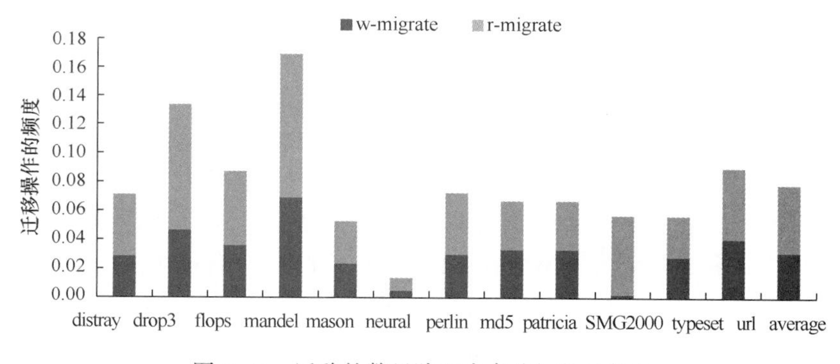

图5.34　迁移的数目除以内存访问的总数目

2. 迁移操作与转换事件的相关性分析

一个转换事件是指一连串的读操作后面紧跟一个写操作，或者一连串的写操作后面紧跟一个读操作。较多的转换事件通常会引起较多的迁移操作，原因是对于任意一个缓存块，一连串的读操作后面紧跟几个写操作，会触发一个w-migrate操作；一连串的写操作后面紧跟几个读操作，会触发一个r-migrate操作。因此，如果在缓存块上的访问序列中，有大量的转换事件，迁移操作就会被频繁地触发。在这种情况下，迁移操作得到的收益会被迁移操作本身的代价平摊。

图 5.35 显示转换事件与迁移操作之间的相关性。实验结果表明，二者之间的相关度系数高达 0.99。因此，转换事件可以用作识别迁移操作的指标。此外，我们还发现转换事件比较频繁的缓存块通常是迁移操作比较频繁的缓存块，并且转换事件比较频繁的缓存块，通常也是写操作比较多的缓存块。如果将这些缓存块锁定到 SRAM 部分，不仅可以减少迁移操作以及迁移操作带来的性能代价和功耗代价，而且可以充分利用 SRAM 所具有的写操作代价低的特点。

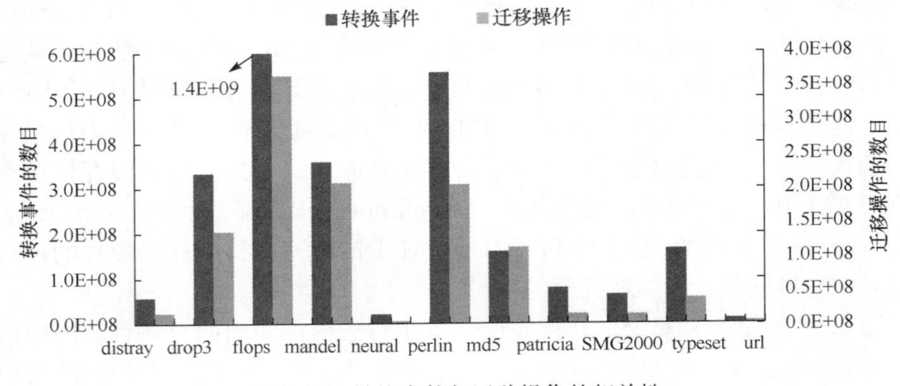

图 5.35 转换事件与迁移操作的相关性

3. 缓存块中的转换事件在各存储区域的分布状况

程序数据的存储区域可以分成栈空间、全局变量空间和堆空间。栈空间用来存储各函数的局部变量，提供函数调用所需要的返回地址、寄存器保护、传递参数等所需要的空间。因为函数的调用次数，调用时机是动态变化的，所以栈可以按需提供所需的存储空间。全局变量空间用来存储全局变量和静态变量(static 限制符)。全局变量和静态变量在整个程序的运行过程中，只有一个备份，并且具有全程序的生命期，所以需要静态存储，并且在程序开始执行时就分配空间。堆空间用来存储动态分配的数据对象(malloc 或 new)。堆空间的使用，通常需要使用一个数据对象来记录空间的使用情况，并且动态实时地给动态数据对象分配空间，以及在使用释放操作(free 或 delebe)时回收空间。因为资源的限制，嵌入式系统的应用较少使用堆空间。

图 5.36 显示转换事件在各存储区域上的分布状况。实验结果表明，平均 74%的转换事件来自栈空间，80%的转换事件来自栈空间和全局变量空间。考虑到转换事件与迁移操作的高度相关性，绝大部分迁移操作也来自栈空间和全局变量空间。因此，我们当前的工作着重于减少来自栈空间和全局变量空间的迁移操作。

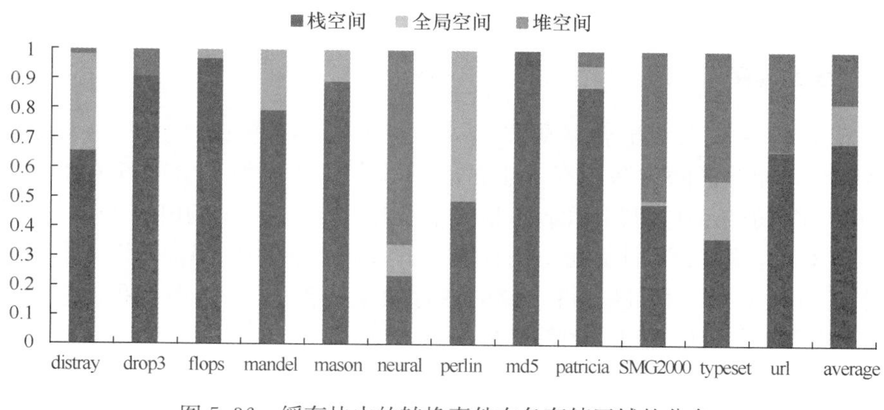

图 5.36　缓存块中的转换事件在各存储区域的分布

4. 各缓存块中发生的转换事件的不平衡性

可以通过实验考察来自栈空间的转换事件在内存块中的分布。实验结果表明，这种分布类似于柏拉图原理，即大部分转换事件发生在极少数的内存块中。如图 5.37 所示，平均 83.4%的转换事件发生在 5%的内存块中，96.0%的转换事件发生在 20%的缓存块中。根据这种不平衡的分布规律，如果我们能够在编译时正确地识别出这些转换事件频率高的内存块，并且将这些缓存块锁定到 SRAM 中，那么这些内存块中的转换事件引起的迁移操作就会被完全消除。举例来说，如果我们能够正确地识别出这些转换事件频率高前 5%的内存块，并将这些内存块锁定到 SRAM 中，那么有可能减少 83.4%的转换事件引起的迁移操作。

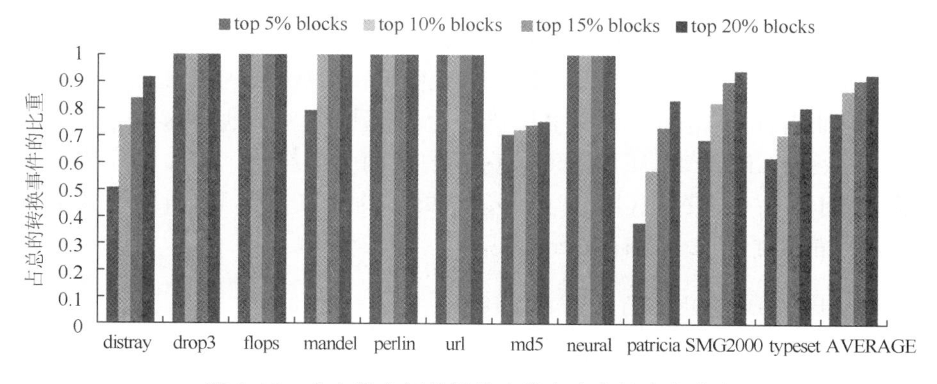

图 5.37　来自栈空间的转换事件在内存块中的分布

基于这些实验分析，我们介绍一种识别来自栈空间和全局变量空间的转换事件频率高的内存块，并将这些缓存块锁定到 SRAM 中减少迁移操作的方法。迁移操作的减少能够直接减少迁移操作带来的性能代价和能耗代价，从而改善整个缓存的性能和能耗效率。

5.4.3 基于缓存加锁的方法

如果我们能够识别出转换事件频率高的内存块,并将这些内存块锁定到 SRAM 中,就能够消除这些内存块上的迁移操作。下面我们介绍缓存加锁的方法。这个方法是在编译时完成的,包括 4 个步骤。第一步,识别出属于同一个内存块的数据对象。第二步,计算每个内存块中的转换事件频率。第三步,选择转换事件频率高的内存块。第四步,将选择的内存块锁定到 SRAM 中。我们提出的方法,对于栈空间和全局变量空间都是适用的。

1. 识别出属于同一个内存块的数据对象

在编译时,我们只知道每个栈上数据对象相对于栈基址指针的偏移量,并不能直接知道哪些数据对象属于同一个内存块,即哪些数据对象在运行时会被作为同一个内存块的内容一起加载到某个缓存块中。如果可以确定每个函数的栈基址指针能够对齐到缓存块大小(如 32 字节或 64 字节),就很容易确定属于同一个内存块的数据对象。我们通过两个步骤来实现栈基址指针的对齐操作。第一步,在 main 函数的入口插入指令,将 main 函数的栈基址指针对齐到缓存大小。第二步,将其余的用户函数的栈大小扩展成缓存块的整型倍。假设缓存块的大小为 N,某函数的栈大小原来是 x,那么该函数的扩展后的栈大小为$(x+N\times 1)/N\times N$。通过这两步,就可以确保所有用户函数的每次调用时的栈基址指针能够对齐到缓存块大小。

实现栈基址指针的对齐操作以后,就很容易识别属于同一个内存块的数据对象了。我们只需要检查每个对象偏移量除以缓存块大小后的值就行了。图 5.38 给出一个例子。假设缓存块的大小为 32 个字节,在对齐操作完成以后,能够确保 EBP(栈基址指针)的值是 32 的整型倍。这样,图 5.38 中地址区间 [EBP+0, EBP+31] 和 [EBP+32, EBP+63] 分别属于两个内存块。对象 c 的偏移量为 16,因此属于第一个内存块(16/32=0)。对象 f 的偏移量为 40,对象 h 的偏移量为 56,因此都属于第二个内存块(40/31=1, 56/32=1)。

2. 统计每个内存块上的转换事件频率

我们可以利用基于剖析的方法来统计每个存储块上转换事件的频率。动态剖析的效果对程序的输入的依赖性很高。这里我们讨论静态剖析(static profiling)方法[34]。这个方法利用启发式方法估计程序中每个语句、每个基本块以及每个控制流边执行频率。利用这个方法,我们可以在编译时获取如下信息:每个基本块的执行频率 Bfreq(b)和控制流从任意基本块 b 到基本块 b 的某个后继基本块 c 的频

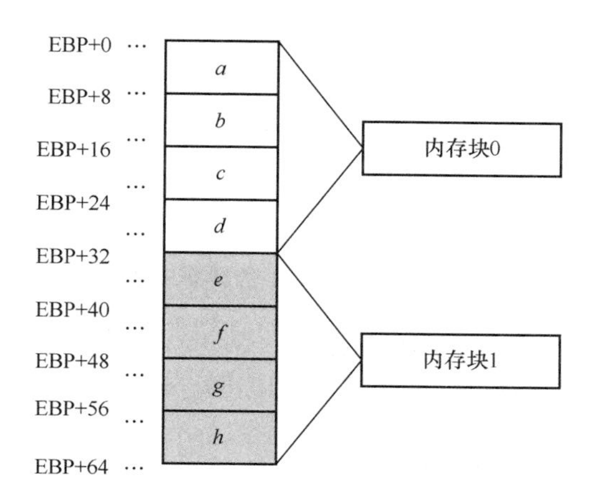

图 5.38　栈上偏移量到内存块的映射(EBP 是栈基址指针)

率 Efreq(*b*)。利用这些信息,可以估计每个内存块上的转换事件频率。图 5.39 描述该方法的详细步骤。从第 2 行~第 19 行,我们遍历了一个函数中的所有数据访问。从第 7 行~第 16 行,我们识别出每一个转换事件,并根据图 5.40 所示的算法搜集转换事件的频率。在图 5.40 所示的算法中,对每对相邻的数据访问,如果这两个数据对象属于同一个内存块,我们就给对应的内存块的转换事件统计中增加一个频率。根据这两个数据访问是否属于同一个基本块 *b*,这个增加的频率,要么是基本块 *b* 的执行频率,要么是控制流边的频率。

算法 5.4　统计内存块上的转换事件频率算法

输入:函数的控制流图 CFG

输出:基本内存块和估计的转换事件数量之间的映射 transMap

```
1.  Initialize the weight of each element in trans Map to be zero;
2.  for each basic block b in the CFG do
3.        // DA(v, o) 代表数据访问: v 表示数据对象, o 表示访问类型
4.        // da0 用来记录上一次数据访问
5.        DA da0(v0, o0);
6.        for each statements s in basic block b do
7.            for each data access da1(v1, o1) in statement s do
8.                // 对基本块的一对连续访问
9.                if da1 is the first data access within b then
10.                   for the last data access da2(v2, o2) of each preceding block bpred do
11.                       Updatebrans(transMap, da1, da2, Efreq(bpred, b) );
12.                   endfor
13.               // 一个基本块内一对连续访问
14.               else
```

```
15.                 Updatebrans(transMap, da1, da2, Bfreq(b) );
16.             endif
17.         endfor
18.     endfor
19. endfor
20. return true
```

图 5.39 统计内存块上的转换事件频率

算法 5.5 更新内存块的转换事件频率的统计算法

输入:每个内存块的转换事件 transMap,第一次数据访问 da1(v1, o1),第二次数据访问 da2(v2, o2),频率值参数 freq

输出:每个内存块更新后的转换事件 transMap

```
1. //忽略同一个对象之间的转换事件
2. if v1 == v2 then
3.     return 0;
4. endif
5. //忽略非转换事件:写后写或者是读后读
6. if o1 == o1 then
7.     return 0;
8. endif
9. int b1 = v1.offseb/缓存行大小;
10. int b2 = v2.offseb/缓存行大小;
11. //忽略跨内存块的转换事件
12. if b1 ! = b2 then
13.     return 0;
14. endif
15. //为内存块更新转换事件
16. transMap[b1] += freq;
17. return true
```

图 5.40 更新内存块的转换事件频率的统计算法

3. 选择转换事件频率高的内存块

通过上一节的算法,我们可以统计出每个内存块上的转换事件的频率,使用一个阈值 N 来挑选转换事件频率高的内存块。如果一个内存块上的转换事件的频率超过了该阈值,我们就认为该内存块是转换事件频率高的内存块,应该将该内存块锁定到 SRAM 中。阈值 N 的选择会影响缓存锁定的性能。如果 N 的值太小,那么就会导致很多的内存块需要被锁定,这样剩下的可以被缓存替换策略利用的 SRAM 缓存块的数目就大大减少了,从而可能导致缓存失效率的增加。如果 N 的值太大,就会只锁定极少内存块,从而削弱该方法的效果。

4. 将转换事件频率高的内存块锁定到 SRAM

有许多途径实现缓存锁定的方法,这里我们介绍一种可能的实现方法。目前,有许多嵌入式处理器支持数据预取和缓存锁定的功能。对于这些处理器,可以直接实现缓存锁定的方法,而不需要额外的硬件修改。在控制流进入一个函数入口的时候,可以插入预取指令,将需要锁定的内存块加载到对应的 SRAM 缓存块中,然后再插入缓存锁定指令,锁住该 SRAM 缓存块,从而避免缓存替换策略覆盖该内存块,避免迁移策略将该内存块迁移到 STT-RAM 缓存块。如果对应的 SRAM 缓存块在该函数执行以前已经被锁住,那么在预取加载之前,就需要先解锁该 SRAM 缓存块。图 5.41 描述锁定内存块的方法。值得一提的是,这些缓存锁定、缓存解锁以及预取指令,必须添加在函数的入口处。这些指令必须在其他指令之前执行。

算法 5.6 内存块锁定到 SRAM 算法

输入:函数转换敏感的内存块列表 blocks

输出:锁定内存块

1. **for** each memory block b in blocks **do**
2. //用缓存行 *c* 表示内存块 *b* 在 SRAM 中的目标位置
3.   // Step 1:缓存释放锁
4.   **if** c is already locked **then**
5.   insert instructions to unlock cache line *c*
6.   **endif**
7.   // Step 2:内存块预取
8.   insert instructions to pre-febch memory block *b* into cache line *c*;
9.   // Step 3:缓存加锁
10.   insert instructions to lock cache line *c*;
11. **endfor**
12. **return** true

图 5.41 内存块锁定算法

5.4.4 实验结果与分析

1. 实验构建

我们基于 LLVM 编译器框架和 PIN 动态分析工具搭建实验平台,如图 5.42 所示。图 5.42(a)表示参照版本的流程,图 5.42(b)表示优化版本的流程。其中,LLVM 是用来编译源代码,识别迁移频率高的内存块,以及生成可执行代码的。对于两个版本,在 LLVM 中都使用了“O3”优化选项。PIN 用来实现缓存模拟器。该模拟器实现了迁移策略,缓存参数如表 5.15 所示。

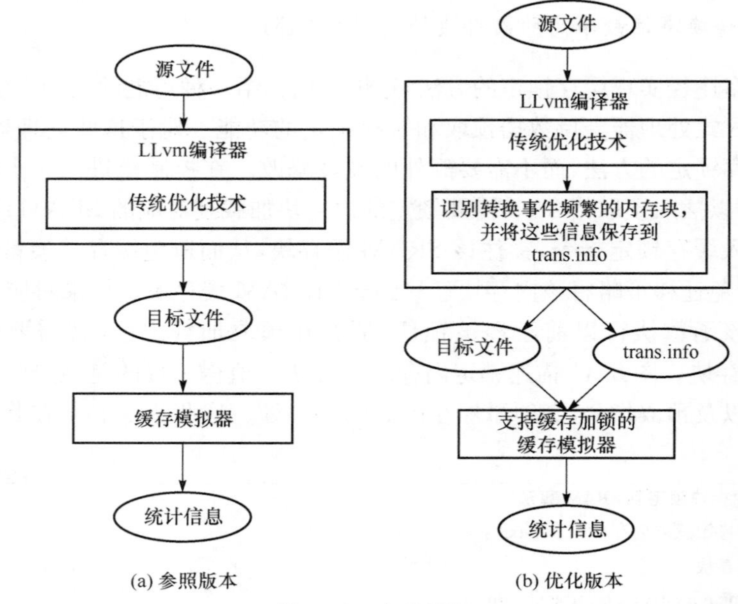

(a) 参照版本　(b) 优化版本

图 5.42　实验框架

表 5.15　目标平台体系结构参数

参数	参数值
处理器	单核
数据缓存	32KB，4 路组相联，缓存块大小 32B 1 路为 SRAM (8KB) 3 路为 STT-RAM (24KB) 写分配，写回 SRAM 访问速度：6 cycles SRAM 访问的动态能耗：0.388nJ STT-RAM 读/写速度：6/28cycles STT-RAM 读/写的动态能耗：0.4/2.3nJ
内存	访问速度：300 cycles

2. 实验结果及分析

实验选取 N 的值为 25，即如果一个内存块上的转换事件的数目超过 25，就认为这个内存块是转换事件频率高的，应该被锁定到 SRAM 中。下面我们用 RG 来表示参照版本，PCG 来表示优化版本。

图 5.43 显示优化前后缓存中发生迁移操作次数的变化。实验结果表明，我们提出的方法能够减少 18.9%的迁移操作。该方法通过减少迁移操作的次数，减少

了迁移操作带来的额外的读写操作，从而提高缓存的效率。

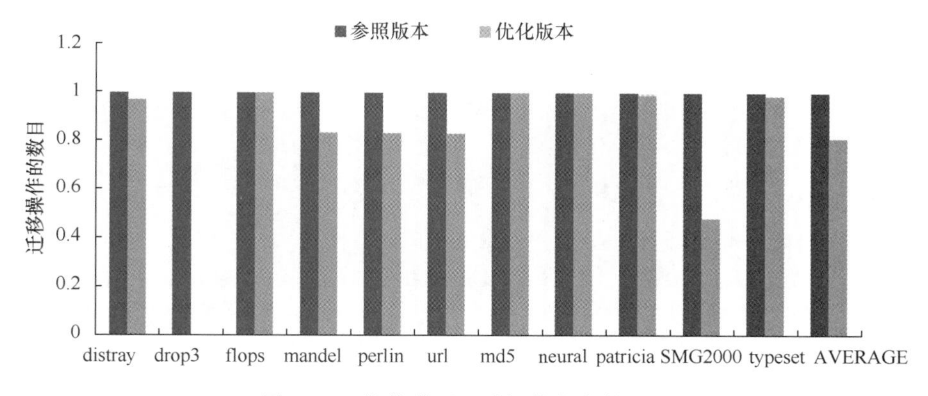

图 5.43　优化前后迁移操作的次数对比

图 5.44 显示优化前后 STT-RAM 上写操作次数的对比。实验结果表明，我们提出的方法能够将 STT-RAM 上的写操作次数减少 20.2%。这表明大量的原本应该发生在 STT-RAM 的写操作，被我们的方法转移到 SRAM 上去了。因为 SRAM 上的写操作，无论在性能上还是能耗效率上，都优于 STT-RAM 上的写操作，所以这种转移能够提高缓存的效率。

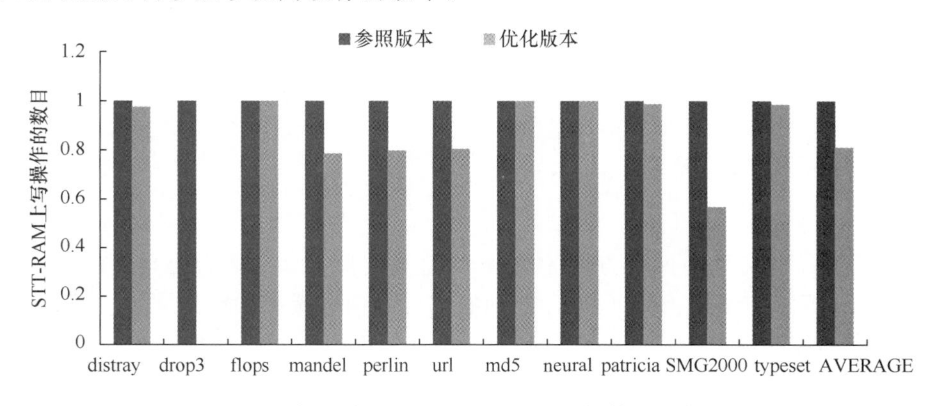

图 5.44　优化前后 STT-RAM 上的写操作的次数对比

如前所述，我们的缓存锁定的方法能够减少迁移操作的次数，另一方面也能够减少 STT-RAM 上的写操作。这预示着，我们的方法能够提高缓存的效率。图 5.45 显示优化前后存取访问所用的时间的对比。图 5.46 显示优化前后缓存访问的动态能耗的对比。实验结果表明，我们的方法能够减少 7.2%的总访问时间，同时减少 9.4%的动态能耗。静态能耗可以认为跟总的访问时间呈线性正比例关系，因此我们的方法也能够减少静态能耗。

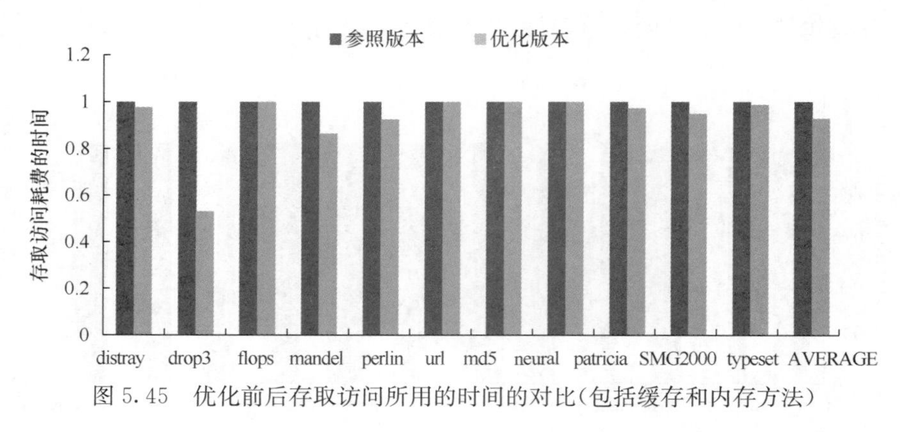

图 5.45　优化前后存取访问所用的时间的对比(包括缓存和内存方法)

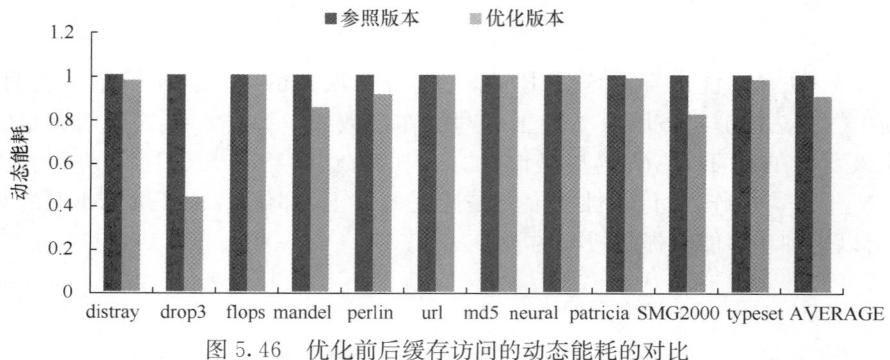

图 5.46　优化前后缓存访问的动态能耗的对比

3. 负载及敏感度分析

(1) 负载分析

这里介绍的方法有两个方面的负载,即运行时间的负载和存储空间的负载。

运行时间的负载主要源自缓存加锁的实现过程。缓存加锁的实现主要是利用数据预取和缓存锁定的功能,需要为每个识别出的转换事件密集的内存块添加一条数据预取指令和一条缓存锁定指令。假设函数 f 识别出的转换事件密集的,即需要加锁的内存块的数目为 f_{lines},并且 f 在程序运行中执行了 f_{exec} 次。对于函数 f 来说,缓存加锁的实现带来的运行时间的负载跟 $f_{lines}\times f_{exec}$ 呈线性比。具体的实验数据如表 5.16 所示,"/"前面是对应测试用例中各函数的 f_{lines} 之和,即 $\sum f_{lines}$;"/"后面是对应测试用例中各函数的 $f_{lines}\times f_{exec}$ 之和,即 $\sum f_{lines}\times f_{exec}$。结果表明,$N$ 的值越小,认定为转换事件密集的内存块的数目越多,因此运行时间的负载也就越大。以测试用例 distray 为例,当 N 的值为 10 时,运行时间的负载为 1 363 924;当 N 的值为 100 时,运行时间的负载仅为 1。

同样,存储空间的负载也主要源自缓存的实现过程。如上所述,需要为每个识别出的转换事件密集的内存块添加一条数据预取指令和一条缓存锁定指令。因此，对于函数 f 来说，缓存加锁的实现带来的存储空间的负载跟 f_{lines} 呈线性比。具体的实验数据如表 5.16 所示。

表 5.16　缓存加锁的负载

测试用例	N=10	N=25	N=50	N=100
distray	4/1 363 924	1/1	1/1	1/1
drop3	2/40	2/40	2/40	1/20
flops	1/1	1/1	1/1	0/0
mandel	2/2	1/1	1/1	1/1
perlin	1/1	1/1	1/1	1/1
url	3/80 900	2/80 200	1/79 800	1/79 800
md5	0/0	0/0	0/0	0/0
neural	4/61	2/30	1/30	1/30
patrical	0/0	0/0	0/0	0/0
SMG2000	195/121 385	153/106 672	124/74 761	98/71 178
typeset	35/423 179	26/315 435	17/311 450	10/77

（2）敏感度分析

如上节所述，N 值决定识别出的需要加锁的内存块的数目，从而显著影响方法的效果以及方法的负载。本节讨论 N 的取值的敏感度分析，如图 5.47 所示。图中的“mram-write”表示 STT-RAM 上的写操作的次数。随着 N 的值变大，缓存缺失会减少，但是迁移操作的次数以及 STT-RAM 上的写操作次数都会增加。这是因为 N 的值越大，识别出来的需要加锁的内存块的数目越少。加锁的内存块的数目越少，缓存中余下的能够被替换策略自由使用空间就越多，因而缓存缺失也会减少。同时，加锁的内存块的数目越少，本章提出方法的有效性就越有限，从而迁移操作的次数以及 STT-RAM 上的写操作次数都会增加。对于这些测试用例来说，缓存命中率一直很高，因此最终运行速度和能耗效率都随着 N 的变大而下降。

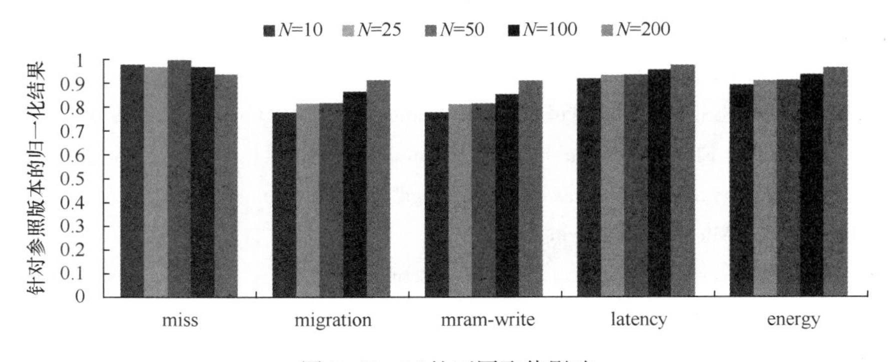

图 5.47　N 的不同取值影响

5.5 本章小结

本章以现有的新型存储技术为出发点，以数据分配为主要研究内容，利用整数线性规划模型以及启发式算法，通过编译技术对混合便签式存储器存储部件、易失性 STT-RAM 缓存以及由非易失性 STT-RAM 与 SRAM 构成的混合缓存进行分析，对程序中数据的存储位置进行调整，使各存储资源的利用率，如便签式存储器单元的利用率以及缓存的命中获得较大提升，各存储部件的动态能耗，如缓存单元的刷新能耗、缓存单元读写能耗等获得大幅度减少，使存储系统的绿色指标获得较大提升。

参考文献

[1] Humphreys J, Scaramella J. The impact of power and cooling on data center infrastructure. IDC (International Data Group) Document, 2006: 201722.

[2] Raoux S, Burr G W, Breitwisch M J, et al. Phase-change random access memory: a scalable technology. IBM Journal of Research and Development, 2008, 52(45): 465-479.

[3] Burr G W, Kurdi B N, Scott J C, et al. Overview of candidate device technologies for storage-class memory. IBM Journal of Research and Development, 2008, 52(45): 449-464.

[4] Burr G W, Breitwisch M J, Franceschini M, et al. Phase change memory technology. Journal of Vacuum Science & Technology B: Microelectronics and Nanometer Structures, 2010, 28(2): 223-262.

[5] Eilert S, Leinwander M, Crisenza G. Phase change memory: a new memory enables new memory usage models // Proceedings of IEEE International Memory Workshop, 2009.

[6] Qureshi M K, Karidis J, Franceschini M, et al. Enhancing lifetime and security of pcm-based main memory with start-gap wear leveling // Proceedings of 42nd Annual IEEE/ACM International Symposium on Microarchitecture, 2009.

[7] Zhou P, Zhao B, Yang J, et al. A durable and energy efficient main memory using phase change memory technology. ACM SIGARCH Computer Architecture News, 2009, 37(3): 14.

[8] Cho S, Lee H. Flip-n-write: a simple deterministic technique to improve pram write performance, energy and endurance// Proceedings of 42nd Annual IEEE/ACM International Symposium on Microarchitecture, 2009.

[9] Qureshi M K, Lastras-montaño L A, Franceschini M M, et al. Practical and Secure PCM-Based Main-Memory System via Online Attack Detection. http://drona.csa.iisc.ernet.in/~gopi/west10/moin-west.v4.pdf[2010-10-10].

[10] Qureshi M K, Franceschini M M, Lastras-Montaño L A. Improving read performance of

phase change memories via write cancellation and write pausing //IEEE 16th International Symposium on High Performance Computer Architecture, 2010.

[11] Qureshi M K, Franceschini M M, Lastras-Montaño L A, et al. Morphable memory system: a robust architecture for exploiting multi-level phase change memories // ACM SIGARCH Computer Architecture News, 2010.

[12] Dong X, Xie Y. AdaMS: adaptive MLC/SLC phase-change memory design for file storage //The 16th Asia and South Pacific Design Automation Conference, 2011.

[13] Yue J, Zhu Y. Accelerating write by exploiting PCM asymmetries // The 19th International Symposium on High Performance Computer Architecture, 2013.

[14] Du Y, Zhou M, Childers B R, et al. Bit mapping for balanced PCM cell programming // Proceedings of the 40th Annual International Symposium on Computer Architecture, 2013.

[15] Jiang L, Zhang Y, Yang J. Enhancing phase change memory lifetime through fine-grained current regulation and voltage upscaling // 2011 International Symposium on Low Power Electronics and Design, 2011.

[16] Jiang L, Zhang Y, Yang J. ER: elastic RESET for low power and long endurance MLC based phase change memory // Proceedings of the 2012 ACM/IEEE International Symposium on Low Power Electronics and Design, 2012.

[17] Zhou P, Zhao B, Yang J, et al. Energy reduction for STT-RAM using early write termination // IEEE/ACM International Conference on Computer Aided Design 2009.

[18] Xu W, Sun H, Wang X, et al. Design of last-level on-chip cache using spin-torque transfer RAM (STT RAM). IEEE Transactions on Very Large Scale Integration (VLSI) Systems, 2011.

[19] Sun G, Dong X, Xie Y, et al. A novel architecture of the 3D stacked MRAM L2 cache for CMPs // IEEE 15th International Symposium on High Performance Computer Architecture, 2009.

[20] Wu X, Li J, Zhang L, et al. Power and performance of read-write aware hybrid caches with non-volatile memories // Design, Automation & Test in Europe Conference & Exhibition, 2009.

[21] Wu X, Li J, Zhang L, et al. Hybrid cache architecture with disparate memory technologies //The 36th Annual International Symposium on Computer Architecture, 2009.

[22] Li J, Shi L, Xue C J, et al. Exploiting set-level write non-uniformity for energy-efficient NVM-based hybrid cache // The 9th IEEE Symposium on Embedded Systems for Real-Time Multimedia, 2011.

[23] Jadidi A, Arjomand M, Sarbazi-Azad H. High-endurance and performance-efficient design

of hybrid cache architectures through adaptive line replacement // 2011 International Symposium on Low Power Electronics and Design, 2011.

[24] Li J, Xue C J, Xu Y. STT-RAM based energy-efficiency hybrid cache for CMPs // 2011 IEEE/IFIP 19th International Conference on VLSI and System-on-Chip, 2011.

[25] Smullen C W, Mohan V, Nigam A, et al. Relaxing non-volatility for fast and energy-efficient STT-RAM caches // 2011 IEEE 17th International Symposium on High Performance Computer Architecture, 2011.

[26] Sun Z, Bi X, Li H H, et al. Multi retention level STT-RAM cache designs with a dynamic refresh scheme // Proceedings of the 44th Annual IEEE/ACM International Symposium on Microarchitecture, 2011.

[27] Jog A, Mishra A K, Xu C, et al. Cache revive: architecting volatile STT-RAM caches for enhanced performance in CMPs // Proceedings of the 49th Annual Design Automation Conference, 2012.

[28] Avissar O, Barua R, Stewart D. An optimal memory allocation scheme for scratch-pad-based embedded systems. ACM Transactions on Embedded Computing Systems (TECS), 2002, 1(1): 6-26.

[29] Hiser J D, Davidson J W. Embarc: an efficient memory bank assignment algorithm for retargetable compilers. ACM SIGPLAN Notices, 2004, 39(7): 182-191.

[30] Li L, Xue J, Knoop J. Scratchpad memory allocation for data aggregates via interval coloring in superperfect graphs. ACM Transactions on Embedded Computing Systems (TECS), 2010, 10(2): 28.

[31] e300 Power Architecture™ Core Family Reference Manual. http://www.freescale.com/files/32bit/doc/ref_manual/e300coreRM.pdf.

[32] Renesas V850 Family. http://www.renesas.com/products/mpumcu/v850/index.jsp[2013-12-03].

[33] DM3x ARM9™-based Video SOC// http://www.ti.com/lsds/ti/arm/arm_video_solutions/arm9_video/tms320dm3x_video_soc/products.page[2013-12-03].

[34] Wu Y, Larus J R. Static branch frequency and program profile analysis // Proceedings of the 27th annual international symposium on Microarchitecture, 1994.

[35] Lattner C, Adve V. LLVM: A compilation framework for lifelong program analysis & transformation // International Symposium on Code Generation and Optimization, 2004.

[36] Dong X, Xu C, Xie Y, et al. Nvsim: a circuit-level performance, energy, and area model for emerging nonvolatile memory. Computer-Aided Design of Integrated Circuits and Systems, IEEE Transactions on, 2012, 31(7): 994-1007.

[37] Thoziyoor S, Muralimanohar N, Ahn J H, et al. CACTI 5.1. HP Laboratories. http://www.

hpl. hp. com/techreports/2008/HPL-2008-20. pdf[2013-12-17].

[38] Guthaus M R, Ringenberg J S, Ernst D, et al. MiBench: a free, commercially representative embedded benchmark suite // IEEE International Workshop on Workload Characterization, 2001.

第 6 章　基于符号执行的能耗错误检测及反例生成技术研究

能耗错误将消耗大量无效能源，极大的降低电池的有效使用时间，是嵌入式设备不容忽视的重要问题。提高能耗错误的检测力度是开发出高绿色指标软件的重要保障。本章将主要利用编译器在对源程序分析的过程中获得的源程序信息，结合符号执行技术，提出一种能耗错误检测及反例生成技术，以求在软件开发过程中尽早的发现相应错误，提高系统的绿色指标。

6.1　能耗错误简介

随着手持智能化设备的广泛普及，以 iOS 和 Android 等手机操作系统为基础平台的应用得到了迅猛发展。与此同时，由于手机和平板电脑等手持设备电池容量的限制，很多应用因其使用时的高能耗使其难以得到用户的支持。如何降低这些手机应用运行时的能耗已经引起不少专家学者的关注。2011 年，Pathak 等[1]以智能手机为基础研究对象，从软硬件的角度对现有移动设备的能耗问题进行了分析，首次提出能耗错误(ebug)的概念，并提出一种基于 eprof[2]等能耗分析工具的能耗错误检测和调试框架。随后，Pathak[3]及 Vekris 等[4]针对 No-Sleep 的能耗错误，分别利用到达-定义链和过程间数据流分析的方法对该类能耗错误进行检测。Oliner 等[5]基于统计的思想，利用其开发的 Carat 搜集智能设备中各个应用在各种环境下消耗的电量，并将其传递给云服务器。然后，通过云服务器对数据的统计分析，给出各个应用中可能的能耗错误以及较好的使用方法，传递给用户以指导其较好的配置其智能设备，获得能耗的节约，提高设备的持续使用时间。最近，Jindal 等[6]从智能设备的更底层应用出发，分析了软件驱动程序中存在的休眠冲突问题而导致的能耗错误，并设计了一种避免该类错误的系统来提高设备的能效。

能耗错误主要是指某些设备长期处于无效工作状态而导致的能源消耗，主要包括禁止休眠错误、循环询问错误等。禁止休眠错误是由于使用了不对称的 API 使设备无法进入休眠状态而导致的无效能源消耗，如 Android 系统中使用了 PARTIAL_WAKE_LOCK，但当该部件工作结束后未使用对应的 UNLOCK 操作，使该部件一直处于激活状态消耗大量能源。循环询问错误是指某些应用频繁访问无法应答的部件而导致的无效能源消耗。例如，访问远程服务器的程序，为保证连接的稳定性，程序员有可能采用无限循环频繁尝试连接服务器，直到连接上为止。如果远程服务器已经崩溃,该程序将因频繁的连接操作而导致大量无效的能源消耗。

能耗错误并不会影响程序的正确运行,因而传统的编译给出的调试和警告信息十分有限,程序员也很难发现其中的错误及其相应的位置,而发现和纠正这些能耗错误对提高软件的绿色程度是十分重要的。

根据文献[3]中的研究结果,70%的能耗错误属于禁止休眠类能耗错误,因此有效的消除禁止休眠类能耗错误对于提高系统的能效及绿色指标具有不容忽视的作用。Pathak 等通过进一步的研究,将禁止休眠类能耗错误进一步划分为路径型禁止休眠(no-sleep code paths)、竞争型禁止休眠(no-sleep race condition)和扩张型禁止休眠(no-sleep dilation)。

路径型禁止休眠能耗错误主要是指单线程的应用中的某条路径存在未释放的能耗相关锁。其错误模式主要有三种。

① 当锁释放操作在条件分支中时,该操作只在部分分支中进行释放操作,而不是所有分支都进行释放操作。

② 当锁的释放操作在有可能出现异常的块中,由于没有在异常捕获块,即 catch 块中添加对应的锁释放操作,而有可能在程序执行异常时出现锁未释放的情况。

③ 虽然程序中存在对应的释放锁操作,但由于上层应用存在其他资源的死锁,如应用级的死锁,使得程序无法进入锁释放的程序点而使能源的大量消耗。

竞争型禁止休眠能耗错误主要针对锁操作在多线程中调用的情况:一个线程进行加锁操作,另一个线程进行释放锁操作。由于线程执行顺序的问题,程序有可能出现释放操作的线程先于加锁操作的线程而无法完成锁的最终释放操作。

扩张型禁止休眠能耗错误是指加解锁操作虽然匹配,但在加解锁操作之间花费了比期望更多的时间进行相应的操作。产生这类锁不匹配问题的原因主要有两种:第一种是由于延迟在获得了锁以后并非直接进行被锁资源相关操作,而是等待其他信号到来再进行相应操作,但该操作所需的时间可能无法估计,如人工交互;第二种原因是指在加解锁操作之间增加了大量与该锁操作无关的处理。

禁止休眠类错误占据程序中能耗错误的比重较大,因此我们主要针对这类错误进行分析,提高该类错误检测的精度和力度,为开发高绿色指标的应用提供有力的支持。

6.2　符号执行技术

符号执行技术产生于 20 世纪 70 年代,是一种有效的路径敏感静态分析方法[7,8]。它的基本思想是以符号的形式替换输入,根据程序中每条语句的具体语义,模拟程序的执行。当遇到分支条件时,则将该条件增加到对应后续语句的执行约束中。其分析的最终结果将获得程序中每条执行路径及其需要满足的约束条件映射表,我们可以利用约束求解器从该结果中获得执行某条程序路径的一组输入数据组合,进而获得对应路径分析和测试的有效用例。由符号执行的基本思想可以看出,其在分析的过程中保存的信息主要有路径约束条件、符号映射表以及下一条要执行的语句。路径约束条件是指分析到当前程序点,各路径需要满足的以输入符号表示的约束条件。符号映射表则表示每个符号在当前程序点以输入符号表示的对应值。

由于符号执行配合约束求解器能够有效地获得程序输入,因此符号执行已经被广泛用于测试用例的自动生成和程序的分析中[9~14],出现了许多分析工具,如JPF-SE[15]、Klee[16]、EXE[17]、CUTE[18]等。

本章的主要目标是发现和定位程序中可能的能耗错误,而符号执行一方面可以模拟程序的执行,最大程度发现程序中可能的能耗错误,另一方面其记录的路径约束映射表也可以帮助我们进一步定位程序中错误的位置。同时,约束求解获得的输入对于重现能耗错误、检验分析结果的正确性也有莫大帮助。因此,我们将结合符号执行技术,对能耗错误进行分析检测。

符号执行虽然经历了近 40 年的研究,但其分析的过程也存在一定的缺陷[19~21]。

① 它难以处理复杂的数据结构。例如,当赋值给数组下标为变量的数组元素时,则难以精确的确定符号。

② 由于需要记录所有路径的约束条件,因此当程序较大时,一方面会遇到路径爆炸问题,严重影响符号执行的效率;另一方面会导致大量约束条件的产生,影响约束求解器的效率。

③ 当遇到循环时,其模拟符号执行有可能进入死循环。

④ 当程序较大时,如果其对函数调用进行递归分析,将会由于调用函数过多或者是递归函数而使得分析开销十分巨大。

为了使分析技术能够有效地进行,我们根据锁变量在程序中出现的特点,对符号执行的分析过程进行一定的简化。

首先,我们主要针对锁变量的加载与释放进行分析,而锁变量通常不是数组元素等复杂数据结构,因此对于下标为变量的数组元素赋值,采用懒赋值的方式将其赋值为不确定。

其次,我们是尽最大可能查找出程序中所有可能存在的能耗错误,只需找出每个锁变量在最坏情况下的路径,因此记录的路径约束只限于锁变量最坏情况下的那些分支,以避免路径爆炸和约束求解器过大的求解复杂度。

再次,锁变量一般较少出现在循环体中,而且一旦其出现在其中,且是计数型的加锁操作,则很有可能导致锁释放的不匹配,因此对于循环体,我们将不对其进行迭代分析,只是根据迭代次数将其定义的变量符号值设定为不确定,以避免无限迭代。

最后,我们只关心最坏情况下锁变量的情况,因此对于函数调用,只根据该函数中的锁变量最坏情况下状态值进行迭代分析,而不重新将调用参数作为输入值对其进行递归分析,以避免函数递归分析导致的过大开销。

6.3 基于符号执行技术的能耗错误分析方法

6.3.1 能耗错误过程内分析

由于能耗错误产生的主要原因是程序员在申请系统资源的过程中没有正确使用锁操作,使其长期处于无效工作状态而造成的大量能源消耗。由此可见,能耗错误同加解锁操作的程序点和种类有着十分密切的关系。为检测程序中可能存在的能耗错误,我们不但需要检测在最坏情况下是否存在锁操作不匹配的情况,以发现路径型禁止休眠类错误,而且还需要获得尽可能精确的加解锁操作之间的时间间隔,以提醒程序员核查那些出现在加解锁操作之间而等待时间长的代码段是否与其加解锁的资源相关,从而最大程度避免扩张型禁止休眠类错误的产生。同时,为能够较为精确的定位能耗错误,还需要获得最坏情况下程序执行的路径信息,以便于反向跟踪对应的错误位置。符号执行通过符号表达式静态模拟程序的执行情况,能够较为方便的获得最坏情况下加解锁操作的程序执行路径,因此我们将结合符号执行技术的基本思想,对程序的属性文法进行扩充,以检测和定位程序中能耗错误,进一步提高程序的绿色指标。

在进行能耗错误过程内分析时,我们首先对源文件进行预处理,将锁操作相关函数调用转换为对变量的整数运算,并将对应的转换后的变量保存在锁符号集合 S 中,以便于能耗错误分析时对该变量进行识别。与文献[3]不同,我们将该文献中的两种锁操作类型扩展为四种类型的锁操作,即在原始赋值类型的锁操作基础上增加了自增和自减两种锁操作,使得该能耗检测程序既能够处理信号量型资源锁,也能够处理计数型资源锁。其预处理的示例结果如图 6.1 所示。在该图中,我们将锁操作变量 wm 和 wl 转为对应的整型变量,并根据其不同的锁操作类型(wm 为计数锁,wl 为信号锁),分别在锁加载(acquire)以及锁释放操作(release)时采用赋值操作(图 6.1(b)中第 7 行和第 10 行)以及自增减操作(图 6.1(b)中第 8 行、第 14 行、第 16 行和第 22 行)。同时,为处理图 6.1(a)中第 24 行针对锁变量为空的判断而增加的锁释放操作,我们按文献[3]所示方法增加对应的 else 操作(图 6.1(b)中第 23 行和第 24 行)。

```
1.  public class Test{
2.      PowerManager pm=
    PowerManager)getSystemService();
3.      PowerManager. WakeLock wm=
    pm. newWakeLock();
4.      String datas;
5.      int k;
6.      void OnCreate(){
7.          PowerManager. WakeLock wl=
    pm. newWakeLock();
8.          wl. setReferenceCounted(false);
9.          wl. acquire();
10.         wm. acquire();
11.         net_sync();
12.         wl. release();
13.     }
14.     net_sync(){
15.         if(k<3){
16.             wm. acquire();
17.             net_working();
18.             wm. release();
19.         }
20.     }
21.     net_working(){
            //C(getServerData) = MaxCost
22.         datas = getServerData();
23.         if(wm ! = null)
24.             wm. release();
25.     }
26. }
```

(a)源程序

```
1.  public class Test{
2.      intwm = 0;
3.      String datas;
4.      int k;
5.      void OnCreate(){
6.          int wl = 0;
7.          wl = 1;
8.          wm=wm+1;
9.          net_sync();
10.         wl = 0;
11.     }
12.     net_sync(){
13.         if(k<3){
14.             wm=wm+1;
15.             net_working();
16.             wm=wm-1;
17.         }
18.     }
19.     net_working(){
            //C(getServerData) = MaxCost
20.         datas = getServerData();
21.         if(wm ! = null)
22.             wm=wm-1;
23.         else
24.             wm=wm-1;
25.     }
26. }

    S={wl, wm}
```

(b)转换后程序

图 6.1　能耗分析预处理示例

由于文献[22]针对的语言非常简单，而且有很强的表达能力，既能表达像汇编语言这种较低层次的语言，又能表达像 Java 这样的高级语言，同时它也是许多编程语言在编译器分析时实际使用的中间表达形式的语言，具有较好的通用性。而且，Java 语言正是我们检测所针对的 Android 系统所使用的语言。因此，在经过对源程序的预处理，将锁变量操作转为整型变量的操作后，我们主要以该语言为基础，在增加了函数调用以及块成分后对其进行分析处理，转换后的语法如图 6.2 所示。

```
program p ::= function*
function f ::= block* returnExit
block b ::= stmt* blockExit
stmts ::= var :=exp|store(exp, exp)|goto exp|assert exp|if exp then block else block|exp
expe ::= load(exp)|exp ◇b exp | ◇u exp| var|get input(src)|call f
◇b::= typical binary operators
◇u::= typical unary operators
value var::= 32-bit unsigned integer|exp
```

图 6.2　待分析程序语法

为使符号执行能够获得能耗错误检测过程所需信息，我们对传统的符号执行进行了修改：一方面在符号执行过程中加入执行时间的估计信息，以便于提取扩张型禁止休眠类错误；另一方面符号执行将针对锁变量相关路径进行懒符号执行分析，以避免符号执行过程中谓词约束条件过长和路径爆炸等问题。图 6.2 中各语法成分的符号执行过程如图 6.3 所示。

规则	执行过程
1. function f ::=block* returnExit	2. block b ::=stmt* blockExit
$(e,\sigma,P,C,S,\sum,\iota,\partial)\leftarrow$SymExec(block*) $\forall x:(\sigma_x,P_x,C_x)\leftarrow \mathrm{Max}_\sigma(\Re)$ return$(\sigma[S],P[S],C[S],CE,FE)$	$(e,\sigma,P,C,S,\sum,\iota,\partial)\leftarrow$SymExec(stmt*) $\partial\leftarrow\partial\cup\{\iota\}$ $\forall x:(\sigma_x,P_x,C_x\times N_b)\leftarrow \mathrm{Max}_\sigma(\Im)$ if $N_b>1$ $\forall x\in \mathrm{def}(b):x\leftarrow\perp$ $\iota\leftarrow\sum[\mathrm{blockExit}_b]$
3. stmt s::=store(exp′,exp″)	4. assert(exp)
$\partial\leftarrow\partial\cup\{\iota\}$ $\forall x:C_x\leftarrow C_x+C(\mathrm{exp}')+C(\mathrm{exp}'')+2$ $C_f\leftarrow C_f+C(\mathrm{exp}')+C(\mathrm{exp}'')+2$ $\iota\leftarrow\iota+1$	$\partial\leftarrow\partial\cup\{\iota\}$ $\forall x:C_x\leftarrow C_x+C(\mathrm{exp})$ $C_f\leftarrow C_f+C(\mathrm{exp})$ $\iota\leftarrow\iota+1$

续表

规则	执行过程
5. stmt *s* ∷ =var：=exp	6. goto exp

$\partial \leftarrow \partial \cup \{\iota\}$
if(var$\in S \&\& \sigma_{\text{var}} \neq 0$) then
if($C_{\text{var}} > \tau$)
CE_{var}. add($< l_{\text{var}}, \iota, P_{\text{var}} >$)
else if(var$\in S \&\& \sigma_{\text{var}} = 0$) then
$C_{\text{var}} = 0, l_{\text{var}} = \iota$
$\iota \leftarrow \iota + 1$
$\forall x: C_x \leftarrow C_x + C(\text{exp}) + 1$
$\forall x: \sigma_x \leftarrow \sigma_x[\text{val(exp)/var}]$
$C_f \leftarrow C_f + C(\text{exp}) + 1$
	$\partial \leftarrow \partial \cup \{\iota\}$
	$\forall x: C_x \leftarrow C_x + C(\text{exp}) + 1$
	$C_f \leftarrow C_f + C(\text{exp}) + 1$
	$\iota \leftarrow \Sigma(\text{val(exp)})$
	if(ι=blockExit)
	$\mathfrak{J} \leftarrow \mathfrak{J} \cup \{(e, \sigma, P, C, S, \Sigma, \iota)\}$
	else if(ι=returnExit)
	$\mathfrak{R} \leftarrow \mathfrak{R} \cup \{(e, \sigma, P, C, S, \Sigma, \iota)\}$

7. exp∷ =$\Diamond_u$exp′	8. exp：=load(exp′)
$\forall x \in \text{use(exp}')$: $e \leftarrow \text{val}(\Diamond_u \text{exp}'[\sigma_x / x])$ $C(\text{exp}) \leftarrow C(\text{exp}') + C(\Diamond_b)$	$e \leftarrow \perp$ $C(\text{exp}) \leftarrow C(\text{exp}') + 2$
9. exp∷ = var	10. exp∷ =get_input(*src*)
$e \leftarrow \text{val(var)}$ $C(\text{exp}) \leftarrow C(\text{var})$	$e \leftarrow \text{val(src)}$ $C(\text{exp}) \leftarrow 2$
11. exp∷ =exp′$\Diamond_b$exp″	
$\forall x_1 \in \text{use(exp}'), x_2 \in \text{use(exp}'')$: $e \leftarrow \text{val}(\text{exp}'[\sigma_x / x_1] \Diamond_b \text{exp}''[\sigma_x / x_2])$ $C(\text{exp}) \leftarrow C(\text{exp}') + C(\text{exp}'') + C(\Diamond_b)$	
12. exp∷ =call *f*	
$(\sigma, P, C) \leftarrow ret(f)$	
13. stmt∷ =exp	
$\partial \leftarrow \partial \cup \{\iota\}$ $\iota \leftarrow \iota + 1$ $C_f \leftarrow C_f + C(\text{exp}) + 1$ $\forall x: C_x \leftarrow C_x + C(\text{exp}) + 1$ $\forall x: \sigma_x \leftarrow \sigma_x + \sigma_{\text{exp},x}$ $\forall x: P_x \leftarrow P_x + P_{\text{exp},x}$	
14. if exp then block′ else block″	
if($\iota \in \partial$) then	

续表

```
return
∂←∂∪{ι}
(e′,σ′,P′,C′,S, ∑ ,ι′,∂)←SymExec(block′)
(e″,σ″,P″,C″,S, ∑ ,ι″,∂)←SymExec (block″)
if(ι′∈∂) then
   ∀x∈S:
     if(σ′x−σx>0)
        FEx.add(Px)
if(ι″∈∂) then
   ∀x∈S:
     if(σ″x−σx>0)
        FEx.add(Px)
∀x∈S:
   if((σ′x>σ″x)&&(Px∩val(exp)=∅)) then
     e←e′,σx←σ′,Px←P′x∪{val(exp)},Cx←Cx+C′+C(val(exp)),ι←ι′
else if((σ′x>σ″x)&&(Px∩¬ val(exp)=∅)) then
   e←e″,σx←σ″,Px←P″x∪{¬ val(exp)},Cx←Cx+C″+C(exp),ι←ι″
else
   e←e′,σx←σ′,Px←P′x∪{val(exp) ‖ ¬ val(exp)},Cx←Cx+C′+C(exp),ι←ι′
if(C′>C″) then
   Cf←Cf+C′+C(exp),CPf←CPf∪exp
else if(C′<C″) then
   Cf←Cf+C″+C(exp),CPf←CPf∪¬ exp
else
   Cf←Cf+C″+C(exp)
```

图 6.3　各语法成分符号执行过程

在修改后的符号执行过程中，我们采用八元组$(e,\sigma,P,C,S,\Sigma,\iota,\partial)$记录符号执行的状态信息。其中，$e$ 记录当前表达式的值，σ、P 和 C 分别表示符号表、约束条件以及执行开销值的映射表。这三个符号以符号名为索引值，构建对应符号的相关信息。S 为当前程序中使用的锁变量对应的符号名，Σ 为程序地址到对应语句的映射，ι 为下一条分析的程序地址，∂记录已经分析过的语句集合。此外，为解决多分支合并问题，我们在符号执行过程中增加了两个状态保存链表 $\Im$ 和 $\Re$，分别用于保存当前分支块结构所有可能的运行结果信息和当前函数返回状态信息。当遇到块结束标记（或函数返回标记）时，依次遍历每个锁变量 x，通过对比对应链

表中 σ_x 值的大小，以获取最坏情况下的分支状态信息，即通过 Max_σ 函数选择 σ_x 值最大的分支作为最坏分支。同时，为记录扩张型禁止休眠类错误和循环内错误，使用锁变量位置信息映射表 l 跟踪锁操作，使用两个全局映射表 CE 和 FE 记录对应锁变量的相应错误。其具体对应关系如表 6.1 所示。

表 6.1　符号执行状态信息

状态符号	含 义
e	表达式的符号表示值
σ	变量名与其值的映射
P	锁变量与其最坏情况下约束条件的映射
C	锁变量及函数与其执行开销累积计算值的映射
S	锁变量集合列表
$\sum$	程序计数器的值与其对应语句的映射
ι	下一条指令地址
∂	已分析过的语句地址
$\mathfrak{I}$	块内所有分支可能运行结果的状态列表
$\mathfrak{R}$	函数内所有分支可能运行结果的状态列表
l	锁变量位置信息映射表
CE	锁变量与其 No-Sleep Dilation 类错误的映射
FE	锁变量与其循环内不确定加速操作的映射
CP_f	函数 f 的最大执行开销对应的约束条件
val(exp)	计算表达式 exp 值的函数
SymExec(B)	对块 B 进行符号执行
ret(f)	函数 f 的符号执行结果(初始值为空)
$\sigma_x[e/\mathrm{var}]$	用 e 替换 x 值中 var 并重新进行常量合并计算以更新符号表中的 x 值
N_b	块 b 执行次数
use(exp)	表达式 exp 中使用的符号
def(b)	块 b 中定义的符号
$\perp$	不确定值

由于锁变量通常不作为函数参数传递，因此为减少分析开销以及避免路径爆炸等问题，我们对函数的输入参数采用懒赋值方法进行赋值(赋值为不确定“$\perp$”)。为便于分析，我们将所有的返回语句均使用 goto 语句跳转到唯一的函数出口 returnExit。每当遇到函数 f，则采用规则 1，首先对其内所属块依次调用符号执行，即 $(e,\sigma,P,C,S,\Sigma,\iota,\partial)\leftarrow$SymExec(block*)，将可能包含最坏执行情况的符号执

行结果的状态信息保存到 $\Re$ 列表中，然后依次分析 S 集合中的每个锁变量 x，由于根据锁变量的整形转换方法，当锁变量的值越高时，说明在该函数中其加锁操作也越多，这就越可能造成锁释放操作的不足，所以该分支也将是针对于锁变量的最坏分支。因此，我们将 σ_x 值最大的分支状态信息作为该函数对该锁变量 x 的符号执行结果返回，即 $\forall x,(\sigma_x,P_x,C_x)\leftarrow \mathrm{Max}_\sigma(\Re)$。最后返回该最坏情况下与锁变量相关的符号表信息、约束条件信息以及执行开销信息，以便在过程间分析时计算其锁匹配、错误定位以及执行开销等信息。

对于块操作，其执行过程类似于函数，如规则 2，也是按照语句次序依次执行块内每条语句，保存该块中可能包含最坏执行情况的符号执行结果状态信息到 $\Im$ 列表中。然后更新该语句为已分析($\partial\leftarrow\partial\cup\{\iota\}$)，将每个锁变量的最坏执行结果作为该块的最终执行结果，传递给后续语句继续分析。由于可能存在循环，一个块可能执行多次，因此块的执行开销还需要增加对应块的执行次数。同时，当块的执行次数不为 1 时，由于其处于循环内，符号执行可能使其块内定义过的符合出现任意值，因此设定该块内定义过的符号值为不可知状态。最后，我们设定其后续执行序列为块出口语句($\iota\leftarrow\Sigma[\mathrm{blockExit}_b]$)。

在对一般语句分析时，其基本操作是修改当前已分析语句(即∂值)、更新当前执行开销值(即 C 值)和设定下一条执行语句(即 ι 值)(如规则 3、4 等)。对于赋值语句，由于其将修改对应符号的当前值，因此需进一步更新对应符号的符号表($\sigma_x\leftarrow\sigma_x[\mathrm{val(exp)/var}]$)。对于锁变量，如果当前的值不为 0(即为加锁状态)，且当前的执行开销(C_x)超过执行开销阈值 τ，则说明该锁将可能长期处于加锁状态，因而将其加入对应的 CE 列表中。如果此时锁变量的值为 0，则说明此时锁在该操作前处于关闭状态，因而重置执行开销值 $C_x=0$。对于 goto 语句，则需根据跳转的位置添加对应的状态信息到块状态列表 $\Im$ 和函数状态列表 $\Re$ 中。

对于 if 条件语句，由于可能存在循环，因此先判断该语句是否已经被分析，如果已经被分析，则说明是循环的节点，不作处理，直接执行后续指令。当第一次分析该语句时，则分别对 if 分支和 else 分支进行符号执行。如果其中某条分支跳转到已分析指令，即 $\iota\in\partial$，则说明该块是循环中块。由于循环执行次数通常难以计算，因此在循环的一次迭代内出现锁变量的局部增益大于 0，则该循环体很大情况下会出现锁的不匹配情况，因而此时给出对应的锁不匹配的提示信息，将其加入对应的 FE 列表中；否则对每个锁相关变量 x，分别比较 if 两个分支中该变量的符号执行值，选择其最坏执行块，即 σ_x 值最大的块作为该块的执行结果，当两个块结果一样时，则随机选择一条分支(我们选择分支 1)加入该锁变量的执行结果中。按其选择的结果分支将对应的 if 条件表达式加入到符号执行的约束变量中。其具体描述如图 6.3 规则 14 所示。

对于表达式，则主要根据其操作类型，完成对表示式 e 的符号计算以及执行开销的计算，为赋值等一般语句准备对应的数据。

在构建符号执行策略后，过程内分析如图 6.4 所示。对于程序中的每个函数，自顶向下依次对程序进行分析，根据其匹配的符号执行规则进行相应的操作，获得对应的符号执行状态信息。

算法 6.1 过程内分析算法

输入：待分析函数集合 prog，锁变量集合 S，执行开销初始信息 C_0

输出：锁变量相关变量符号执行信息 $L(\sigma,P,C)$

1. **for** each $f\in$ prog
2. $\quad L_f\leftarrow$SymExec$(f,S,\{\{\forall x\in S|\langle x,0\rangle\},\varnothing,C_0\})$
3. **endfor**
4. **return** L

图 6.4 过程内分析过程

6.3.2 能耗错误过程间分析

在过程间分析时，为避免路径爆炸和约束求解过于复杂，我们只对能耗错误相关变量进行过程间分析，对符号执行采用懒赋值方式，即函数调用结果赋值为⊥。其过程间分析具体算法如图 6.5 所示。

我们以迭代分析的方法依次计算程序中的每个函数，直到所有函数的计算结果均不发生变化(达到不动点)时，结束循环(第 2 行～第 11 行)。每次迭代过程中，将函数 f 的符号执行结果 L'_f 同上次迭代的执行结果 L_f 进行比较，以判断是否发生变化(第 6 行)。当所有函数均达到不动点后，将符号执行过程中检测的扩张型禁止休眠类错误列表 CE 和循环内加锁错误列表 FE 加入最终错误列表(第 12 行)，然后对入口函数的符号执行结果进行分析，找出加解锁不匹配的操作变量，即锁变量值不为 0 的元素及其对应的路径信息，P 值加入错误列表中(第 13 行～第 18 行)，最终将统计的错误信息 EBugInfo 返回。

算法 6.2 过程间分析算法

输入：待分析函数集合 prog，锁变量 S，过程内分析结果 L，入口函数 entry

输出：能耗错误信息 EBugInfo

1. flag=true
2. **while**(flag)
3. $\quad$flag=false

```
4.   for each f∈prog
5.     L'_f←SymExec(f,S,L)
6.     if L_f≠L'_f then
7.       flag = true
8.     endif
9.     L_f←L'_f
10.   endfor
11. endwhile
12. EBugInfo.add(CE),EBugInfo.add(FE)
13. (σ,P,C)←L_entry
14. for each v∈S
15.     if σ_v≠0 then
16.       EBugInfo.add(⟨x,P_x⟩)
17.     endif
18. endfor
19. return EBugInfo
```

图 6.5　能耗错误过程间分析算法

6.4　应用举例

为更好的说明以上能耗错误分析方法，我们以图 6.1 所示源程序为例，对其函数进行第一次迭代分析，其过程分别如表 6.3～表 6.5 所示(初始输入数据如表 6.2所示)。其中函数 getServerData 主要完成从服务器获得数据，因而该函数有可能因服务器故障而导致长时间无数据返回，使得程序处于等待状态，因此，我们初始化该函数的执行开销为最大值 τ。

表 6.2　初始输入数据

S={wm,wl}
prog={OnCreate, net_sync, net_working}
C_0={<OnCreate,0>,<net_sync,0>,<net_working,0>,<getServerData,ι >}
entry:OnCreate

表 6.3　OnCreate 函数第一次迭代分析过程

pc	e	σ	P	CP:C	ι	l	rule
6	0	<wm,0>,<wl,0>	∅	<C(exp),0>	6	{}	9
	0	<wm,0>,<wl,0>	∅	<wl,1>,<C_f,1>	7	<wl,6>	5
7	1	<wm,0>,<wl,0>	∅	<wl,1>,<C(exp), 0>	7	<wl,6>	9
	0	<wm,0>,<wl,1>	∅	{<wl,2>,<C_f,2>	8	<wl,6>	5
8	1	<wm,0>,<wl,1>	∅	<wl,1>,<C(exp),1>	8	<wl,6>	11
	1	<wm,1>,<wl,1>	∅	<wl,4>,<wm,2>,<C_f, 4>	9	<wl,6>,<wm,8>	5
9	⊥	<wm,1>,<wl,1>	∅	<C(exp),0>	9	<wl,6>,<wm,8>	12
	⊥	<wm,1>,<wl,1>	∅	<wl,4>,<wm,2>,<C_f, 4>	10	<wl,6>,<wm,8>	13
10	0	<wm,1>,<wl,1>	∅	<C(exp), 0>	10	<wl,6>,<wm,8>	9
	0	<wm,1>,<wl,0>	∅	<wl,5>,<wm,3>,<C_f, 5>	block Exit	<wl,6>,<wm,8>	5,6
	0	<wm,1>,<wl,0>	∅	<wl,5>,<wm,3>,<C_f, 5>	retur nExit	<wl,6>,<wm,8>	2,6
	0	<wm,1>,<wl,0>	∅	<wl,5>,<wm,3>,<C_f, 5>	0	<wl,6>,<wm,8>	1

pc	$\mathfrak{I}$	$\mathfrak{R}$	∂	CE	FE	rule
6	∅	∅	∅	∅	∅	9
	∅	∅	6	∅	∅	5
7	∅	∅	6	∅	∅	9
	∅	∅	6,7	∅	∅	5
8	∅	∅	6,7	∅	∅	11
	∅	∅	6,7,8	∅	∅	5
9	∅	∅	6,7,8,9	∅	∅	12
	∅	∅	6,7,8,9	∅	∅	13
10	∅	∅	6,7,8,9	∅	∅	9
	{{<wm,1>,<wl,0>},∅ {<wl,5>, <wm,3>, <C_f, 5>},∅,∅}	∅	6,7,8,9, 10	∅	∅	5,6
	{{<wm,1>,<wl,0>},∅, {<wl,5>, <wm,3>, <C_f, 5>},∅,∅}	{{<wm,1>,<wl,0>}, ∅,{<wl,5>, <wm,3>, <C_f, 5>},∅,∅}	6,7,8,9, 10	∅	∅	2,6

续表

pc	$\mathfrak{I}$	$\mathfrak{R}$	∂	CE	FE	rule
10	{{<wm,1>,<wl,0>},∅,{<wl,5>, <wm,3>,<C_f,5>},∅,∅}	{{<wm,1>,<wl,0>},∅,{<wl,5>, <wm,3>,<C_f,5>},∅,∅}	6,7,8,9,10	∅	∅	1

返回值：

σ={<wm,1>,<wl,0>}；P=∅；C={<wl,5>, <wm,3>,<C_f, 5>}；CE=∅；FE=∅

表 6.4　net_sync 函数第一次迭代分析过程

pc	e	σ	P	CP:C	ι	l	rule
14	1	<wm,0>	∅	<C(exp),1>	14	∅	11
	1	<wm,1>	∅	<wm,2>,<C_f,2>	15	<wm,14>	5
15	⊥	<wm,1>	∅	<C(exp),0>	15	<wm,14>	12
	⊥	<wm,1>	∅	<wm,2>,<C_f,2>	16	<wm,14>	13
16	0	<wm,1>	∅	<C(exp), 1>	16	<wm,14>	9
	0	<wm,0>	∅	<wm,4>, <C_f,4>	blockExit t	<wm,14>	5,6
∅	∅	<wm,0>	∅	∅	blockExit t	∅	6
13	$k<3$	<wm,0>	<wm,($k<3 \Vert k\geq3$)>	($k<3$): <wm,4> ($k<3$): <C_f, 4>	blockExit	<wm,14>	14,6
	⊥	<wm,0>	<wm,($k<3 \Vert k\geq3$)>	($k<3$): <wm,4> ($k<3$): <C_f, 4>	returnExit	<wm,14>	2,6
	⊥	<wm,0>	<wm,($k<3 \Vert k\geq3$)>	($k<3$): <wm,4> ($k<3$): <C_f, 4>		<wm,14>	1

pc	$\mathfrak{I}$	$\mathfrak{R}$	∂	CE	FE	rule
14	∅	∅	{13}	∅	∅	11
	∅	∅	{13, 14}	∅	∅	5
15	∅	∅	{13, 14}	∅	∅	12
	∅	∅	{13, 14,15}	∅	∅	13
16	∅	∅	{13, 14,15}	∅	∅	9
	{{<wm,0>},∅,{<wm,4>,<C_f,4>},∅, ∅}	∅	{13, 14,15,16}	∅	∅	5,6

续表

pc	$\mathfrak{I}$	$\mathfrak{R}$	∂	CE	FE	rule
$\varnothing$	$\{\{<\mathrm{wm},0>\},\varnothing,\{<\mathrm{wm},4>,<C_f,4>\},\varnothing,\varnothing\},\{\{<\mathrm{wm},0>\},\varnothing,\varnothing,\varnothing,\varnothing\}$	$\varnothing$	$\varnothing$	$\varnothing$	$\varnothing$	6
13	$\{\{<\mathrm{wm},0>\},\{<\mathrm{wm},(k<3\|\|k\geqslant 3)>\},\{<\mathrm{wm},4>,<C_f,4>\},\varnothing,\varnothing\}$	$\varnothing$	{13, 14,15,16}	$\varnothing$	$\varnothing$	14,6
	$\{\{<\mathrm{wm},0>\},\{<\mathrm{wm},(k<3\|\|k\geqslant 3)>\},\{<\mathrm{wm},4>,<C_f,4>\},\varnothing,\varnothing\}$	$\{\{<\mathrm{wm},0>\},\{<\mathrm{wm},(k<3\|\|k\geqslant 3)>\},\{<\mathrm{wm},4>$	{13, 14,15,16}	$\varnothing$	$\varnothing$	2,6
	$\{\{<\mathrm{wm},0>\},\{<\mathrm{wm},(k<3\|\|k\geqslant 3)>\},\{<\mathrm{wm},4>,<C_f,4>\},\varnothing,\varnothing\}$	$\{\{<\mathrm{wm},0>\},\{<\mathrm{wm},(k<3\|\|k\geqslant 3)>\},\{<\mathrm{wm},4><C_f,4>\},\varnothing,\varnothing\}$	{13, 14,15,16}	$\varnothing$	$\varnothing$	1

返回值：

$\sigma=\{<\mathrm{wm},0>\}$；$P=\{<\mathrm{wm},(k<3\|\|k\geqslant 3)>\}$；$C=\{(k<3):<\mathrm{wm},4>,(k<3):<C_f,4>\}$；CE=$\varnothing$；FE=$\varnothing$

表 6.5 net_working 函数第一次迭代分析过程

pc	e	$\varnothing$	P	CP:C	τ	l	rule
20	$\perp$	$<\mathrm{wm},0>$	$\varnothing$	$<C(\exp),\tau>$	20	$\varnothing$	12
	$\perp$	$<\mathrm{wm},0>,<\mathrm{datas},\perp$	$\varnothing$	$<C_f,$	21	$\varnothing$	5
22	−1	$<\mathrm{wm},0>,<\mathrm{datas},\perp$	$\varnothing$	$<C(\exp),1>$	22	$\varnothing$	11
	−1	$<\mathrm{wm},-1>,<\mathrm{datas},\perp>$	$\varnothing$	$<\mathrm{wm},2>,<C_f,\tau>$	bloCkExit	$\varnothing$	5, 6
24	−1	$<\mathrm{wm},0>,<\mathrm{datas},\perp>$	$\varnothing$	$<C(\exp),1>$	22	$\varnothing$	11

续表

pc	e	∅	P	CP:C	τ	l	rule
24	−1	<wm,−1>, <datas,⊥>	∅	<wm,2>,<C_f,τ>	bloCkExit	∅	5
21	wm≠null	<wm,−1>, <datas,⊥>	<wm,(wm≠null || wm=null)>	<wm,3>,<C_f,τ>	bloCkExit	∅	14,6
	⊥	<wm,−1>, <datas,⊥>	<wm,(wm≠null || wm=null)>	<wm,3>,<C_f,τ>	returnExit	∅	2,6
	⊥	<wm,−1>	<wm,(wm≠null || wm=null)>	<wm,3>,<C_f,τ>		∅	1

pc	ℑ	ℜ	∂	CE	FE	rule
20	∅	∅	∅	∅	∅	12
	∅	∅	20	∅	∅	5
22	∅	∅	20,21	∅	∅	11
	{{<wm,−1>,<datas,⊥>},∅, {<wm,2>,<C_f,τ>},∅,∅}	∅	20,21,22	∅	∅	5,6
24	{{<wm,−1>,<datas,⊥>},∅, {<wm,2>,<C_f,τ>},∅,∅}	∅	20,21	∅	∅	11
	{{<wm,−1>,<datas,⊥>},∅, {<wm,2>,<C_f,τ>},∅,∅}, {{<wm,-1>,<datas,⊥>},∅, {<wm,2>,<C_f,τ>},∅,∅}	∅	20,21,24	∅	∅	5
21	{{<wm,−1>,<datas,⊥>}, {<wm,(wm≠null || wm=null)}, {<wm,3>,<C_f,τ>},∅,∅}	∅	20,21,22, 24	∅	∅	14,6
	{{<wm,−1>,<datas,⊥>}, {<wm,(wm≠null || wm=null)}, {<wm,3>,<C_f,τ>},∅,∅}	{{<wm,−1>},{<wm, (wm≠null || wm=null)}, {<wm,3>,<C_f,τ>}, ∅,∅}	20,21,22, 24	∅	∅	2,6
	{{<wm,−1>,<datas,⊥>}, {<wm,(wm≠null || wm=null)}, {<wm,3>,<C_f,τ>},∅,∅}	{{<wm,−1>},{<wm, (wm≠null || wm=null)}, {<wm,3>,<C_f,τ>}, ∅,∅}	20,21,22, 24	∅	∅	1

续表

返回值:
$\sigma=\{<wm,-1>\}$; $P=\{<wm, (wm\neq null \parallel wm=null)\}$; $C=\{<wm,3>,<C(f),\tau>\}$; CE=$\varnothing$; FE=$\varnothing$

同理,可以获得如表 6.6 所示的迭代处理结果。

表 6.6 各迭代结果分析

第二次迭代	返回结果	变化标记 flag
OnCreate 函数	$\sigma=\{<wm,1>,<wl,0>\}$; $P=\{<wm,(k<3 \mid\mid k\geqslant 3)>\}$; $C=\{<wl,7>,<wm,7>\}$; CE=$\varnothing$; FE=$\varnothing$	true
net_sync 函数	$\sigma=\{<wm,0>,<wl,0>\}$; $P=\{<wm,k\geqslant 3>\}$; $C=\{<wm,\tau>, (k<3):<C_f,\tau>\}$; CE=\{[14,16,k<3]\}; FE=$\varnothing$	true
net_working 函数	$\sigma=\{<wm,-1>\}$; $P=\{<wm, (wm\neq null \parallel wm=null)\}$; $C=\{<wm,3>,<C(f),\tau>\}$; CE=$\varnothing$; FE=$\varnothing$	false
第三次迭代	返回结果	变化标记 flag
OnCreate 函数	$\sigma=\{<wm,1>,<wl,0>\}$; $P=\{<wm, k\geqslant 3>\}$; $C=\{<wl,\tau>,<wm,\tau>\}$; CE=\{[6,10,$k<3$], [14,16,k<3]\}; FE=$\varnothing$	true
net_sync 函数	$\sigma=\{<wm,0>,<wl,0>\}$; $P=\{<wm,k\geqslant 3>\}$; $C=\{<wm,\tau>, (k<3):<C_f,\tau>\}$; CE=\{[14,16,k<3]\}; FE=$\varnothing$	false
net_working 函数	$\sigma=\{<wm,-1>\}$; $P=\{<wm, (wm\neq null \parallel wm=null)\}$; C=$\{<wm,3>,<C(f),\tau>\}$; CE=$\varnothing$; FE=$\varnothing$	false
第四次迭代	返回结果	变化标记 flag
OnCreate 函数	$\sigma=\{<wm,1>,<wl,0>\}$; $P=\{<wm, k\geqslant 3>\}$; $C=\{<wl,\tau>,<wm,\tau>\}$; CE=\{[6,10,$k<3$], [14,16,k<3]\}; FE=$\varnothing$	false

续表

第二次迭代	返回结果	变化标记 flag
net_sync 函数	$\sigma=\{<wm,0>,<wl,0>\};P=\{<wm,k\geqslant 3>\}$; $C=\{<wm,\tau>,(k<3):<C_f,\tau>\}$; CE=\{[14,16,$k<3$]\}; FE=∅	false
net_working 函数	$\sigma=\{<wm,-1>\};P=\{<wm,(wm\neq null \parallel$ $wm=null)\};C=\{<wm,3>,<C(f),\tau>\}$; CE=∅; FE=∅R	false

根据以上迭代，三个函数的结果集达到不动点。此时，从入口函数 OnCreate 可以看出，在 CE 集合中有两个元素，即[6,10,$k<3$]和[14,16,$k<3$]，检测出程序中第 6 行～第 10 行以及第 14 行～第 16 行在 $k<3$ 时，因在 net_working 函数中存在高执行开销的 getServerData 函数，可能存在的扩张型禁止休眠类错误。从最终锁变量映射表 $\sigma=\{<wm,1>,<wl,0>\}$可知，由于 wm 锁变量的值不为 0，存在锁的添加与释放不匹配的情况。根据对应的锁约束条件 P 可知，其锁不匹配现象将在 $k\geqslant 3$ 的情况下出现。

6.5　实验评估

6.5.1　实验构建

为评估该方法的有效性，我们以 Java 为目标语言，先对 Android 源码社区的 9 个开源 App 随机插入能耗错误。然后利用 Eclipse 中的 ASTParser 作为 Java 源代码的前端解析器，生成对应的 AST 分析树。接着以该分析树为基础，构建上节提出的错误检测方案。最后将分析结果同文献[3]中的结果进行比较，以获得该方法的最终评估效果。具体实验框架如图 6.6 所示。

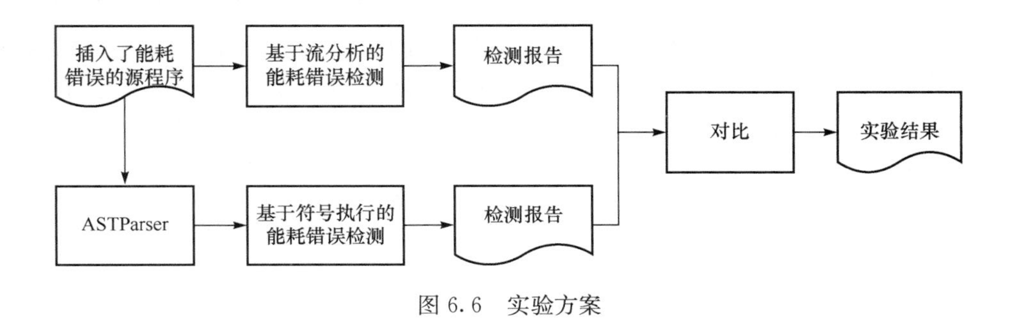

图 6.6　实验方案

6.5.2 结果分析

在具体实验过程中，我们以开源社区 AppCodes 的 9 个 Android 源程序为基础，通过在其中随机插入能耗错误构建测试用例。通过与文献[3]中基于数据流错误检测技术的对比，获得如表 6.7 所示实验结果。根据前面所述的能耗模型，编译器在能耗错误检测过程的绿色指标主要与错误检测的精度以及给出的错误路径的精度两部分相关。错误检测精度包括检测的总错误数和误检测的错误数。给出的错误路径的精度包括给出出错时对应的正确执行路径数以及错误的执行路径数两大部分。因此，我们主要给出四个指标，其中 PE 和 DE 分别表示路径型禁止休眠能耗错误和扩张型禁止休眠能耗错误，MD 和 MP 分别表示误报的错误数和误报的路径数。由于竞争型能耗错误通常通过人为指定事件触发顺序，然后进行检测。但在知晓事件触发顺序后，可以通过该触发顺序很直接的按照前两类能耗错误检测方法进行检测，因此我们未对其进行分析验证。

表 6.7 能耗错误检测实验结果

用例名	植入错误数		数据流分析				符号执行技术			
	PE	DE	PE	DE	MD	MP	PE	DE	MD	MP
Amazed	1	0	1	0	0	0	1	0	0	0
AndroidGlobalTime	3	0	2	0	0	0	3	0	0	0
HeightMapProfiler	3	0	1	0	0	0	3	0	0	0
Photostream	2	2	1	0	0	0	2	2	0	0
Radar	1	0	1	0	0	0	1	0	0	0
RingsExtended	3	3	0	3	0	0	3	3	0	0
手电筒	1	1	1	0	0	0	1	1	0	0
计算器	2	2	1	0	0	0	2	2	0	0
WordPress	3	2	1	0	0	0	3	2	0	0

由该实验结果可以看出，基于数据流分析的能耗错误检测方法与基于符号执行技术能耗错误检测方法均有较高的检测准确度，对于植入的能耗错误，其误报率均为 0。基于数据分析的能耗错误主要针对于不计数型的锁变量进行检测，且未考虑检测扩张型禁止休眠能耗错误，因此对于植入的该类错误无能为力，其总体错误检测率明显低于我们提出的方法。

6.6 本章小结

能耗是绿色需求中的重要指标，能耗错误检测对提高系统的绿色程度具有不容忽视的作用。本章首先对能耗错误的分类以及符号执行技术进行简要分析，然后针对禁止休眠类能耗错误，以符号执行技术为基础，设计了能耗错误检测和定位方法。该方法首先利用过程内分析获得单个函数的符号执行信息，然后利用过程间分析对单个函数的符号执行分析结果进行全局分析，以获得较为准确的执行开销、锁变量匹配等相关信息，检测出对应的能耗相关错误。同时，符号执行记录了对应的分支路径信息，利用该信息不但可以较好的生成对应的测试用例，而且可以结合约束求解器快速定位错误位置，为开发出高绿色指标的软件提供保障。

参考文献

[1] Pathak A, Hu Y C, Zhang M. Bootstrapping energy debugging on smartphones: a first look at energy bugs in mobile devices//Proceedings of the 10th ACM Workshop on Hot Topics in Networks, 2011.

[2] Pathak A, Hu Y C, Zhang M. Where is the energy spent inside my app?: fine grained energy accounting on smartphones with eprof //Proceedings of the 7th ACM European Conference on Computer Systems, 2012.

[3] Pathak A, Jindal A, Hu Y C, et al. What is keeping my phone awake?: characterizing and detecting no-sleep energy bugs in smartphone apps//Proceedings of the 10th International Conference on Mobile Systems, Applications, and Services, 2012.

[4] Vekris P, Jhala R, Lerner S, et al. Towards verifying android apps for the absence of no-sleep energy bugs//Proceedings of the 2012 USENIX Conference on Power-Aware Computing and Systems, 2012.

[5] Oliner A J, Iyer A, Lagerspet E, et al. Collaborative energy debugging for mobile devices// Proceedings of the 2012 USENIX Conference on Power-Aware Computing and Systems, 2012.

[6] Jindal A, Pathak A, Hu Y C, et al. Hypnos: understanding and treating sleep conflicts in smartphones//Proceedings of the 8th ACM European Conference on Computer Systems, 2013.

[7] King J C. Symbolic execution and program testing. Communications of the ACM, 1976, 19 (7): 385-394.

[8] Boyer R S, Elspas B, Levitt K N. SELECT-a formal system for testing and debugging programs by symbolic execution//ACM SigPlan Notices, 1975, 10(6): 234-245.

[9] Khurshid S, Păsăreanu C S, Visser W. Generalized symbolic execution for model checking and testing. Tools and Algorithms for the Construction and Analysis of Systems, 2003: 553-568.

[10] Godefroid P, Klarlund N, Sen K. DART: directed automated random testing//Proceedings of the 2005 ACM SIGPLAN Conference on Programming Language Design and Implementation, 2005.

[11] Majumdar R, Sen K. Hybrid concolic testing//29th International Conference on Software Engineering, 2007.

[12] Burnim J, Sen K. Heuristics for scalable dynamic test generation//Proceedings of the 2008 23rd IEEE/ACM International Conference on Automated Software Engineering, 2008.

[13] Anand S, Godefroid P, Tillmann N. Demand-driven compositional symbolic execution. Tools and Algorithms for the Construction and Analysis of Systems, 2008: 367-381.

[14] Staats M, Păsăreanu C. Parallel symbolic execution for structural test generation//Proceedings of the 19th International Symposium on Software Testing and analysis, 2010.

[15] Anand S, Păsăreanu C S, Visser W. JPF-SE: a symbolic execution extension to java pathfinder. Tools and Algorithms for the Construction and Analysis of Systems, 2007: 134-138.

[16] Cadar C, Dunbar D, Engler D R. KLEE: unassisted and automatic generation of high-coverage tests for complex systems programs//OSDI, 2008. 8: 209-224.

[17] Cadar C, Ganesh V, Pawlowski P M, et al. EXE: automatically generating inputs of death. ACM Transactions on Information and System Security, 2008, 12(2): 10.

[18] Sen K, Marinov D, Agha G. CUTE: A Concolic Unit Testing Engine for C. New York: ACM, 2005.

[19] 梅宏，王千祥，张路，等. 软件分析技术进展. 计算机学报，2009，32(9)：1697-1710.

[20] 范文庆. 分段符号执行模型及其环境交互问题研究. 北京：北京邮电大学博士学位论文，2010.

[21] Boonstoppel P, Cadar C, Engler D. RWset: attacking path explosion in constraint-based test generation. Tools and Algorithms for the Construction and Analysis of Systems, 2008: 351-366.

[22] Schwartz E J, Avgerinos T, Brumley D. All you ever wanted to know about dynamic taint analysis and forward symbolic execution (but might have been afraid to ask)//2010 IEEE Symposium on Security and Privacy, 2010.

第7章 绿色编译新型优化方法探究

其他相关学科的各种新型理论和算法的提出为绿色编译优化也带来了新的机遇，我们可以结合这些现代优化理论和算法探索更好的绿色编译优化方法。本章将主要结合这些相关学科领域的理论和算法，对绿色编译的新型优化方法进行探究。

7.1 基于计算博弈论的分块多层次绿色编译优化

随着各种嵌入式智能设备功能的不断丰富，其对存储容量的需求也越来越大，单独的设备内存已经很难满足需求，因此很多嵌入式智能设备均支持扩展存储卡。扩展存储卡中的数据一般不能直接运行，需要加载到内存。由于系统内存有限，且很多嵌入式设备的系统是多任务操作系统，使得很多应用程序不能一次加载到内存，需要分页加载，这将面临如何合理的分配程序的数据段和代码段，使得数据从扩展存储卡加载到混合式内存以及从混合式内存写回到扩展卡的过程中获得较好的绿色评估值的问题。同时，由于不同体系结构存储结构各不相同，而且同一存储层次的不同部分对数据的读写能力也不完全相同，加载的数据和代码以及程序运行过程中产生的数据应该如何分配，对于整个存储系统的绿色评估也将产生重要影响。此外，由于每块存储芯片是一个整体，只要其中有一个存储单元出现问题，整个芯片将不能工作，对于一般的闪存存储芯片，每个存储单元的读写次数又是有限的，因此为构建统一的存储层次模型，我们可以通过 XML 模板的形式配置各体系结构的存储参数，以便于相应优化的实施。其主要参数如下。

① 是否有便签式存储器，便签式存储器的组成成分及其容量，各成分的读写特性等。

② 是否有缓存部件，缓存部件的层次结构，组成成分及其容量，各成分的读写特性等。

③ 主存的组成成分及其容量，各成分的读写特性等。

④ 数据访问的层次，即数据访问从高到低依次需要经过的存储层次。

不同于传统优化中希望尽可能多地使用相同存储单元，我们可以利用程序运行过程中的反馈数据，在资源允许的情况下，尽可能平衡的使用各个存储单元，以避免因过度使用或集中使用而造成的资源浪费。由于计算博弈论是求解多参与者竞争同类资源较为广泛的模型，很多领域均能够利用该模型获得较好的结果[1~4]，而存储资源的分配正是变量争夺存储空间的过程,因此根据以上分析以及构建的存储模型,我们可以设计一种以计算博弈论为基础的绿色编译优化方法对分块多层次混合存储系统进行优化。具体优化方案如图 7.1 所示。

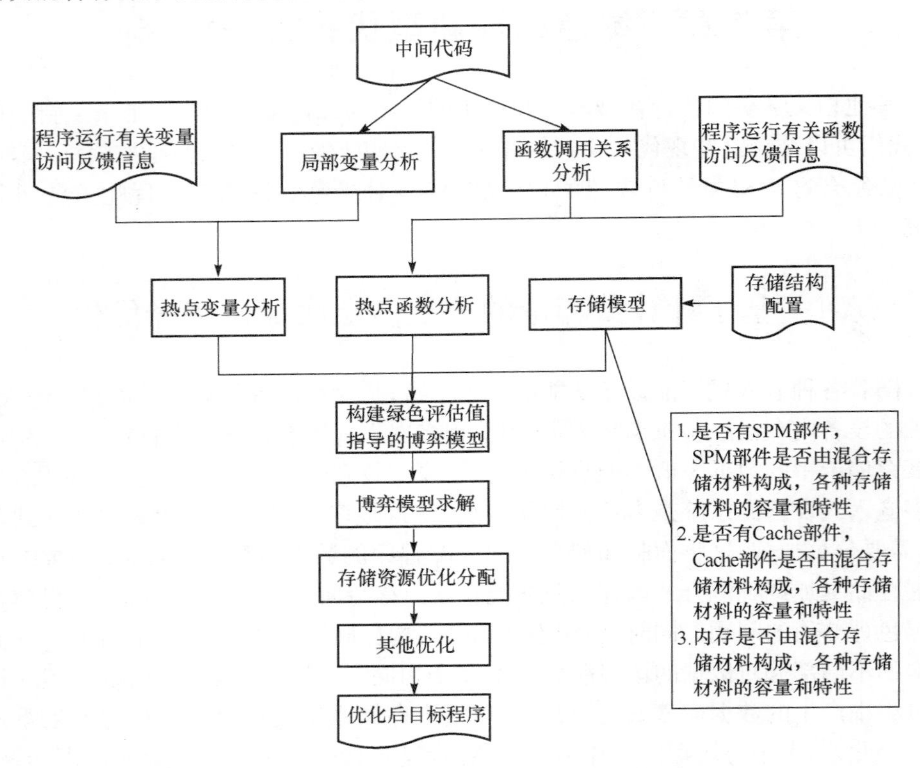

图 7.1　基于计算博弈论的绿色优化方法

首先,该方法利用中间代码进行局部变量分析和函数调用关系分析,获得函数内变量的访问次序,生成的中间变量数目,变量之间的生命期是否重叠等变量信息以及函数调用关系图。然后,利用函数调用图以及程序运行时函数访问的次数,消耗的能耗等信息,获得对应的热点函数,即访问频度和能源消耗较大的函数。同时,利用局部变量分析获得的函数内变量的使用情况以及程序运行时有关函数的访问情况,主要包括访问次数和访问频度等信息,进行相应的热点变量分析,获得其中的热点变量(访问次数多、频度高的变量)。其次,以构建的统一存储层次结构模型为指导,结合该存储系统的结构特征,主要包括是否有便签式存储器、缓存以及其具体的组成成分和相应的特性,以热点函数和热点变量为中心构建博弈模型。在该博弈模型中,变量以及代码段为博弈的参与者,各个层次各个分块中的各种类型存储单元为竞争的资源,页访问失效率、能量消耗、各存储单元访问频度为均衡点评估的主要指标。最后,根据博弈模型均衡点的求解结果进行相应的存储资源优化分配，使得最终的目标程序具有较好的绿色效果。

为获得较好的优化结果，在博弈过程中，主要从以下三个方面进行均衡点的搜索。

① 为获得较低的页访问失效率，我们以热点函数为起始分配点，根据页大小和块大小，将经常连续访问的函数放在相同分块或者相同页，从而减少页访问失效率。

② 为获得较低的能量消耗，我们以热点变量为分配点，根据每个存储位置的读写能耗，分配对应的变量，使得读次数多的变量尽量分配到读开销较小的位置，写次数多的变量尽量分配到写开销较小的位置，从而达到能耗的降低。

③ 为使各存储单元获得较为均衡的访问频率，我们根据各变量的生命力分析以及程序可用存储空间大小，以变量的使用频度和生命期冲突程度为基础将各个变量划分为 N（N 为程序空间的存储单元大小）个集合（每个集合中的变量的生命期不冲突），使得每个集合的访问频度尽可能平衡，然后将各个变量集合依次分配到相应存储空间，从而达到各存储单元平衡分配的目的。

7.2　基于总线翻转编码和多维度集成学习的绿色编译技术

总线是嵌入式系统各设备之间通信的桥梁，其本身工作性能的好坏直接影响系统的总体性能，因此很多研究者针对总线设计了各种优化方案，其中总线翻转编码是 Stan 和 Burleson 提出的一种针对总线的低能耗优化方法。它通过增加一条额外的翻转标志线来控制解码器的解码方式，从而达到减少总线翻转次数，降低功耗的目的。总线翻转编码是一种简单而且高效的降低总线功耗的方法，但只适应于随机出现的数据，即 t 时刻和 $t+1$ 时刻出现的不是连续数据。为此，需要通过适当的指令调度，才能充分发挥总线翻转编码的能力，但不同的指令调度策略对系统其他模块如存储器的访问、总线的负载产生不同的影响。此外，对于某些高能耗的指令，可以采用多条低能耗指令替换，如将乘法指令转为移位指令和加法指令等，以降低总功耗，但指令条数的增多将增大目标代码的大小，需要更多的存储空间，而且对于不同的处理器和体系结构，指令能耗高低也各不相同。机器学习作为一种智能优化方法，已经应用到数据挖掘[5]、自然语言处理[6]和视频图像处理[7]等计算机领域的各个方面，并取得很好的实验效果[8]。

因此，为适应各类嵌入式体系结构，在功耗、存储容量、性能等多方面因素间获得平衡，我们可以考虑以总线翻转编码为基础，利用机器学习的方法，通过对程序执行的动态反馈信息，如总线翻转编码效率、总线翻转次数、单根总线负载、存储器访问情况等多个维度的集成学习，不断更新绿色指令选择调度库，以指导指令进行相应的替换和调度，以求在不影响系统总体性能的前提下，达到对总线的绿色编译优化的目的。总体优化方法如图 7.2 所示。

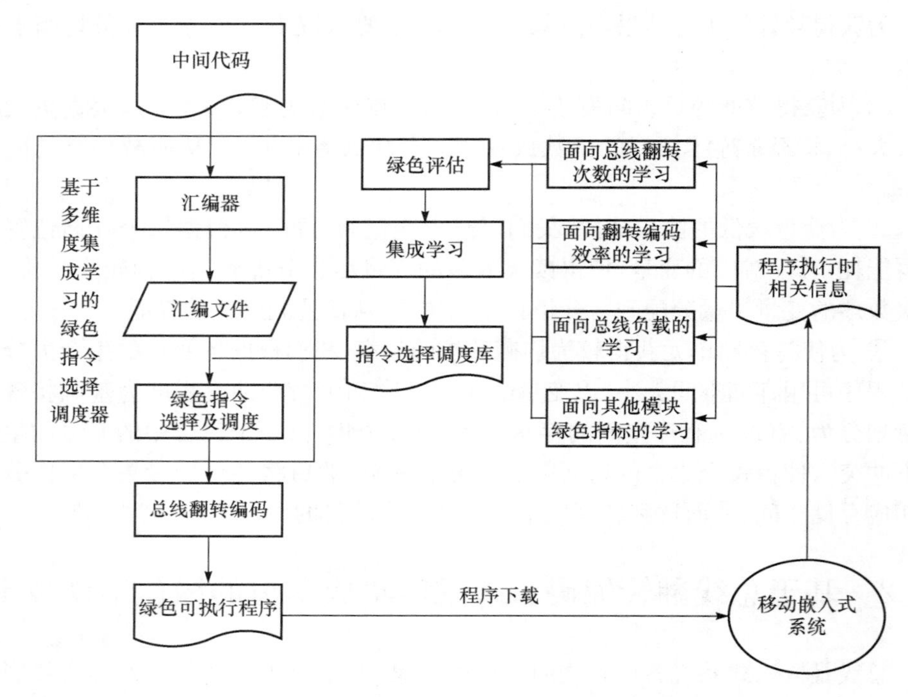

图 7.2　面向总线翻转编码和多维度集成学习的绿色优化方法

在该方法中,首先利用汇编器将中间代码转换为对应的汇编文件,然后根据指令选择调度库,使用绿色评估值高的指令序列和调度序列分别对相应指令进行替换和调度,最后通过总线翻转编码,生成优化后的绿色可执行程序。为了更好地适应多变的嵌入式系统环境,我们根据程序执行时的相关信息,利用机器学习的思想,首先对总线翻转次数、总线翻转编码效率、总线负载以及系统其他模块绿色性能四个方面进行独立的学习,获得相应的较好指令选择和调度方案,然后利用绿色评估模型对各个学习效果进行评估,从中选择绿色评估值高的结果作为集成学习的输入,最后利用集成学习对其进行综合合并,获得综合学习效果最好的方案对指令选择调度库进行动态更新,以提高系统的自适应性。

7.3　基于编译的多核环境下的并行程序绿色优化

7.3.1　基于数据依赖的程序数据级并行性挖掘

基于数据依赖关系的并行挖掘以源程序为输入,以数据依赖关系为依据,以识别出串行程序中可以并行计算的基本单位为目标的一种并行化技术。通过在并行计算机上运行该技术所识别出的可并行执行的基本单位，就可以实现自动将串行程序分解成多个任务在高性能并行计算机上并行执行的目标程序，从而解决在高性能并行计算机上运行串行移植程序的问题，同时达到提高串行程序运行速度的目的。

影响程序并行化的重要原因是数据依赖关系，主要是由读、写同一数据引起的，因此可以考虑将程序并行性挖掘的过程表示为图 7.3。

基本块之间如果有数据依赖关系则不可并行，同时不可并行性具有传递关系，所以通过求基本块之间依赖关系的最大闭包可以获得基本块之间的可并行矩阵。对于循环基本块，通过依赖关系测试方法来判断循环是否可并行化。循环数据依赖关系测试可以归结为整数线性规划问题，这个问题是 NP 完全的，需要采用一种有效的启发式方法进行求解。混沌量子粒子群算法[9,10]引进了基于群体适应值方差的早熟判断机制，当粒子群陷入早熟收敛时，利用混沌运动的随机性、对初始值敏感等特点，进行混沌搜索，以避免陷入局部最优，从而寻求到更优的解。微分进化算法是一种基于种群并行随机搜索的新型进化算法，具备记忆能力，从而可以跟踪当前的搜索情况，以调整其搜索策略，具有较强的全局收敛能力和鲁棒性。混沌量子粒子群算法具有良好的优化性能，但是对于高维多模态函数，因进化后期微粒多样性的降低导致算法早熟收敛。大量研究表明，微分进化算法在维护群体的多样性及搜索能力方面功能较强，但收敛速度相对较慢。所以，我们可以结合这两种算法各自的优点设计一种新的算法，即混沌量子粒子群微分进化算法对问题进行求解。将问题的每个解视为一个个体，所有的个体组成种群，使用混沌量子粒子群微分进化算法寻找最优个体的过程如图 7.4 所示。

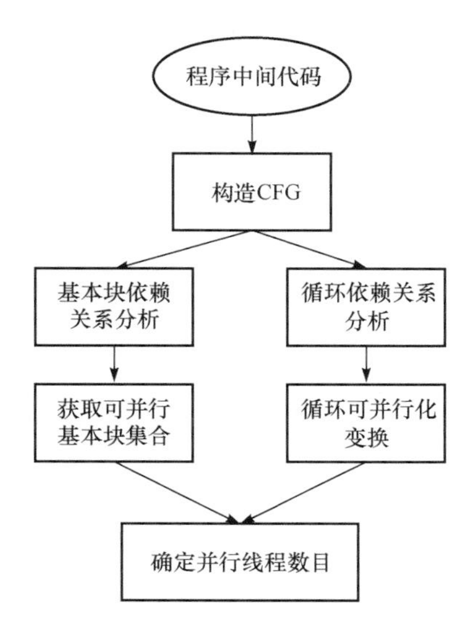

图 7.3　程序并行性挖掘过程

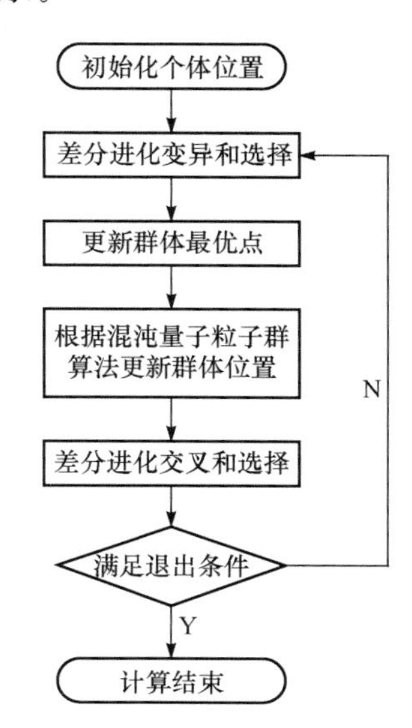

图 7.4　混沌量子粒子群微分进化算法过程

对不可并行化的循环采用等价代码变换,使循环获得最大程度的并行性。通过对基本块和循环的依赖分析,可以获取程序中的可并行程序区域。针对可并行程序区域,需要根据处理器核数目和负载平衡确定较优的并行线程数目,使程序在获得性能提升的同时尽量降低能耗,实现绿色计算的目的。

7.3.2　基于编译的异构多核环境下的低能耗多因素优化

由于异构多核处理器的结构特点,使系统任务在运行过程中不能像同构多核处理器那样进行动态调度,常采用的方法是根据任务的具体特点和需求,静态分配任务到一个最适合任务运行的处理器中运行。对于多核处理器,使用多线程任务才能更好地提高性能。如何将线程合理地分配到各个核上使得在满足性能约束的条件下能耗最小是绿色编译需要研究的主要问题。由于编译器在编译过程中可以获取程序的深层次的信息,研究基于编译的并行程序功耗优化可以获得较好的效果。通过编译器分析程序运行时行为,获取相关信息,在代码的适当位置插入处理器核关闭指令/激活指令和电压调节指令,从而在确保程序满足预定性能的条件下最大程度的降低能耗。现有的研究大部分只关注处理器产生的能耗,而忽略了访存能耗,电压切换能耗及核之间的通信能耗。事实上,由于不同的调度方案会直接影响程序对存储的访问过程,从而影响访存能耗。不同的调度方案也会影响动态电压的调整方案,从而影响电压切换能耗。同时也会影响核之间的通信行为,从而影响通信能耗。因此,同时考虑处理器能耗和其他各种因素产生的能耗的调度优化可以获得更好的优化效果,我们称为低能耗多因素综合优化。我们可以综合处理器核自适应关闭技术和动态电压调节技术各自的优点,并且考虑程序的访存行为、核之间的通信行为及动态电压切换等特征,实现异构多核环境下的低能耗多因素综合优化。加入能耗优化的编译框架如图 7.5 所示。

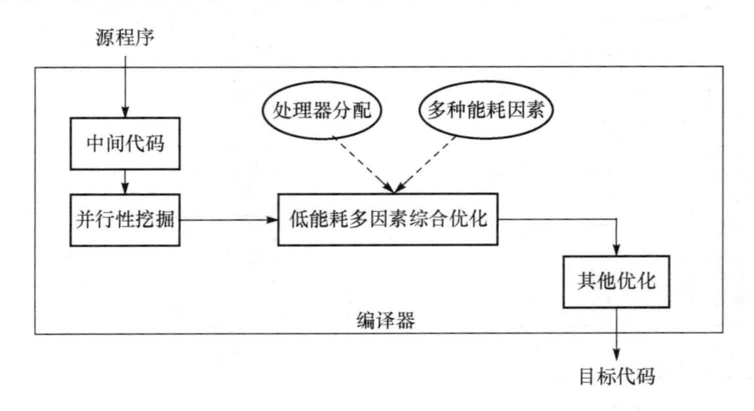

图 7.5　并行程序能耗优化编译框架

在该框架中，获得中间代码后，利用上节研究的并行性挖掘技术找出程序中可并行化区域。然后综合考虑处理器分配和多种功耗因素，利用前面提出的能耗模型对程序的调度进行建模。由于对存储器的访问是能耗的主要来源之一，因此在低能耗调度过程中结合程序访存行为进行综合优化可以进一步降低能耗。在对程序可并行化区域进行低能耗调度时，我们主要根据处理器能耗、存储器能耗、电压切换能耗及核通信功耗四个部分进行优化，具体的能耗计算公式为 $E=P_{cpu}t_{cpu}+P_m t_m+P_c t_c+P_s t_s$。其中，$P_{cpu}$表示处理器功耗；$P_m$ 表示存储器功耗；t_i 表示对应部件 i 的实际工作时间；P_c 和 P_s 分别表示核通信功耗和电压切换功耗。处理器功耗主要由动态功耗 $p_d=AC_L V_{dd}^2 f$ 以及泄漏功耗 $p_{leak}=I_{leak}V_{dd}$ 计算求得。存储器访问功耗则由 $P_m=d_r P_r+d_w P_r$ 计算获得，其中 d_r 表示该存储单元读的次数，P_r 表示单次读所需功耗，d_w 表示该存储单元写得次数，P_w 表示单次写所需功耗。通过分析，可以将低能耗优化归结为如下整数规划问题，各符号含义如表 7.1 所示。

$$\min \sum_{j=1}^{m}\sum_{i=1}^{n}\theta_i^j(c_j f_i^{-1}(p_d(i,f_i)+p_{leak}(i,f_i))+E_m(i,j)+E_c(i,j)+E_s(i,j))$$

$$\text{st.} \sum_{i=1}^{n}\theta_i^j=1$$

$$0\leqslant\theta_i^j\leqslant 1,\quad i=1,2,\cdots,n,\quad j=1,2,\cdots,m$$

$$f_i^{\min}\leqslant f_i\leqslant f_i^{\max},\quad i=1,2,\cdots,n$$

$$\sum_{i=1}^{n}\theta_i^j c_j f_i\leqslant \text{dt},\quad j=1,2,\cdots,m$$

表 7.1 低能耗调度问题模型中符号说明

符号	说 明
I	表示处理器核序号
J	表示线程序号
N	总处理器个数
M	总线程个数
θ_i^j	线程 j 是否在核 i 上运行的布尔变量
$f_i^{\min}$	第 i 个核的最大可能频率
$f_i^{\max}$	第 i 个核的最小可能频率
f_i	第 i 个核的运行时频率
c_j	第 j 个线程所需要的 CPU 周期
dt	程序的时间约束
$p_d(i,f_i)$	第 i 个核频率在频率为 f_i 时的动态功耗

续表

符号	说　明
$p_{\text{leak}}(i,f_i)$	第 i 个核频率在频率为 f_i 时的静态功耗
$E_m(i,j)$	第 j 个线程在第 i 个核上运行访问内存产生的能耗
$E_s(i,j)$	第 j 个线程在第 i 个核上运行电压切换产生的能耗
$E_c(i,j)$	第 j 个线程在第 i 个核上运行核间通信产生的能耗

根据上述模型求解的结果，确定每个并行线程的处理器核分配、运行时最佳的处理器核电压和频率，据此在程序中插入电压和频率调节指令。然后，根据可并行区域并行线程数目，在每个程序段的起始和结束位置插入相应指令使程序在运行时动态调整处理器核数目。

7.4　基于编译的动静态结合能耗错误检测和定位方法

能耗错误主要是指某些设备长期处于无效工作状态而导致的能源消耗，主要包括禁止休眠错误、循环询问错误等。禁止休眠错误是由于使用了不对称的 API 使得设备无法进入休眠状态而导致的无效能源消耗，如 Android 系统中使用了 PARTIAL_WAKE_LOCK，但当该部件工作结束后未使用对应的 UNLOCK 操作，使得该部件一直处于激活状态消耗大量能耗。循环询问错误是指某些应用一直访问无法应答的部件而导致的无效能源消耗。例如，访问远程服务器的程序，为保证连接的稳定性，程序员有可能采用无限循环连接服务器，直到连接上为止。如果此时远程服务器已经崩溃，该程序将由于频繁的连接操作而导致大量无效能源消耗。由于能耗错误并不会影响程序的正确运行，因而传统的编译给出的调试和警告信息十分有限，程序员也很难发现其中的错误及相应的出错位置，而发现和纠正这些能耗错误对提高软件的绿色程度是十分重要的。为此，我们可以根据现有能耗错误出现的主要特点，使用静态分析和动态分析相结合的技术，首先利用静态分析技术对程序中可能的能耗错误进行检测，给出相应的静态分析错误定位信息，初略定位程序中可能的能耗错误。然后，通过代码生成器以及源程序中给出的测试需求，自动生成错误可跟踪的测试用例。接着，对这些测试用例进行仿真运行，获得运行时的实际能耗错误及对应的错误位置跟踪信息。最后，结合静态分析获得的错误定位信息以及动态运行的结果，进一步精确定位程序中的错误以及可能的出错位置，以尽可能高效的指导开发者发现及修正对应的能耗错误，提高最终软件的绿色指标。该方法的基本流程如图 7.6 所示。

为获得错误可跟踪的测试用例，可以在现有编译器语法和语义的基础上，通过人工标记的方式将测试需求传递给编译器，以便于在编译器解析源程序的过程中将对应需求的源程序中易于出错的位置，如变量引用处、分支跳转处传递给生成的测试用例，使测试人员能够根据测试用例的出错信息较快的定位源程序中出错的位置。

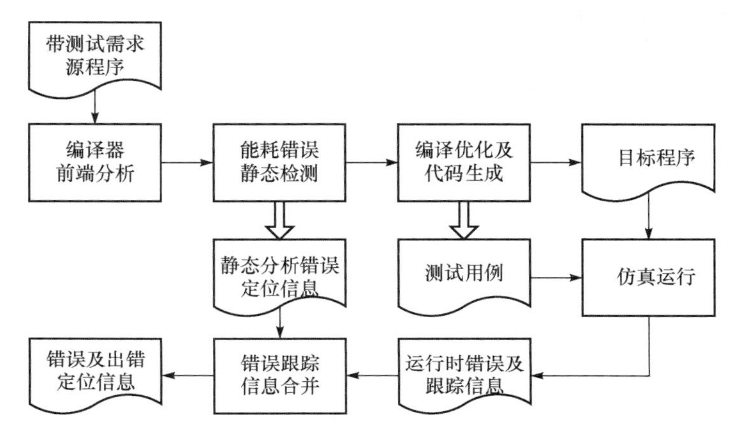

图 7.6　动静态结合的能耗错误检测和定位方法

7.5　本章小结

本章主要从计算博弈论、机器学习和动静态结合分析等相关学科领域的知识出发，介绍了绿色编译可能采取的新手段和优化方法。希望以此为基础，为后续绿色编译的研究提供一个较为广阔的发展空间。

参考文献

[1] Lee J W，Tang A，Huang J W，et al. Reverse-engineering MAC：a non-cooperative game model. IEEE Journal on Selected Areas in Communications，2007，25(6)：1135-1147.

[2] Talluri S. A buyer-seller game model for selection and negotiation of purchasing bids. European Journal of Operational Research，2002，143(1)：171-180.

[3] Alpern S，Fokkink R，Lidbetter T，et al. A search game model of the scatter hoarder's problem. Journal of the Royal Society Interface，2012，9(70)：869-879.

[4] Chen L，Low S H，Doyle J C. Random access game and medium access control design. IEEE/ACM Transactions on Networking，2010，18(4)：1303-1316.

[5] Witten I H，Frank E，Hall M A. Data Mining：Practical Machine Learning Tools and Techniques：Practical Machine Learning Tools and Techniques. New York：Elsevier，2011.

[6] Collobert R，Weston J，Bottou L，et al. Natural language processing (almost) from scratch. The Journal of Machine Learning Research，2011，12：2493-2537.

[7] Weston J，Ratle F，Mobahi H，et al. Deep learning via semi-supervised embedding. Neural

Networks：Tricks of the Trade，2012：639-655.
[8] Arel I，Rose D C，Karnowski T P. Deep machine learning-a new frontier in artificial intelligence research. Computational Intelligence Magazine，2010，5(4)：13-18.
[9] 林星，冯斌，孙俊. 混沌量子粒子群优化算法. 计算机工程与设计，2008，29(10)：2610-2612.
[10] Sun J，Feng B，Xu W. Particle swarm optimization with particles having quantum behavior. Congress on Evolutionary Computation，2004，1：325-331.

第8章　总结与展望

随着科技的进步和社会的发展，人们对绿色需求越来越迫切，除从硬件材料上提高各种设备的绿色指标外，研究和发展绿色编译技术是从软件上解决各种电子设备高能耗、低资源利用率、低使用寿命等缺陷的重要手段。计算机系统硬件结构的改进需要加入额外的设备，消耗额外的能耗，占据额外的空间，这些均不适应于绿色需求的最终目标。由于其功效的发挥需要特定部件的支持，其普适性远远低于软件的优化，因此不能单纯依靠硬件结构的改进来提高设备的绿色指标。我们还需要根据这些改进的新型体系结构，采取针对性的软件优化方法，才能充分发挥硬件设备的功效，从根本上解决大量电子设备的绿色优化问题。我们以软件生成的重要工具——编译器为主要研究工具，对解决绿色需求的相关技术进行研究。其内容主要包括以下几点。

① 根据目前有关绿色需求的定义，结合编译器对于程序转换的主要特点，给出了绿色编译器的定义，指明了绿色编译器研究的意义，主要针对的目标以及同传统编译器的主要不同点。在此定义的基础上，根据其针对的主要指标给出了相应的绿色评估模型，以指导和评估绿色相关技术的顺利进行。

② 为充分发挥 TS 处理器的低能耗特性，减少其因数据前送机制而引发的高开销错误纠正操作，我们首先根据绿色评估模型的基本特征，以触发数据前送机制数据依赖出现的频度，构建编译器可控的 TS 处理器绿色评估指标。接着，由于指令调度方案的确定其实同指令竞争指令序列中对应位置是等效的问题，我们借助图博弈模型的基本思想以及适量的空操作指令插入，将最小化数据前送机制的触发问题转化为对应的图博弈决策过程。然后，通过对图博弈模型均衡点的求解获得数据前送机制最小化的指令调度序列，从而获得 TS 处理器绿色指标的有效提升。

③ 为进一步提高总线系统的绿色指标，我们根据绿色评估模型，结合现有的总线能耗模型以及总线翻转平衡因子，构建了总线系统的绿色评估指标。并以带总线翻转编码的总线系统为目标体系结构，设计了反馈信息指导的指令调度算法(FGIS)，结合反馈信息以及总线翻转编码的特点，一方面尽可能减少总线的总的翻转次数以及相邻总线之间的串扰，提高系统的能效。另一方面使得各总线的翻转频度尽可能均衡，以提高系统稳定性和有效使用时间，减少因数据传输出错而导致的无用能源消耗，获得系统总体绿色指标的提升。

④ 根据存储层次的特点，构建存储系统编译器可控的绿色指标，并结合总线

系统的绿色评估指标，对编译器后端的数据分配过程进行了绿色相关优化，主要包括三个层面的内容，即可交换类指令操作数重排优化、寄存器重分配优化和栈数据重分配优化。通过可交换类指令操作重排，对可交换类指令的操作数在不同排列下总线的绿色指标进行评估，选择评估值较高的操作数排列方式以减少相邻指令访问时总线翻转以及总线之间的串扰，均衡各总线的负载。寄存器重分配优化主要基于扩展图着色技术，再考虑总线绿色指标以及各寄存器访问频度对扩展图进行着色，使得最终着色具有较高的总线绿色评估值和较均衡的寄存器访问均衡度。栈数据重分配优化仍然以扩展图着色为基础，针对因寄存器数目限制而需存放在栈中的数据进行重分配，使得系统对栈空间获得较为均衡的访问。

⑤ 针对混合便签式存储器、易失性 STT-RAM 缓存等新型存储技术，介绍了对应的整数线性规划数据分配方法和启发式数据分配方法，以求充分发挥新型存储技术的特点，最大程度减少存储系统的能耗，提高存储系统各资源的有效利用率，尽可能提高存储系统的绿色指标。

⑥ 为减少系统中的能耗错误，避免该类错误导致的大量能源消耗。我们以符号执行为主要技术，根据禁止休眠类能耗错误的特点，设计了对应的错误检测。同时，通过符号执行技术中记录的约束条件，我们可以结合约束求解器很容易的获得对应的能耗错误所在的路径，并能够生成对应的测试用例以检验该错误是否真实存在。为在软件开发的过程中避免能耗错误，帮助开发者开发出具有较高绿色指标的程序提供了有利支持。

⑦ 为探索新的绿色编译优化技术，对其他领域相关技术与绿色编译的结合点进行了分析，介绍了一些可能的新的绿色编译优化方法，以求最大程度推动绿色编译技术的发展。

虽然根据实验结果，我们介绍的方法能够获得较好的绿色指标提升值，有利于开发出高绿色指标的软件，但其中有些仍然存在一定的不足，绿色编译还有较大的研究和实践空间。

① 我们介绍的某些优化方法主要是在现有技术上进行的改进，虽然能够获得一定绿色指标的提升，但提升程度并不是十分明显。如何能够根据新的绿色需求的特点，设计针对性更强的新的编译优化方法，这对于绿色编译技术的提升具有更强的效用。

② 各种为绿色需求而设计的新型硬件体系结构层出不穷，如何充分考虑这些新型体系结构的特点，结合现有的群智能优化算法，对各种编译优化进行自适应的调整，使得在不需要大幅度修改算法的情况下获得绿色指标的大幅度提升，这将是我们后续工作中不容忽视的一个重要问题。

③ 针对能耗错误的检测和定位，我们介绍的方法主要结合符号执行技术进行分析。在分析的过程中，为减少分析开销，在符号执行的深度上进行了较大的

限制，对循环内变量、函数调用等部分的赋值操作均采用了懒赋值的方式，某些部分，如系统函数的执行开销还需要加入人工辅助信息，这虽然针对于普通能耗错误能够获得较好的检测效果，但对于依赖程度较高的程序则可能出现较大的误报率，而且过大的限制也将影响错误定位精度。此外，该符号执行过程并未考虑多线程的情况，缺乏对不同线程间资源竞争的检测能力，因此在今后的工作中，一方面可以结合 JPF 等现有较为成熟的符号执行工具，对该能耗错误检测和定位技术进行进一步完善；另一方面还可以考虑新的错误检测和定位技术，以较小的开销确定更为精确可靠的能耗错误信息。

④ 大部分实验只是一个粗略的原型系统，缺乏实际可用成品的支持，如何将这些技术融入到真实的编译器中也是值得研究的后续工作。

总之，编译技术虽然已经经历了较长的研究时间，但随着新的应用和环境的出现，其研究还远未达到尽头，绿色编译技术仍然存在较大的研究和发展空间。

后记——三言两语

作为教师，最基础的是要勤上讲台，站稳讲台、站好讲台。教师主导课堂教学，好比是执导一台话剧，兼具编剧、导演和道具等多种角色。首先是编剧，计算机专业教学的剧本就是课件（教案）。要坚持备课、编写课件（教案），及时将前沿的科研成果补充到理论教学中去，并精心设计每一节课的内容。另外课程网站也是课件的有益补充。其次是导演，要凭借高水平的驾驭能力有效控制课堂气氛，通过热情稳重的教态、精准生动的语言、抑扬顿挫的声调，配合明快犀利的手势、眼神和必要的风趣幽默吸引学生，感染学生，并采用启发式、讨论式等灵活多变的教学方式加强引导，让学生想听、爱听，听得懂、学得会。最后是道具，要善于制作用于课程实习的辅助教学系统，并让学生学会自行设计和构建；对晦涩难懂的重点内容，要善用动画的方式，将分析过程形象生动地展现出来，有效增强学生的学习兴趣；要巧用板书，起到重点提示的作用。

而要当好一名教师，最重要的是把教书育人融入课堂教学之中，把学生的学习兴趣和求知欲望引导到学科发展、科技进步、国家重大需求上来，做到理论知识融会贯通，创新实践举一反三，在增强自主学习能力和创新能力的同时激发学生社会责任感和历史使命感。

所谓教学相长，对于教师而言，要先学会为人、为学，才能更好地为师。要处理好教学与科研对立统一、教书与育人相辅相成的关系，努力做到学术魅力、思想魅力与人格魅力交相辉映，在教学研究的过程中体验快乐，获取灵感。对于学生而言，要先学会做人、做事，才能更好地做学问。要处理好理想与现实对立统一、理论与实践相辅相成的关系，努力做到做人、做事、做学问相互促进，在学习实践的过程中充实青春，获取动力。

常修吾身以健体明智，常思进取以厚积薄发。

从教就要敬业乐业精业，在位就要勤政廉政善政。

作　者

2014 年 3 月